AF366152

L'ALIMENTATION
DURABLE

Christian Rémésy

L'ALIMENTATION DURABLE

Pour la santé de l'homme et de la planète

AVANT-PROPOS

J'ai fait un rêve étrange : c'était dans un avenir assez lointain, peut-être vers les années 2050. L'état de santé des populations était devenu excellent. De nombreuses pathologies avaient quasiment disparu, les gens ne souffraient plus d'hypertension, de diabète, de maladies cardio-vasculaires ; l'ostéoporose ou diverses maladies inflammatoires étaient devenues des affections rares, même la fréquence de nombreux cancers avait fortement chuté. Transformation encore plus étonnante, ni dans les photos de famille, ni dans les lieux publics, ni à la ville ou à la campagne, on ne trouvait d'enfants, de femmes ou d'hommes en surcharge pondérale. Des vieillards souriants et alertes accompagnaient à pied des enfants épanouis et insouciants.

Les villes s'étaient imprégnées de nature, la qualité de l'air était bonne, les nuisances sonores très faibles. Des habitations écologiques abritaient une population cosmopolite, regroupée en quartiers qui offraient un très grand nombre de services alimentaires, artisanaux, commerciaux, culturels. En plus des villes animées, bien aménagées et très peu polluées, vous ne pouvez pas imaginer à quel point les campagnes en France et dans bien des pays étaient devenues belles, remplies d'espaces agréablement paysagers, un damier de cultures nourricières, des champs bordés de fleurs, des arbres fruitiers le long des chemins, des bois entretenus, des lacs, des étangs, des points d'eau, une oasis sans fin et surtout une campagne habitée par une population remplie d'espoir, apaisée par le ruissellement paisible du temps. Au-delà de la dangereuse utopie d'un monde idéal inatteignable, comment ne pas imaginer que la survie à long terme de l'homme passe par la modification de ses rapports avec la nature, pour son mode de vie, son habitat et surtout son alimentation ?

Mais avons-nous une capacité de résilience, le désir de vivre dans un environnement naturel qui nous soit favorable, sommes-nous capables de tourner le dos à la facilité et aux leurres de la société de consommation ? On peut l'espérer, mais par quel hasard, quelle nécessité, quelle imagination, quel sursaut, quelle capacité au bonheur, quelle intelligence, quelle foi, les générations à venir réussiront-elles à retrouver leurs racines, à enrichir leur identité culturelle, à mener une vie en harmonie avec la nature ? Dangereuse utopie d'un doux rêveur, scénario aussi peu crédible qu'inutile, nostalgie passéiste loin des perspectives futuristes d'une humanité toujours plus assistée par des services robotisés, concentrée dans des mégapoles, nourrie par une agriculture et un secteur agroalimentaire entièrement industrialisés ?

Avec la nécessité de ne plus réchauffer la planète par l'émission de gaz à effet de serre, pourquoi de pas imaginer une évolution vers des cités qui n'exerceraient plus de nuisances écologiques et des campagnes heureuses, autonomes sur le plan économique, nourricières, accueillantes, métissées, bénéfiques pour la planète, nouveaux refuges pour des populations en difficulté ? Tout cela peut paraître bien utopique, pourquoi espérer une paix ou un bonheur par trop incertains dans un pseudo-jardin d'Éden, pourquoi chercher des alternatives simples et naturelles à des modes de vie citadins ou ruraux devenus obsolètes ?

L'humanité rencontre bien des problèmes, mais l'avenir a toujours été incertain. Il est encore temps de rêver à un monde meilleur. Pour sortir des diktats de la croissance économique, pour résoudre les problèmes écologiques, il convient sans doute d'inventer une nouvelle manière de vivre. Je fais partie des hommes qui font ce pari, qui pensent que l'humanité doit s'appuyer sur l'immensité de son savoir et de son patrimoine culturel pour adopter un mode de vie plus durable et donc plus rustique. La perspective d'avoir à relever ce nouveau défi est particulièrement stimulante.

Je m'apprête à faire un effort d'écriture pour que nous partagions ensemble la force d'un raisonnement et le même désir d'avenir. Cependant, nous ne pouvons pas refaire la totalité du monde ensemble. Je vous propose seulement et tout simplement de vous accompagner et de vous prendre à témoin sur la meilleure façon de se nourrir et de résoudre la question alimentaire. J'ai la naïveté de penser que des milliers d'hommes font la même démarche que moi pour éclairer des problématiques tout aussi importantes que l'alimentation et que de ces longs cheminements de la raison vers l'imagination d'un nouvel avenir ressortiront des solutions originales et durables pour ne pas assister impuissants aux crises à venir de notre civilisation.

Mais pourquoi écrire un nouveau livre sur l'alimentation ?

Il existe déjà des centaines d'ouvrages sur ce large sujet, sur la lutte contre la faim dans le monde, sur l'analyse de nos comportements alimentaires, sur la qualité nutritionnelle des aliments que nous consommons, sur l'intérêt de divers régimes alimentaires, sur la manière de garder la ligne, sur les risques sanitaires, sur le meilleur moyen de gérer la santé par l'alimentation, sur le savoir faire ses courses, sur le manger bio, macrobiotique ou végétarien, sur l'alimentation méditerranéenne et bien d'autres entrées. Comment ne pas se poser la question de l'intérêt d'un nouveau livre, sur quel sujet le lecteur n'a-t-il pas encore été éclairé, pourquoi soulever encore la question alimentaire après tant de débats sur les OGM, les pesticides, la faim dans le monde ou la lutte contre l'obésité ?

À l'évidence, c'est notre propre relation avec l'alimentation qui a changé dans le contexte d'une offre alimentaire aseptisée et impersonnelle. Il s'agit de redonner du sens à nos modes alimentaires et de contribuer ainsi à une meilleure gestion de la chaîne alimentaire, d'inscrire notre comportement dans le cadre d'une alimentation durable. Après des milliers d'années d'efforts humains pour maîtriser les ressources agricoles et alimentaires et au moment même où la question alimentaire pouvait enfin être résolue, voilà qu'une partie de l'humanité est victime des excès caloriques d'une « malbouffe » industrielle, pendant qu'une autre partie souffre de la faim. Quel gâchis : des agriculteurs à la peine partout dans le monde, assujettis à des contraintes de forte productivité et accusés de polluer la nature dans les pays riches ou manquant des moyens élémentaires pour travailler la terre dans les pays pauvres, d'autre part des populations, trop souvent malnutries, bien peu maîtresses de leur sécurité alimentaire et trop éloignées de leurs racines culinaires. Pourtant la question alimentaire pourrait être durablement résolue, à condition d'en prendre conscience et de faire les bons choix. Voilà le message que je voudrais faire passer.

Comment y parvenir, comment lutter contre la puissance des lobbies alimentaires, les habitudes ou la démission des consommateurs ? Peut-on se battre avec des mots, comment espérer qu'un auteur, qu'un livre, puisse faire changer un peu les choses, contribue à amorcer un changement de paradigme alimentaire, à nous faire ouvrir grands les yeux sur un univers alimentaire étrange auquel nous sommes maintenant bien conditionnés.

Je vous fais part de mes inquiétudes. J'ai le désir de donner un éclairage nouveau à la question alimentaire, j'ai le sentiment qu'il est urgent de le faire, mais vais-je réussir à convaincre ? Sans cet espoir, je ne vois pas pourquoi je continuerais à écrire. Est-ce que j'aurai la responsabilité et le bonheur d'être un passeur, de réussir à inspirer ou susciter les changements nécessaires en matière d'alimentation humaine ?

Au-delà de ces états d'âme, le lecteur peut s'interroger sur ma légitimité à prendre la parole et à être porteur d'une approche nouvelle, sur l'origine de ma conviction profonde concernant la nécessité d'un changement de paradigme alimentaire.

Je vous donne volontiers la clé de mon parcours. Fils de paysan dans une petite vallée du Sud-Ouest et né en 1943, j'ai eu la chance de connaître la traction animale et de devenir, après une longue carrière à l'INRA, un nutritionniste reconnu. Je sais en quelque sorte d'où l'on vient et j'ai pu mesurer l'étendue des bouleversements de la chaîne alimentaire durant plus de cinquante ans. J'ai vécu très fortement tous ses changements, j'ai pu comprendre à quel point l'alimentation était importante pour la gestion de la santé, à quel point elle avait été déstructurée par l'industrialisation alimentaire et je ne peux que déplorer le manque de vision politique dans ce domaine.

À l'évidence, aucun retour en arrière n'est possible, ni souhaitable ; de même, il est inconcevable de se satisfaire de la situation actuelle, d'ailleurs devenue très instable. Nous devons donc nous fixer des objectifs ambitieux de gestion de la santé publique par l'alimentation, de protection de l'environnement, de maîtrise du comportement alimentaire humain, d'occupation des espaces ruraux, de relation entre la ville et la campagne, de souveraineté et de solidarité alimentaires. C'est en réfléchissant à la complexité de la question alimentaire que des solutions nouvelles et durables pourront être trouvées pour sortir de l'impasse où le productivisme agricole et l'industrialisation alimentaire nous ont conduits.

Cependant la question alimentaire ne peut être déconnectée du fonctionnement global de nos sociétés, des autres facteurs socio-économiques et de l'évolution de nos modes de vie. Réciproquement aucun développement durable, aucune politique efficace de lutte contre le réchauffement climatique ne pourra réussir sans jeter les bases d'une alimentation durable. Or jusqu'ici la problématique alimentaire n'a jamais été au centre des débats politiques pour parvenir à de nouveaux équilibres sociaux. Seule la question écologique a réussi à s'imposer dans le débat public, sans pour cela induire des changements spectaculaires dans nos modes de vie, tout au moins jusqu'à présent. Si nous sommes contraints de changer nos habitudes à des fins écologiques et pour gérer nos ressources énergétiques, pourquoi ne serions-nous pas capables de concevoir une nouvelle manière de nous alimenter ?

Je voudrais montrer qu'après avoir défait un monde rural, déstructuré nos racines alimentaires, nous n'avons pas d'autre choix que d'imaginer un monde nouveau, un autre type d'agriculture et de consommation alimentaire et finalement de changer nos modes de vie. C'est à dérouler ce nouveau fil d'Ariane que je vous invite dans ce livre.

CHAPITRE 1

Changer de paradigme alimentaire

Longtemps les interrogations des consommateurs sur la qualité de leur alimentation ont pu paraître un privilège de riches dans un monde où une partie de l'humanité souffre de la faim. Comment remettre en question une chaîne alimentaire qui permet à une très grande majorité de personnes de se nourrir à volonté pour un coût budgétaire réduit (de 10 à 20 % du budget d'un foyer) et qui facilite tellement la préparation des repas. En allant dans un quelconque supermarché, on peut se rendre compte à quel point un large public a adhéré au profil d'une chaîne alimentaire standardisée, si bien que les frigos sont loin d'être garnis de produits naturels à cuisiner. Les plus vigilants des consommateurs ont été particulièrement sensibles à certains scandales sanitaires, ont manifesté leurs inquiétudes vis-à-vis des OGM ou ont trouvé des solutions de repli sécurisantes dans les circuits de l'agriculture biologique. L'écoute de terrain permet de noter des inquiétudes récurrentes sur l'évolution de l'alimentation ou des plaintes communes sur le prix et la qualité des fruits et légumes. Par contre, la nécessité d'une réforme en profondeur de la chaîne alimentaire n'est pas ressentie comme une priorité, d'autant que tant d'autres problèmes socio-économiques et écologiques semblent urgents à résoudre.

Prendre conscience de l'urgence
de la question alimentaire

L'origine des aliments, leurs parcours, leurs modes d'élaboration ne sont ni clairement communiqués ni compréhensibles, si bien que le consommateur ne peut qu'en prendre acte. Il lui est bien difficile d'exercer un sens critique dans un domaine technique où il ne dispose d'aucune base d'appréciation. Par contre il est confronté à la nécessité de choisir et aimerait bien être éclairé sur le « que dois-je manger ? ». Les déterminants de ses actes d'achat sont si complexes et les recommandations nutritionnelles si diverses, qu'il reste livré à lui-même et devient au final une cible de choix du marketing alimentaire.

Même si le réchauffement de la planète et les enjeux écologiques nous paraissent très importants, nous avons du mal à changer nos modes de transport. Il est compréhensible que ce soit encore plus difficile de modifier nos habitudes alimentaires, d'autant que les enjeux de ce changement sont peu explicites. Si c'est à des fins de bénéfice personnel, nous n'en percevons pas nécessairement le besoin, ou nous sommes un peu sceptiques, vu le manque de clarté des informations prodiguées en matière de relations entre alimentation et santé. Pour faire preuve de solidarité avec le monde rural, oui mais l'écart entre ville et campagne ne cesse de se creuser et les attentes des agriculteurs ne semblent pas claires. Pour protéger l'environnement, mais nous n'avons qu'une très vague idée des nuisances exercées par la chaîne alimentaire.

Il est difficile dans ces conditions d'être un lanceur d'alerte, de montrer à une population trop nourrie que la chaîne alimentaire n'est vraiment pas adaptée à la satisfaction des besoins nutritionnels de l'homme. Pourtant, comment ne pas s'en rendre compte lorsque près d'un Américain sur trois est en état de surcharge pondérale grave ? Et comment ne pas être indigné face à la survenue d'une crise alimentaire et des émeutes de la faim qu'elle a provoquées. Comment accepter que la faim soit la principale cause de mortalité dans le monde ? Comme l'affirme Jean Ziegler dans son livre *L'Empire de la honte*, il s'agit d'un crime contre l'humanité infiniment répété.

Je veux bien croire qu'il ne soit pas facile pour le citoyen de se mobiliser, surtout parce qu'il n'a pas en sa possession tous les éléments du dossier nécessaires à sa prise de conscience. J'aurais tendance à moins excuser les politiques dont la mission devrait être de gérer l'avenir et donc de se pencher sur la question alimentaire au-delà de la naïveté de leurs credo sur les bienfaits de l'industrialisation alimentaire. Je suis révolté contre une gestion technocratique et commerciale de l'alimentation qui n'a jamais pris en considération ni le coût humain du productivisme agricole, ni la déstructuration du comportement alimentaire des générations à venir, ni la montée de l'obésité et des maladies dites de civilisation, ni les nuisances sur l'environnement, ni la souveraineté alimentaire des populations, ni la diminution de notre patrimoine nourricier à travers l'érosion des sols et la perte de biodiversité.

Un état des lieux inquiétant

Depuis la fin du néolithique, l'homme a essayé d'assurer son bien-être alimentaire par le développement de l'agriculture et de l'élevage. L'immensité des progrès scientifiques et technologiques survenus au XXe siècle aurait dû lui permettre de résoudre la question alimentaire. Au lieu de cela, les contrastes de l'état nutritionnel de l'humanité sont saisissants. Plus de 1 milliard d'hommes souffrent gravement de la faim, mais paradoxalement il y aurait plus d'hommes en surpoids que d'humains souffrant de malnutrition. Selon l'Organisation mondiale de la santé, ce serait plus de 1 milliard d'adultes qui seraient « trop gros » et 300 millions d'entre eux seraient obèses. L'augmentation de l'obésité pourrait faire des enfants d'aujourd'hui la première génération à avoir une espérance de vie plus courte que celle de leurs parents. Un tiers de l'humanité est donc confronté à des problèmes nutritionnels graves, ce qui ne signifie pas que le restant des humains dispose d'une bonne nourriture, nous en sommes très loin. Le plus surprenant est de noter le peu de temps que mettent les populations démunies de ressources alimentaires à rejoindre la catégorie des hommes souffrant de surpoids. Les problèmes de poids ne constituent que la face visible des problèmes nutritionnels auxquels continue à être confrontée une large partie de l'humanité.

Quel scandale ! Pourquoi le droit élémentaire à être bien nourri est-il bafoué au profit de paradis matérialistes artificiels chers à nos sociétés de consommation ou d'autres priorités économiques dans les pays en voie de développement. Comment nier une évidence, sans une bonne alimentation, peut-on être bien dans son corps, bien dans sa tête et que penser du fonctionnement des démocraties qui négligent la question alimentaire et lorsqu'une population est malnutrie, où en est la démocratie ? Si la question alimentaire est donc une question politique, pourquoi n'est-elle pas au cœur de nos débats sociétaux ?

Une exposition alimentaire dangereuse

En fait, une grande majorité de consommateurs a adopté des modes alimentaires approximatifs sans se rendre compte de la baisse de leur capital santé, occasionné par une nourriture trop transformée. Comment pourraient-ils s'en rendre compte puisqu'on leur raconte que leur espérance de vie augmente chaque année, ce qui ne signifie pas que leur longévité à l'âge de 70 ans par exemple soit optimale et qu'ils vieilliront en bonne santé. La maladie fait tellement partie de notre univers, et cela depuis la nuit des temps (la situation nutritionnelle des générations qui nous ont précédés était des plus inconstantes), qu'il paraît illusoire de rêver d'un monde meilleur. L'alimentation, notre première médecine, un vœu pieux bien théorique et loin des réalités de la vie ! Nous savons à quel point les relations entre alimentation et santé sont mal gérées de par le monde, compte tenu du développement de l'obésité et de la prévalence élevée des maladies (diabète, hypertension, pathologies vasculaires, inflammatoires, certains cancers) qui pourraient être prévenues par une bonne nutrition.

Finalement, il n'est pas étonnant que l'univers des grandes surfaces alimentaires paraisse satisfaisant pour le plus grand nombre d'entre nous, même si beaucoup se posent de nombreuses questions sur l'origine et la qualité des produits. Il n'est pas facile non plus de faire un lien de cause à effet entre l'abondance des supermarchés des pays riches et le manque de ressources alimentaires des pays pauvres. Il est difficile également d'imaginer que la chaîne alimentaire soit responsable à elle seule de l'émission de plus de 30 % des gaz à effet de serre.

Nous sommes loin d'avoir pris l'exacte mesure des conséquences du système alimentaire auquel nous sommes exposés, un système basé sur une agriculture peu durable et trop génératrice de nuisances écologiques et sur un modèle d'alimentation occidental caractérisé par sa richesse en produits transformés et en produits animaux, et donc bien éloigné des recommandations nutritionnelles.

Il existe un discours nutritionnel largement répandu, assez rigoureux lorsqu'il est diffusé par le Programme national Nutrition-Santé, plus fantaisiste lorsqu'il est véhiculé par divers médias, à géométrie un peu variable dans la bouche du corps médical ou procédant de la pensée magique lorsqu'il est au service du marketing alimentaire. Finalement, le citoyen n'est pas prévenu d'avoir à lutter contre les sollicitations d'une offre alimentaire devenue étrange, point d'orgue d'une chaîne alimentaire sans pilote.

Quand un consommateur entre dans un supermarché, il est confronté à l'omniprésence d'un marketing alimentaire et à des milliers de produits transformés. Dans ces conditions, à moins d'être parfaitement éclairé sur les problèmes nutritionnels et écologiques, notre consommateur a peu de chances de constituer un caddie qui soit équilibré pour sa santé ou pour la préservation de l'environnement. Les dangers d'une exposition au tabagisme ambiant ou à bien d'autres expositions environnementales ou sociétales néfastes commencent à être bien perçus. Curieusement, notre société n'a pas encore réellement pris conscience de l'importance du concept d'exposition alimentaire et des dérives que cela entraîne.

Le concept de transition nutritionnelle

L'évolution de notre alimentation est souvent désignée par les plus initiés sous le terme de « transition nutritionnelle ». Il s'agit de l'abandon des modes d'approvisionnement traditionnels au profit de produits transformés par l'industrie alimentaire. Cette évolution spectaculaire, en parallèle avec le changement des modes de vie, a complètement bouleversé le paysage alimentaire et la situation nutritionnelle. D'une part, la composition des aliments transformés s'est souvent beaucoup éloignée de celle des aliments naturels, d'autre part le nombre des produits transformés mis sur le marché est devenu considérable. La logique des transformations alimentaires est de fractionner, raffiner, extraire les composants énergétiques des aliments, pour ensuite les assembler, jouer sur la texture, les couleurs, le goût par divers artifices. Ce petit jeu à l'échelle industrielle pourrait paraître relativement anodin s'il ne s'appuyait pas sur une agriculture productiviste, peu favorable à l'environnement, et s'il n'avait pas entraîné des bouleversements majeurs sur la composition des aliments, les comportements alimentaires et la santé à long terme des consommateurs.

Sur la qualité même des aliments, on n'expliquera jamais assez que l'industrie alimentaire n'a aucune obligation de résultats en matière de densité nutritionnelle, mais seulement des contraintes en matière de sécurité sanitaire. Nous sommes dans le règne des calories vides, des aliments privés de leur richesse en micronutriments naturels tels qu'on peut les trouver dans les fruits et légumes, des aliments dont le goût est manipulé par les arômes, des produits soutenus par un marketing agressif. Comment les consommateurs pourraient-ils adopter un comportement protecteur s'ils sont exposés à une multitude d'aliments de composition bien trop imparfaite ? Il est clair que le foisonnement des produits transformés finit par créer une concurrence déloyale vis-à-vis des produits végétaux de base pourtant indispensables à notre santé.

Si le flux des aliments et des boissons qui transitent dans un supermarché ne correspond pas aux besoins nutritionnels de l'homme, cela expose l'ensemble des consommateurs à des apports énergétiques et en micronutriments peu favorables à la préservation de la santé. Comment ne pas reconnaître qu'une telle exposition est porteuse de dérives alimentaires et environnementales. Pourtant l'attention des pouvoirs publics demeure concentrée sur la question des étiquetages et aucun contrôle, aucune directive n'a encore porté sur la nécessité de ne pas exposer la population à une offre alimentaire à risque. On n'a jamais demandé à un supermarché des comptes sur l'équilibre global en acides gras des sources de matières grasses, ni sur la qualité de l'offre en fruits et légumes, ni sur celle du pain, ni sur les quantités de sucre, de sel cachées, ni sur les nuisances environnementales générées par l'offre alimentaire.

À marche forcée
vers l'industrialisation alimentaire

Une industrialisation alimentaire mal contrôlée a déjà provoqué une épidémie mondiale d'obésité et favorisé l'apparition de maladies chroniques. Elle a pu prospérer grâce à la dévaluation des matières premières dans le cadre du soutien à leur agriculture des pays industrialisés, avec les conséquences néfastes que l'on sait sur les agricultures vivrières de nombreux pays. Pire, les pays occidentaux essaient d'exporter leurs modèles de consommation partout dans le monde, or une alimentation de type occidental est bien peu économe sur le plan des ressources alimentaires ou énergétiques.

Pourtant la nécessité de réformer la chaîne alimentaire est loin d'être reconnue et les arguments des partisans d'une marche forcée vers l'industrialisation agricole et alimentaire ne manquent pas. Selon une approche technocratique courante, la crise alimentaire ne serait pas survenue si des investissements productifs suffisants avaient été consacrés à la modernisation de l'agriculture. Toujours avec le même optimisme, il est affirmé que les défauts actuels des transformations alimentaires devraient pouvoir être résolus en peu d'années. D'ici 2050, grâce à de nouvelles technologies, les progrès agronomiques seraient tels que la planète pourrait nourrir ses 9 milliards d'habitants et cela d'autant plus facilement que l'immense paysannerie actuelle aurait laissé enfin le champ libre à des entreprises agricoles compétentes et efficaces. La production des matières premières nécessaires à l'essor de l'industrie agroalimentaire serait de mieux en mieux assurée en la localisant dans les bassins de production les plus favorables. L'industrialisation alimentaire permettrait de disposer d'aliments bien contrôlés, adaptés aux besoins de l'homme moderne. Continuons donc sans état d'âme à déserter nos campagnes, puisque nos supermarchés sont si bien garnis ! Pourquoi se disperser dans tout le territoire, dans une multitude de villages, de hameaux, alors que la majorité des hommes pourrait se concentrer dans les villes géantes ? Pourquoi rêver de campagnes, d'espaces ruraux complémentaires des cités de demain au risque de perdre en efficacité économique et sociale ? N'est-il pas préférable de s'extraire toujours plus d'un environnement naturel pour réussir à mieux sécuriser les aléas de la vie humaine ? Comment ne pas poursuivre dans la même voie de l'urbanisation, de la concentration des compétences, de la compétition économique, de la mondialisation des échanges ?

Un changement de paradigme alimentaire
est nécessaire

Face à ces credo simplistes et triomphalistes, il est sans doute urgent de réagir, mais comment lutter contre la lourdeur du système alimentaire dominant ? D'abord en incitant l'ensemble des acteurs de la chaîne alimentaire à adopter de meilleures pratiques pour la préservation de la santé comme pour celle de l'environnement. Bien que les consommateurs aient une responsabilité essentielle dans l'avenir de la chaîne alimentaire, il n'est pas normal de les laisser livrés à eux-mêmes et de continuer à les exposer à un environnement alimentaire qui les dépasse et ne leur fournit pas les bienfaits escomptés.

D'une manière plus générale, il est temps de s'engager sur la voie d'une alimentation durable. Sans un tel changement de paradigme alimentaire, aucune politique nutritionnelle valable de santé publique ne portera des fruits durables. Si les activités de la chaîne alimentaire ne sont pas coordonnées pour satisfaire les besoins nutritionnels de l'homme, il ne sera pas possible de lutter contre les maladies dégénératives émergentes, et de gérer à long terme la santé par l'alimentation. C'est pourquoi ce changement de paradigme apporterait des bénéfices à tous les niveaux de la chaîne :

– pour les consommateurs, qui adopteraient des régimes protecteurs pour leur bien-être, leur santé, dans une gestion intelligente du plaisir de manger ;

– pour les agriculteurs qui pourraient être reconnus comme les acteurs principaux de la qualité nutritionnelle des aliments et de la préservation de l'environnement, maîtres d'œuvre d'une véritable biodiversité alimentaire ;

– reconnaissance du rôle essentiel d'une agriculture de proximité tournée vers la satisfaction des besoins de la population environnante, et développement d'une certaine souveraineté alimentaire des régions ;

– responsabilisation de l'agriculture pour son autonomie énergétique et son implication à la réduction des gaz à effet de serre ;

– changement de paradigme surtout au niveau du secteur agroalimentaire, chargé d'exercer des activités de service à l'échelon local ou régional plutôt que d'occuper des positions dominantes au niveau national ou international. Encadrement des activités agroalimentaires pour disposer de produits alimentaires de qualité nutritionnelle reconnue ;

– éducation citoyenne à l'alimentation, vectrice de culture, de partage, de santé ;

– reconnaissance de l'importance de nos choix alimentaires pour la préservation de l'environnement ;

– soutien le plus direct possible au maintien du monde paysan et reconquête d'une partie du marché de l'alimentation par l'agriculture ;

– droit pour tous de disposer des aliments de base indispensables pour bien se porter (des fruits et légumes au pain et produits animaux de qualité) et lutte contre l'alimentation à deux vitesses.

Certes des droits et des devoirs pour les citoyens mais aussi une responsabilité politique évidente dans la mise en place d'une chaîne alimentaire plus proche de l'homme et de la nature, la question alimentaire au cœur des débats citoyens, au centre de nos préoccupations écologiques et humaines.

Quel meilleur programme pour l'humanité que de développer une politique en faveur d'une alimentation durable, d'assurer pour les générations à venir le potentiel nourricier de notre planète, d'adopter des modes alimentaires qui permettraient un meilleur épanouissement humain et d'essayer de préserver les grands équilibres écologiques dans lesquels l'homme doit trouver sa juste place ?

Donner une priorité sociale
à la question alimentaire

Face à la nécessité de nourrir 9 milliards d'hommes vers 2050, les organisations mondiales tentent de se mobiliser, de soutenir la révolution doublement verte chère à Michel Griffon, celle d'une agriculture à la fois intensive et écologique. Certes, il faut parvenir à produire davantage et dans de meilleures conditions écologiques, cependant un tel objectif ne sera pas atteint si l'avenir des paysans demeure toujours aussi précaire. Par ailleurs, le développement économique contribue encore à marginaliser l'importance de la sphère alimentaire, comme s'il pouvait exister un avenir pour une humanité de demain sans se donner les moyens pour qu'elle soit bien nourrie.

Et si l'on procédait différemment, si la priorité sociale était d'abord d'être bien nourri, de mettre en valeur tous les espaces naturels, de pratiquer une agriculture durable le plus biologique ou écologique possible, de s'appuyer sur les valeurs de partage incluses dans la convivialité alimentaire. Pourquoi une priorité sociale centrée autour de l'alimentation ne permettrait pas de résoudre en cascade les problèmes sur lesquels nous sommes toujours en train de butter : la lutte contre la pauvreté, le chômage, mais aussi l'épuisement des matières premières ou le réchauffement climatique ? Avec le plus de rigueur possible, je voudrais montrer qu'aucun progrès social durable ne sera obtenu sans modifier notre approche de la question alimentaire.

Combien de fois des intellectuels ont voulu changer le monde sans consacrer la moindre attention à l'alimentation humaine à l'instar de la révolution soviétique qui sacrifia la classe paysanne et eut tant de peine ensuite à nourrir les populations. Selon une idéologie tout aussi extrême, le capitalisme international et le lobby agroalimentaire ont poussé à la disparition des paysans et favorisé le développement d'une agriculture peu écologique, assujettie à l'industrie de la chimie, des semences et du machinisme agricole. Les secteurs agroalimentaire et commercial ont pris le relais de cette orientation productiviste en proposant une multitude d'aliments transformés adaptés à l'offre aseptisée des supermarchés, temples d'une consommation alimentaire passive. Après avoir laissé péricliter une immense paysannerie mondiale, le système capitaliste pourra enfin spéculer librement pour la possession dépersonnalisée de la terre, en tant que revenu foncier et source potentielle de matières premières devenues rares. Pendant ce temps, des milliards d'hommes souffriront dans leur corps et leur tête, atteints d'un mal-être dont ils auront du mal à comprendre l'origine, après avoir été privés de l'environnement naturel auquel ils avaient droit.

Selon une tendance devenue historique, l'humanité a largement puisé dans sa population rurale, les forces vives dont elle avait besoin pour assurer son industrialisation, sa modernité, son développement urbain et technologique. Forts de cette évolution planétaire et de l'efficacité des approches industrielles, beaucoup de dirigeants ont pensé que la question alimentaire serait facilement résolue et deviendrait plutôt marginale. Elle ne l'est pas du fait de notre enracinement profond à un environnement naturel, du fait qu'un tiers de l'humanité est dénutrie ou malnutrie, du fait que les activités alimentaires doivent contribuer à lutter contre l'effet de serre plutôt que l'aggraver. Par une sorte de mouvement de balancier, après avoir réduit au minimum notre investissement économique et humain dans la sphère alimentaire, la société devra retrouver un second souffle dans la recherche d'un développement plus proche de la nature.

Les contours d'une alimentation durable sont donc à définir. Au-delà de cet objectif premier, l'enjeu est de s'appuyer sur l'impératif alimentaire et écologique pour concevoir de nouvelles manières de vivre, de résoudre nos problèmes sociaux, de gérer différemment les relations entre ville et campagne sous forme d'échanges, de services et de règles librement consenties.

Préparer un avenir pour nos campagnes

Quelle voie plus sûre pour l'humanité de demain d'assurer la sécurité des générations à venir sur la base d'une complémentarité entre ville et campagne ? Pauvres campagnes vidées de leurs hommes dans les pays occidentaux, vieux villages transformés en musées d'un temps révolu. Campagnes misérables des pays du Sud, laissées-pour-compte du développement économique où des millions de paysans souffrent de la faim ; territoires désertifiés, forêts massacrées, sols érodés, terres fertiles bétonnées, campagnes polluées, saturées d'engrais et de pesticides, espaces mal cultivés, mers et océans surexploités, des terres productives vidées de leurs hommes, des paysans sans terre ou des campagnes désolées. Est-ce cette réalité que nous souhaitons voir se généraliser ? Certes il existe encore des campagnes vivantes où l'homme cultive encore avec succès les moindres terrasses et lopins de terre fertiles, mais pour combien de temps, si la ville représente la solution de facilité pour subvenir aux besoins de familles démunies ? Une grande partie de la terre est loin d'être cultivée comme un jardin, parfaitement entretenue, accueillante. Pourtant l'homme pourrait en avoir un cruel besoin pour s'y nourrir, comme pour y trouver refuge s'il est lassé de l'enfer des mégapoles.

Nous gardons un besoin fondamental d'alimentation naturelle, celle qui correspondait à notre statut si récent de chasseurs-cueilleurs, de même que nous sommes profondément façonnés par notre dimension culturelle. En quelque sorte, nous devons concilier les valeurs de l'humanisme et celles de l'écologie pour l'équilibre futur de l'humanité et de la planète. La manière dont nous allons résoudre la question alimentaire est fondamentale, tout aussi importante et peut-être plus difficile que notre maîtrise à venir des approvisionnements énergétiques.

Après de longues études et toute une vie consacrée à des recherches en nutrition humaine à l'INRA, je me rends compte à quel point, il faut repenser entièrement cette question. Des solutions nouvelles sont à inventer, en faveur d'une alimentation plus naturelle, aux conséquences heureuses sur le plan social, sur nos modes de vie et sur la qualité des espaces naturels. C'est pourquoi je vous invite à adhérer par votre comportement à la charte d'une alimentation durable que vous trouverez en annexe de ce livre.

CHAPITRE 2

Placer la chaîne alimentaire au cœur d'un développement durable

Depuis la nuit des temps, l'humanité a cherché à maîtriser sa nourriture. Peut-on imaginer les longs cheminements des chasseurs-cueilleurs pour maîtriser leurs parcours alimentaires et les tâtonnements des humains pour s'initier à l'agriculture, environ huit mille ans avant J.-C. La lutte contre la faim a été ainsi le moteur d'une marche en avant, une occasion de tracer les chemins de la connaissance du monde. La question alimentaire reste toujours aussi centrale et les problèmes nutritionnels sont loin d'être résolus dans les pays du Nord, comme dans ceux du Sud. Autour des modes alimentaires se sont construites des civilisations, se sont affrontés des empires, échangés des savoirs. La sécurité alimentaire demeure un enjeu géopolitique majeur. Évidemment, toutes les nations sont conscientes que leur survie dépend étroitement de la maîtrise de leur disponibilité alimentaire, cependant elles ont peu investi dans une gestion plus durable de la chaîne alimentaire que les approches actuelles.

La question alimentaire,
la grande absente du débat politique

Chacun peut noter que la question alimentaire n'a pas été placée jusqu'ici au cœur du débat politique et des préoccupations écologiques. Au contraire, elle est perçue comme une source de problèmes récurrents (qu'il s'agisse de lutter contre la faim, d'éviter les crises sanitaires ou de parvenir à réduire les dépenses de santé) plutôt qu'un secteur privilégié à investir pour un épanouissement individuel et social. Le développement de bien d'autres activités humaines, dans le domaine de la technologie, de l'information ou de la culture a depuis longtemps supplanté la sphère alimentaire comme force de progrès social. D'ailleurs, dans les sociétés riches et développées de type occidental, la part des ressources consacrées à l'alimentation devient marginale, de l'ordre de 10 à 15 % du budget des ménages. Dans une époque où le poids des diverses activités sociales s'évalue en termes financiers (les expertises américaines sont toujours chiffrées de la sorte), l'importance de la chaîne alimentaire peut paraître bien secondaire aux yeux des politiques et des financiers.

De plus la majorité des citoyens de demain seront des citadins et selon une vision technocratique, les activités agricoles ou alimentaires devraient pouvoir être entièrement industrialisées. De même une majorité de politiques ne conçoit l'avenir que dans l'échange mondialisé des biens et des services et avec un peu de patience, l'OMC finira bien par libéraliser la majorité des échanges alimentaires. Dans ces conditions, vouloir faire jouer à la chaîne alimentaire un rôle social et écologique structurant et prioritaire, à l'heure de la fin des paysans et de l'essor des supermarchés alimentaires aseptisés, peut donc paraître un pari assez gratuit, en fort décalage par rapport aux tendances socio-économiques de ce début du XXIe siècle.

Il faudrait pourtant y regarder de plus près avant de marginaliser l'importance de la sphère alimentaire. Quels bénéfices une société peut-elle trouver à chasser les paysans de leur champ, à les remplacer par des machines, à concentrer toujours plus d'habitants en ville ? Est-il raisonnable de couper l'immense majorité de la population de ses racines paysannes ? Peut-on façonner un paysage, maintenir une biodiversité végétale sans une approche écologique et sans l'aide d'une population rurale suffisamment nombreuse et prospère ? Comment assurer la souveraineté alimentaire des populations sans l'appui d'une agriculture de proximité ? Peut-on accepter que l'agriculture et les autres activités alimentaires soient des sources importantes de pollution et de gaz à effet de serre ? Est-il tolérable qu'une nourriture industrialisée contribue à modifier le phénotype d'une partie toujours plus importante de l'humanité exposant tous nos petits-enfants au risque de l'obésité ? Quelle autonomie alimentaire peuvent garder des citoyens totalement conditionnés dans leurs actes d'achat par un marketing alimentaire toujours plus agressif ? Quel sera l'état de santé des populations éloignées de leurs racines culinaires et soumises à un apport d'aliments transformés riches en contaminants divers ?

En fait, la préoccupation majeure des institutions internationales telles que la FAO ou des organismes de recherche tels que l'INRA et le Cirad est demeurée jusqu'à présent trop quantitative, centrée sur les quantités de matières premières à produire pour nourrir 9 milliards d'hommes à l'horizon 2050, avec les mêmes tendances d'évolution alimentaire. Cependant, dans une prospective récente (Agrimonde), un scénario de rupture vers une alimentation durable est enfin envisagé, mais l'analyse ne va pas jusqu'à explorer les changements de civilisation que pourrait induire un pilotage nouveau de la chaîne alimentaire.

Quel avenir pour notre système alimentaire ?

Finalement le fait que la majorité des pays riches, à l'image des États-Unis, sont capables de produire de la nourriture peu chère a contribué à dévaloriser tout ce qui touche à l'alimentation humaine. Dans les pays du Sud, l'ensemble du système bancaire a peu investi dans le développement de l'agriculture et, dans les pays occidentaux, le secteur alimentaire est devenu le seul domaine où il soit encore possible de faire des économies. Dans les pays riches, cette tendance forte à la dévalorisation financière de l'alimentation est prolongée par une très mauvaise évaluation des coûts induits par une chaîne alimentaire productiviste. Comment chiffrer la perte d'un patrimoine rural ou culinaire, la dégradation des sols, la déstructuration des comportements alimentaires, les transformations corporelles ou les maladies induites par un système alimentaire insuffisamment adapté à l'homme et à la nature ? Si on avait réellement estimé tous les bénéfices humains et environnementaux qu'il y avait à tirer d'un développement privilégiant la sphère alimentaire, notre paysage agricole, alimentaire, nutritionnel et social en aurait été grandement amélioré.

Dans les pays en développement, les encouragements à développer une agriculture nourricière ont été bien tardifs, malgré les avertissements prémonitoires d'un René Dumont et son manifeste intitulé *L'Afrique noire est mal partie*. Les pays occidentaux après avoir surtout soutenu les investissements pour développer les cultures d'exportation du type café, cacao, arachide ont cherché à exporter leur modèle alimentaire, leurs sodas, leur pain blanc, leurs produits transformés et même leurs supermarchés. C'est ainsi que les deux types de malnutrition, celle liée au manque de disponibilité alimentaire et celle provoquée par une alimentation industrielle de type occidental, vont couramment se côtoyer ou s'additionner. Autre injustice : alors que le consommateur américain ou européen est bien averti des bénéfices santé des fruits et légumes ou de divers féculents, il n'existe pratiquement pas de campagne d'information pour mettre en relief la valeur santé des cultures vivrières locales en Afrique ou ailleurs. La première tentative pour promouvoir la consommation de fruits et légumes en Afrique francophone n'a été lancée qu'en octobre 2007 par un ensemble d'organismes de développement (FAO, Orstom, Cirad, INRA) en collaboration avec des représentants des ministères de l'Agriculture, de la Santé et de l'Éducation de ces divers pays.

Pour promouvoir une alimentation durable dans les pays en développement, il aurait fallu mieux observer la complexité des modes alimentaires traditionnels, leurs carences, et proposer de nouvelles solutions alimentaires basées sur l'utilisation de ressources locales. À la place de cette approche visant à enrichir les savoirs locaux, les organismes de développement choisirent vers les années 1965, soit dix ans après la révolution agricole des pays développés de promouvoir une révolution dite verte, basée sur l'utilisation de semences plus productives avec une forte utilisation d'engrais et de pesticides. Certes, ce fut un certain succès pour des raisons techniques, par exemple pour la production de blé ou de riz, mais cette priorité donnée à la production des grandes cultures n'a pas toujours été suffisante pour améliorer l'état nutritionnel des populations. Surtout cette révolution verte a eu des impacts environnementaux et parfois sociaux très négatifs, elle n'a pas permis de mettre en place une agriculture durable, de garantir des revenus suffisants aux paysans, de maintenir la fertilité des sols, voire d'améliorer leur potentiel agronomique.

En matière de bonnes pratiques agricoles, alimentaires et nutritionnelles, on est donc loin du compte pratiquement dans tous les pays et les fondements d'une alimentation durable n'ont pas été posés. De plus, on a complètement négligé la dynamique : alimentation durable, facteur clé d'un développement durable et d'un bon équilibre social et d'une excellente maîtrise de la santé.

S'engager résolument
vers une alimentation durable

Nous avons donc un choix primordial à faire : développer des modes d'agriculture et des modes alimentaires sûrs, les améliorer considérablement, investir une partie suffisante du corps social dans le maintien d'une chaîne alimentaire toujours plus protectrice ou laisser dériver le système alimentaire vers une pseudo-rentabilité économique avec des coûts induits sociaux et écologiques d'une extrême gravité. D'une manière très intuitive, si l'on considère tous les enjeux liés à la qualité d'un système alimentaire, il est évident que l'humanité doit se ressaisir et donner une priorité absolue à la manière de s'alimenter, à préserver le potentiel nourricier de la planète et à transmettre un patrimoine culturel.

Il serait assez inconsistant de discourir sur le développement durable, tout en marginalisant le rôle de l'agriculture et de l'alimentation. Vu sous un autre angle, si la terre était mieux cultivée, si la grande majorité de l'humanité partageait une alimentation saine et équilibrée, il y a à parier que de nombreux problèmes socio-économiques, écologiques ou géopolitiques seraient résolus. Ce chemin est loin d'avoir été pris, le potentiel nourricier de la planète est loin d'être préservé et l'immensité du savoir humain n'est guère mise à profit pour trouver des solutions nouvelles.

Des esprits sceptiques pourraient objecter qu'il est assez naïf d'espérer l'avènement d'une humanité bien nourrie, tant qu'il existera des disparités aussi scandaleuses dans la répartition des richesses et les possibilités de développement. Comment les sociétés pourraient-elles éviter les crises alimentaires et les problèmes nutritionnels si leur fonctionnement démocratique est biaisé par un ultralibéralisme ou par toutes autres dérives idéologiques ou étatiques. Combien de fois les disettes et les famines sont survenues à la suite de guerres fratricides ? Et la « malbouffe industrielle » n'est-elle pas un sous-produit obligatoire d'un capitalisme sauvage cherchant à dégager du profit à partir de la moindre calorie ingérée, jusqu'à pousser les consommateurs à devenir obèses pour les confier ensuite à un nouveau secteur marchand de la santé ? Finalement les dérives alimentaires et nutritionnelles présentes partout dans le monde ne seraient que le reflet des dérégulations sociales, des désordres de la mondialisation. Le jour où les hommes sauront mieux gérer leurs affaires politiques et sociales, ils pourront espérer résoudre les questions alimentaires et écologiques. Sauf que ce grand soir n'est pas encore arrivé, sauf qu'il est très difficile d'aboutir à un consensus politique que ce soit en matière de gestion démocratique, d'échanges économiques ou d'engagements écologiques.

À l'opposé de ces difficultés récurrentes, l'humanité partage un héritage alimentaire commun, fruit d'une lente évolution, d'un long passé de chasseurs-cueilleurs et de développement de l'agriculture et de l'élevage. Elle partage aussi un immense patrimoine culinaire et dispose maintenant d'un bagage scientifique exceptionnel en matière de nutrition. L'engagement à prendre toutes les mesures souhaitables pour que tous les hommes soient bien nourris est peut-être un des rares consensus, avec la question du climat, qui pourrait dès demain réunir toutes les nations. Il faut espérer que suffisamment d'hommes politiques, ou de militants divers, auront à cœur dans un avenir pas trop lointain de porter ce projet universel et intemporel.

Certes il est difficile de dissocier le droit à la souveraineté et au bien-être alimentaires des autres droits fondamentaux de l'homme. Mais quel sens peut-on donner aux devises les plus généreuses de liberté et de fraternité, si les populations n'ont pas accès à une souveraineté alimentaire, si elles ont le ventre vide, ou si elles sont déformées physiquement, déjà victimes d'une « malbouffe » ou d'une « *junk food* » ?

Pour une révolution alimentaire globale, porteuse d'une nouvelle économie verte

Le fait de remettre au centre des préoccupations humaines la question alimentaire pourrait constituer le lien le plus concret pour unir les nations et il y a beaucoup de chances qu'une humanité bien nourrie trouverait en elle toutes les ressources pour résoudre bien des problèmes. Voilà une vraie révolution concrète, profitable qui ne laisserait personne sur le bord du chemin. Des femmes et des enfants bien nourris, c'est de l'intelligence pour demain. Une planète bien cultivée et entretenue, c'est le minimum que l'on puisse faire : transmettre un bien qui ne nous appartient pas.

Cette révolution alimentaire globale, celle d'une agriculture nourricière et écologique, celle d'une chaîne alimentaire adaptée aux besoins nutritionnels de l'homme, celle d'une meilleure gestion de la santé par l'alimentation et enfin celle du développement d'une nouvelle économie verte pourraient faire l'objet d'orientations politiques consensuelles. Certes, il ne sera pas facile de réformer les systèmes de production dominants. Si aucun effort n'est réalisé pour donner un contenu au concept d'alimentation durable et pour l'appliquer, la situation actuelle ne fera qu'empirer.

La nécessité d'une meilleure gouvernance alimentaire mondiale commence seulement à s'imposer aux institutions internationales. Du 16 au 18 novembre 2009 s'est tenu, à Rome, le Sommet mondial sur la sécurité alimentaire. Les participants, dont un grand nombre de chefs d'État, se sont engagés à définir une meilleure gouvernance en matière d'agriculture et d'alimentation, afin de pallier les graves échecs actuels. Il s'agirait de créer un espace politique qui permette une meilleure coordination des politiques commerciales, agricoles, énergétiques, financières, et environnementales afin de mieux assurer la sécurité alimentaire mondiale. L'annonce semble alléchante, mais je doute que la communauté internationale, en particulier les pays riches, s'investisse suffisamment pour résoudre la question alimentaire.

Il faudra du temps pour reconnaître la spécificité de la question alimentaire, pour introduire des régulations différentes de celles du marché, pour sortir du cadre contraignant de l'OMC, et pour se fixer de nouveaux objectifs ambitieux afin de résoudre l'essentiel des problèmes nutritionnels et de réduire les impacts écologiques de la chaîne alimentaire. Au-delà des spécificités régionales, le même fil directeur pourrait inspirer toutes les politiques alimentaires nationales. Comme pour le réchauffement climatique, un positionnement et un engagement communs en faveur d'une alimentation durable ouvriraient la voie à des échanges de compétences, de services, et contribueraient à canaliser les échanges marchands.

Plusieurs événements majeurs devraient nous inciter à nous engager dans cette voie : la survenue d'une crise alimentaire mondiale, le fait que maintenant la moitié de l'humanité habite dans des villes, la prégnance des problèmes nutritionnels et écologiques, la « finitude » de notre planète et de ses ressources face à l'augmentation du nombre de bouches à nourrir, la nécessité de développer une nouvelle économie verte, d'adopter des modes de vie plus « soutenables ».

Alors qu'il existait un certain espoir de voir diminuer la faim dans le monde, le nombre de personnes qui en souffrent augmente toujours et touche maintenant près de 1 milliard d'hommes. Les objectifs du Sommet mondial de l'alimentation de réduire de moitié le nombre de personnes sous-alimentées avant 2015 restent donc lettre morte. Pire, la raréfaction du pétrole à venir et l'utilisation inopportune des céréales pour la production d'agrocarburants ou l'élevage ne feront qu'aggraver une pénurie récurrente de céréales. Il est donc urgent d'investir dans l'agriculture que ce soit au niveau de la formation des paysans, de leurs équipements ou pour favoriser des modes de production efficaces et écologiques.

Au lieu de cela, pendant et du fait que l'agriculture bat de l'aile, on assiste à une urbanisation galopante. Un exode rural massif bouleverse le visage de la planète et il faudrait créer, chaque semaine, une ville de 1 million d'habitants pour absorber la croissance de la population urbaine mondiale. En 2008, plus de la moitié des 6,7 milliards d'hommes vit en ville, contre un tiers seulement en 1950. À ce rythme de progression selon les Nations unies, dès 2030 plus de 5 milliards de personnes pourraient vivre alors dans des conurbations tentaculaires aux frontières floues, mêlant dépouilles rurales et zones urbaines. Certes, une certaine urbanisation du monde est sans doute inévitable. Le problème vient du fait que cette urbanisation est prématurée, qu'elle survient sans que des gains de productivité en agriculture aient été acquis, qu'elle met en danger la sécurité alimentaire des pays pauvres. Il y a donc bien une nécessité à recentrer les efforts de l'humanité vers une meilleure gestion de la chaîne alimentaire et d'y concentrer une partie suffisante des activités humaines.

Au-delà des différences de développement démocratique et socio-économique, toutes les sociétés sont confrontées à des problèmes identiques concernant le maintien d'une agriculture durable, l'épuisement des énergies fossiles, le réchauffement de la planète, la concentration des populations dans les villes. Pour être mieux armé face à ces problèmes, il serait sage d'accorder une priorité absolue au développement d'une chaîne alimentaire protectrice, pour l'homme comme pour l'environnement. Et si l'humanité commençait à se donner la main pour bien se nourrir et développer le potentiel alimentaire de la planète, voilà une bonne occasion d'avoir foi en l'homme. Il est maintenant urgent de faire évoluer les sommets mondiaux de l'alimentation vers des prises de position fermes en faveur d'une alimentation durable. Peut-il y avoir une politique plus sûre, plus concrète, plus efficace et plus riche en retombées positives que celle qui vise en premier à procurer un bien-être alimentaire à tous, grâce à une révolution alimentaire globale ?

Je crois qu'il n'est pas difficile de partager cette conviction. Pourtant ils sont légion les empêcheurs de développer une agriculture et une alimentation de très grande qualité, les lobbies industriels qui assujettissent l'agriculture, les professionnels qui sabotent la qualité alimentaire *via* la dévalorisation mercantile des matières premières, les spécialistes du marketing capables de faire prendre des vessies pour des lanternes, les responsables de la grande distribution qui tirent toujours les prix vers le bas, les médecins demeurés sceptiques sur l'efficacité de la prévention nutritionnelle, les défenseurs des seuls intérêts marchands, les consommateurs qui ont abandonné toute autonomie alimentaire.

CHAPITRE 3

Qu'est-ce que l'alimentation durable ?

Pourquoi le public est-il si peu familiarisé à la notion d'alimentation durable, pourquoi les politiques l'évoquent-ils rarement et pourquoi ce concept n'est quasiment pas mis en avant dans les débats autour des questions écologiques ? Il existe sans doute beaucoup d'explications à cette prise de conscience si tardive. Tout d'abord la notion de développement durable n'est pas exempte d'ambiguïté et les Anglo-Saxons utilisent plutôt le terme *sustainable*, littéralement « soutenable », ce qui peut finalement mieux se comprendre. Le concept de développement durable, décliné un peu à toutes les sauces, a fini également par perdre de sa pertinence. Par ailleurs, les nutritionnistes manquaient sans doute de recul pour décrire les modes alimentaires les plus sûrs vers lesquels devraient tendre toutes les populations, de même la réflexion sur les modèles d'agriculture durable n'était sans doute pas assez avancée.

Dans sa déclinaison la plus classique, le développement durable est un mode de développement économique cherchant à concilier le progrès économique et social et la préservation de l'environnement, considérant ce dernier comme un patrimoine à transmettre aux générations futures. Dans la sphère alimentaire, la déclinaison du concept de développement durable en ses trois composantes (économie, social et environnement) entraîne souvent une remise en question du système productiviste, accusé d'être générateur de conséquences sociales et écologiques négatives.

Vivre et occuper la planète de manière plus innovante

Pour le public, la déclinaison de ce concept se limite surtout à la seule protection de l'environnement. Or, selon la définition donnée dans le rapport Bruntland, publié en 1987 par la Commission mondiale sur l'environnement et le développement, avec pour titre *Notre avenir à tous*, le développement durable est un mode de développement qui répond aux besoins du présent sans compromettre la capacité des générations futures de répondre aux leurs. Il est moins connu que ce rapport mettait aussi l'accent sur la nécessité de répondre aux besoins essentiels des plus démunis, et sur les limitations que l'état de nos techniques et notre organisation sociale font peser sur notre capacité à répondre aux besoins actuels et à venir. Sous cet angle, le développement durable est une incitation forte à imaginer une manière plus satisfaisante, voire innovante de vivre et d'occuper notre planète. À l'évidence, il ne suffit pas de juxtaposer des politiques sectorielles (énergie, transports, aménagement du territoire, etc.) pour obtenir une inflexion significative de nos modes de développement, de production et consommation. Pour le scientifique, le développement durable conduit à penser au défi que représente l'usage économe des ressources naturelles, allié à un progrès technique orienté vers le bien-être de tous. Pour le citoyen, l'enjeu est d'accepter le principe d'une équité intergénérationnelle dans la gestion des biens collectifs et donc de reconnaître des obligations et des limites dans nos consommations en fonction de la préservation des ressources naturelles pour les générations futures.

Compte tenu de ses multiples impacts écologiques et sociaux, la question alimentaire aurait dû, dès les années 1990, être au cœur des réflexions sur le développement durable et il est difficile de comprendre pourquoi le concept d'alimentation durable est encore absent du débat public.

Comment ne pas s'interroger sur la manière la plus durable que doivent adopter les humains pour se nourrir, pour résoudre les problèmes actuels de disponibilité alimentaire, comme ceux des générations futures ? Du fait des nombreux problèmes de malnutrition et des impacts négatifs sur l'environnement provoqués par le système alimentaire occidental, comment ne pas réfléchir à son évolution pour qu'il soit mieux adapté sur les plans nutritionnel et écologique ? Dans cette saine remise en question, il ne faudrait pas oublier d'assurer l'avenir d'une agriculture paysanne, la seule garante de la permanence des productions agricoles. Ne peut-on pas projeter aussi le développement d'une économie verte dans laquelle le monde paysan retrouverait une juste place ?

Si une majorité de pays s'engageait dans cette voie, non seulement la faim serait vaincue, l'état de santé des populations deviendrait excellent, mais aussi beaucoup d'autres problèmes sociaux et écologiques seraient résolus. À l'heure des crises financières et d'une perte de confiance en l'avenir, il serait bon de prendre conscience de la nécessité d'assurer un bien-être alimentaire général par un pilotage nouveau de l'agriculture et de la nutrition humaine.

Des systèmes alimentaires peu durables

La validité des systèmes alimentaires devrait être examinée partout dans le monde pour les faire évoluer et préserver l'avenir. Par ailleurs il est important que le système alimentaire occidental déjà très industrialisé ne perturbe pas les systèmes plus traditionnels. Autrement dit, nous devons réformer notre chaîne alimentaire, avant de l'exporter dans d'autres pays, leur permettant ainsi d'éviter les erreurs que nous avons commises.

Pour qu'un système alimentaire soit valable et durable (soutenable), il faudrait, dès à présent, que l'offre alimentaire permette à toutes les couches de la population d'être bien nourries, que les impacts écologiques de l'alimentation humaine soient faibles, que l'avenir de l'agriculture soit sauvegardé et qu'une économie verte autour de la sphère alimentaire ait sa juste place. Aucun de ces objectifs n'a été atteint dans les systèmes occidentaux.

De plus il faut penser aux générations à venir, en préservant le potentiel agricole et en donnant un meilleur avenir aux paysans, porteurs de nouvelles missions nourricières et écologiques. Dans nos sociétés, l'agriculture pose problème, alors qu'elle devrait avoir un rôle extrêmement bénéfique à jouer. L'objectif serait de transmettre un plus grand potentiel agricole, des savoirs améliorés, une meilleure maîtrise du traitement des aliments, une culture alimentaire plus sûre ; mettre en place une gestion durable de la santé par l'alimentation.

Il n'est pas très difficile d'observer du nord au sud, des pays développés à ceux en voie de développement, que nous sommes loin du compte. Les progrès à accomplir sont énormes, les situations d'urgence à traiter toujours trop nombreuses et les moyens d'un vrai changement inexistants ou trop faibles.

En premier lieu, il est révoltant d'observer que la communauté internationale ne consacre pas suffisamment d'investissement ou d'aide financière directe à éradiquer la faim, alors qu'elle est capable d'investir des sommes colossales pour sauver des banques.

Un des points majeurs serait de préserver ou d'améliorer le potentiel nourricier de la planète. Le temps est venu de se donner les moyens de lutter contre toutes les formes d'érosion liées aux activités agricoles, d'améliorer la matière organique des sols, de prévenir les surpâturages nuisibles, de limiter le bétonnage des surfaces agricoles, (ou de générer autant de nouvelles terres fertiles que de surfaces bétonnées), de cesser de détruire les forêts pour aboutir à une surproduction de viande bovine, ou tous autres usages superflus.

Il est anormal de pratiquer une agriculture productiviste qui pollue les nappes phréatiques, réduit la biodiversité végétale, déséquilibre les écosystèmes naturels ou génère de grandes quantités de gaz à effet de serre.

Il est inadmissible d'avoir laissé une grande partie de la paysannerie mondiale dans une misère noire, sachant qu'elle n'aurait d'autre choix que de rejoindre des banlieues déshumanisées et d'avoir gaspillé tout un pan du patrimoine culturel rural. Toutes ces grandes tendances doivent être corrigées si l'on veut assurer une sécurité alimentaire sur le long terme.

Nul doute pourtant qu'il soit très intéressant d'améliorer la complémentarité entre ville et campagne, non seulement à des fins nutritionnelles et écologiques, mais aussi pour que les populations aient un réel choix entre un mode de vie citadin, ou rural, qu'il n'y ait pas d'un côté une surpopulation citadine, et d'un autre des déserts ruraux, ou des territoires misérables dans les pays pauvres.

Beaucoup de pays du Sud manquent de moyens élémentaires pour résoudre leurs problèmes agronomiques ou alimentaires. Les paysans sont trop pauvres pour exploiter correctement leurs terres et les nouveaux citadins en abandonnant leur alimentation traditionnelle se retrouvent dans une dépendance totale vis-à-vis de sources alimentaires extérieures. La pauvreté, la faim, la malnutrition, la maladie, l'inaction conjuguent trop longtemps leurs effets et condamnent des générations entières à la misère.

Les pays occidentaux, eux, ne manquent ni de moyens ni de connaissances scientifiques et pourtant la majorité de leurs systèmes alimentaires sont également peu durables. Sur le plan agronomique, la révolution agricole productiviste a jusqu'ici été bien peu écologique. Avant d'intensifier nos cultures, il est sans doute plus raisonnable, comme pour l'énergie, de réduire toutes les sources de déperdition alimentaire, celles engendrées par une surconsommation de produits animaux, par des transformations alimentaires inutiles ou par les gaspillages de nourriture.

Nous avons déjà pointé la responsabilité de l'industrialisation alimentaire dans le développement d'une nutrition bien trop approximative. Au final, malgré la libéralisation des échanges économiques, la faim et la malnutrition progressent et, lorsque les disponibilités en calories sont suffisantes, il est rare que les populations disposent d'une offre alimentaire parfaitement équilibrée, en particulier en fruits et légumes. Il est temps de construire un avenir meilleur, de consommer différemment et de résoudre dans le même temps bien des problèmes sociaux ou écologiques.

Le concept d'empreinte écologique vise à calculer les surfaces nécessaires pour compenser les dépenses d'énergie, de matières premières et d'eau qui ont été réalisées (l'unité de mesure est exprimée en hectare par personne). En comparant la consommation des ressources effectives avec les disponibilités de la planète, l'empreinte écologique met en lumière une offre environnementale limitée et une demande humaine croissante. On peut observer ainsi que les disparités d'empreintes écologiques sont énormes : 9,4 ha/personne pour l'Amérique du Nord, 4,8 pour les habitants de l'Union européenne et seulement 1,1 pour un Africain. Le modèle alimentaire occidental sera donc amené à devenir plus écologique.

*Nous souffrons d'un manque
de gouvernance alimentaire*

Progressivement les modes d'alimentation traditionnels, certes souvent très imparfaits, ont donc été déstructurés par une industrialisation alimentaire galopante, sans que la société ait pris le recul pour analyser les conséquences induites par le nouveau mode alimentaire. Finalement les différentes étapes de la chaîne alimentaire ne sont guère pilotées en fonction de leurs empreintes écologiques, ou de leur impact sur la santé, en dehors des aspects sanitaires élémentaires. C'est plus d'un demi-siècle d'absence de gouvernance alimentaire que nous venons de vivre.

Les enjeux positifs liés à une alimentation durable semblent avoir échappé à l'attention des citoyens et de leurs représentants politiques. La perspective de réduire les dépenses de santé par une nutrition préventive aurait dû inspirer nos politiques. Malgré son importance, l'enjeu de la santé n'a pas servi de base au développement de politiques agricoles, alimentaires et nutritionnelles nouvelles. Ainsi, dans les débats sur l'avenir de l'agriculture, on met rarement en avant les questions de santé, si ce n'est pour justifier la nécessité de réduire l'utilisation des pesticides, ou contester le développement de cultures OGM. La possibilité d'adapter la qualité et l'équilibre des productions agricoles pour améliorer la santé publique n'est jamais clairement affichée par les responsables professionnels, ceux de l'agriculture comme ceux de la santé. Si c'était le cas, une politique agricole nouvelle aurait par exemple permis d'améliorer la qualité de l'offre en fruits et légumes, ou en matières grasses. En revendiquant clairement une mission dans la gestion d'une santé durable par la qualité et l'équilibre de ses productions de base, le monde agricole aurait eu une excellente occasion d'exiger, en retour, un soutien plus franc de la part de la société.

Jusqu'à présent, c'est principalement le secteur agro-alimentaire qui met en avant la valeur santé de ses productions. Cette posture est bien surprenante pour une industrie qui se donne la liberté d'inonder le marché de produits transformés dont beaucoup ont une qualité nutritionnelle bien médiocre.

À l'exception d'un nouvel intérêt porté à l'agriculture biologique, les enjeux de santé publique ont eu peu d'influence en amont sur le paysage alimentaire, d'autant que l'industrie a prétendu pouvoir contrôler la qualité des aliments selon les vœux des nutritionnistes par des manipulations relativement simples dont beaucoup ont montré leurs limites. Le Programme national Nutrition-Santé français n'a pas freiné le développement d'une agriculture productiviste, il n'a pas changé le profil de nos campagnes, ni celui de nos supermarchés ; il a tout au plus modifié le cahier des charges de quelques transformations alimentaires.

En France, malgré des effets d'annonce (programme national pour l'alimentation, loi de modernisation de l'agriculture et de la pêche), le pouvoir politique ne s'est jamais mobilisé en faveur d'une alimentation durable parce qu'il est loin d'en avoir perçu toute la dimension. Son credo demeure simple et réducteur, il opte pour le maintien d'une agriculture et d'une industrie agro-alimentaire fortes, sans autres nuances.

Une meilleure gestion de la santé publique n'a pas suffi à inspirer une bonne gouvernance alimentaire. Il est probable que de nouveaux impératifs écologiques et sociaux, liés à l'intérêt de développer une nouvelle économie verte, seront des occasions plus efficaces pour introduire les divers systèmes de régulation nécessaires au pilotage d'une chaîne alimentaire durable. À ce stade, nous aurons réellement amorcé un changement de civilisation. Le plus tôt sera le mieux !

Plutôt que d'essayer de trouver une solution vers toujours plus d'industrialisation des productions alimentaires, nous avons une alternative plus intéressante, pour résoudre les problèmes d'emploi et de santé publique, mais aussi pour disposer d'un meilleur environnement, de campagnes paysagères et embellies. Pourquoi ne pas donner une mission de long terme à l'agriculture concernant la lutte contre le réchauffement climatique. Développer une agroécologie afin d'accroître les activités de photosynthèse, parvenir à un accroissement généralisé de la matière organique des sols, mieux associer les cultures et les élevages, réduire les intrants chimiques (pesticides, engrais, gasoil), faire en sorte que l'excès de CO_2 ambiant serve à augmenter la fertilité des sols, plutôt qu'à acidifier les océans. Modifier totalement notre vision du rôle de l'agriculture, source d'équilibre général plutôt que de problèmes. Cesser de dévaloriser le poids budgétaire de l'alimentation au profit de la téléphonie mobile ou d'autres types de consommation de masse. Pourquoi les dépenses globales alimentaires ne pourraient-elles pas être maintenues durablement autour de 15-20 % des dépenses totales, ce qui pourrait stabiliser celles de la santé ?

Saurons-nous nous donner les moyens d'assurer l'avenir alimentaire de l'humanité, et changer de paradigme alimentaire ? Sans cela, l'humanisme et l'écologie ne seront guère conciliables.

La lente émergence du concept d'alimentation durable

Après les bouleversements du XXe siècle, l'exode rural massif, l'essor de l'industrialisation de l'alimentation et de la grande distribution, nous manquons de recul pour définir les modalités d'une alimentation durable.

La réflexion sur les contours d'une alimentation durable ne doit pas servir de vernis pour redorer le blason du secteur agroalimentaire, ou donner bonne conscience aux consommateurs. Nous devons répondre à des questions fondamentales.

Quels seront les systèmes alimentaires les plus durables pour nourrir l'ensemble de l'humanité ? Comment réduire les pathologies liées à une malnutrition ou à une surnutrition et à quel point une bonne maîtrise de l'alimentation pourrait-elle bouleverser notre approche de la médecine ? Comment limiter les impacts écologiques des systèmes alimentaires ? Pour des questions d'environnement ou de nutrition, l'humanité est-elle appelée à devenir plus végétarienne ? Quels bénéfices socio-économiques pourrait engendrer une politique en faveur de systèmes alimentaires plus durables ? Dans quelle mesure l'agriculture pourrait jouer un rôle clé pour lutter contre l'effet de serre ? C'est en cherchant les bonnes réponses à ces questions que les systèmes alimentaires pourraient être pilotés pour résoudre les problèmes du présent et préparer l'avenir.

La réflexion sur ces sujets est bien peu approfondie. Finalement, le public ignore la notion d'agriculture durable, de même

que celle d'alimentation durable et seul le label « agriculture biologique » lui évoque une démarche compréhensive. L'agriculture
biologique a le mérite d'avoir un cahier des charges clair concernant ses pratiques agronomiques, l'interdiction des pesticides et
des engrais chimiques solubles, l'entretien de la vie microbienne
du sol. Par manque de soutien public, l'agriculture biologique
n'a pas eu le développement qu'elle aurait mérité, par ailleurs
beaucoup de modes agricoles sont finalement très proches sur le
plan agronomique et de la qualité alimentaire de l'agriculture
biologique.

Cependant, il faut souligner que les objectifs de l'alimentation durable sont plus larges et universels que les contours de
l'agriculture biologique. Nous n'avons pas d'autre choix que de
produire suffisamment à manger pour bien nourrir tous les
humains, de maîtriser les conséquences des pratiques agricoles
sur l'environnement et des modes alimentaires sur la santé. C'est
donc une manière de s'alimenter qui serait encore valable pour
nos petits-enfants qu'il conviendrait d'adopter. Cela exigerait un
pilotage plus exigeant de la chaîne alimentaire et une adhésion
des consommateurs.

Adapter les productions alimentaires
aux besoins de l'homme

Les premières réflexions sur l'alimentation durable ont été
d'ordre écologique. Sans relativiser cette dimension, la finalité
première d'un système alimentaire est d'être tourné vers la satisfaction des besoins nutritionnels de l'homme. Bien servis par
une offre alimentaire équilibrée, les consommateurs pourraient
adopter plus facilement des modes alimentaires sûrs. En amont
l'agriculture pourrait être plus directement nourricière, durable,
écologique. Les traitements et la distribution alimentaires

pourraient répondre aux meilleures exigences nutritionnelles et écologiques.

La difficulté, bien sûr, est de concrétiser toutes ces bonnes intentions. Pourtant, ce n'est pas impossible. Quel paradoxe, l'art de bien se nourrir à partir de produits issus des campagnes est relativement simple, il est même possible d'organiser les productions agricoles en conséquence, de faire parvenir les aliments naturels ou judicieusement transformés jusqu'au lieu le plus proche de leur consommation, bref de développer un système durable et, à la place de cette vision, nous avons une chaîne alimentaire extrêmement compliquée, segmentée et éloignée des bonnes pratiques alimentaires et écologiques. Réformer un tel poids lourd économique décourage les acteurs les plus téméraires, si bien que tous les espoirs reposent sur l'esprit vertueux des consommateurs pour essayer d'infléchir légèrement l'offre alimentaire vers le bio, ou pour favoriser des circuits courts.

Le premier socle d'une alimentation durable serait donc d'organiser la production alimentaire en fonction de la nutrition préventive. Celle-ci définit la manière la plus universelle de bien s'alimenter pour assurer un bon fonctionnement de l'organisme et préserver la santé. Cette nutrition préventive est basée sur l'utilisation d'une large gamme de produits végétaux naturels (produits céréaliers, légumes secs, féculents divers, fruits, légumes, graines et fruits oléagineux) complétée par des apports modérés de produits animaux et d'huiles végétales. En exploitant la diversité et la qualité nutritionnelle de ces aliments, on peut composer des milliers de recettes correspondant à une grande partie des cuisines du monde et surtout cela facilite l'adhésion à des régimes équilibrés protecteurs. Une alimentation durable pourrait donc assez facilement être mise en œuvre.

Le fil directeur assez universel d'une nouvelle politique agricole serait d'adapter les productions agricoles aux besoins nutritionnels de l'homme (maintenant très bien connus) en utilisant les ressources végétales et animales les mieux adaptées sur le plan écologique. Encore faudrait-il donner à l'agriculture la mission et les moyens d'exploiter ce potentiel alimentaire plutôt que de travailler avec un nombre d'espèces, de variétés ou de races réduites.

Dans le système actuel, ce sont seulement un petit nombre de matières premières majeures qui sont utilisées pour la confection d'une multitude de produits transformés (ingrédients laitiers, blé, maïs, riz, pomme de terre, amidon, sucre, soja, matières grasses), alors que les cuisines asiatiques ou méditerranéennes comprennent une grande diversité de produits végétaux. Difficile dans ces conditions de bénéficier de la diversité en micronutriments protecteurs du monde végétal. L'amélioration de la disponibilité en fruits et légumes est une des missions majeures que la société devrait attendre de ses agriculteurs, en y consacrant les moyens nécessaires.

L'espace de nos campagnes est presque entièrement occupé par des zones de prairies, ou de grandes cultures destinées principalement à l'alimentation animale. Il est possible de trouver une juste place à l'élevage sans que cette activité requière une production toujours plus élevée de céréales ou sans qu'elle soit une occasion de gaspillage énergétique ou de pollution supplémentaire. À côté de la grandeur des espaces attribués à l'élevage, la production de fruits et légumes est confinée dans des territoires très réduits, et avec des méthodes très intensives.

Le périmètre de l'agriculture conventionnelle, celui des grandes cultures, devrait être limité pour laisser une place suffisante aux modèles alternatifs d'exploitation agricole à vocation nourricière plus directe, et en particulier à l'agriculture biologique. Voilà une nouvelle feuille de route encore bien éloignée de la politique agricole actuelle ; même si le ministère de l'Agriculture s'engage maintenant à soutenir les circuits courts.

Mieux encadrer le secteur agroalimentaire

Le secteur agroalimentaire, devenu omniprésent et tentaculaire, n'a guère favorisé l'avènement d'une agriculture nourricière et diversifiée. Dans quelques dizaines d'années, quand nous aurons suffisamment de recul, la manière dont l'industrie agroalimentaire a pu se développer, sans avoir à respecter des objectifs nutritionnels, paraîtra très surprenante. Il existe tellement de produits alimentaires de qualité nutritionnelle réduite que cela a nécessairement des conséquences sur la santé publique. Pourtant, si les transformations alimentaires étaient mieux maîtrisées, si elles prolongeaient une activité agricole durable, et si elles étaient bénéfiques pour l'état nutritionnel des consommateurs, cette activité économique serait au cœur d'un développement durable. Comme pour l'agriculture, nous connaissons donc la feuille de route à mettre en œuvre pour ce secteur : améliorer la qualité de l'offre alimentaire, faire le tri dans toutes les transformations utilisées, ne garder que celles qui sont justifiées sur le plan nutritionnel, chercher éventuellement de nouvelles solutions.

Parfois des recommandations publiques claires ont déjà été émises pour l'utilisation de nouveaux types de farines moins raffinées (de type 80), ou pour la réduction du sel dans le pain. Cependant, les lobbies exercent une résistance ferme vis-à-vis de ces incitations et les pouvoirs publics sont pour l'instant dans l'incapacité de lever ce type de blocage.

Les techniques avantageuses de fractionnement et de recomposition des aliments, une utilisation assez systématique d'ingrédients énergétiques peu coûteux ont permis de baisser le prix de revient des aliments et d'assurer une grande sécurité alimentaire dans les pays occidentaux. Le revers de la médaille concerne l'épidémie d'obésité, la multiplication des sources de calories vides (dépourvues de nutriments d'intérêt) et la déstructuration des comportements alimentaires de beaucoup de nos concitoyens.

Finalement, l'agriculture a été pilotée pour favoriser le développement du secteur agroalimentaire, sans réelle réciprocité. L'abaissement continu du prix des matières premières, à l'instar du lait, n'est pas une solution viable pour les agriculteurs. Beaucoup de firmes alimentaires sont trop centralisées et sont peu complémentaires des activités agricoles régionales. De nouvelles entreprises plus proches du terrain et plus respectueuses d'un cahier des charges nutritionnel et écologique pourraient prendre le relais des géants de l'alimentaire. Les agriculteurs eux-mêmes gagneraient parfois à s'organiser pour assurer un plus grand nombre de transformations alimentaires et exercer ainsi un rôle nourricier plus direct. Il serait intéressant qu'une nouvelle politique alimentaire les accompagne dans ce sens.

Pour l'instant, à travers sa maîtrise des marchés, c'est plutôt la grande distribution qui pilote la chaîne alimentaire, loin des objectifs généraux d'un système alimentaire durable. Pour faire évoluer cette situation, il faudrait diversifier nos modes d'approvisionnement vers de nouveaux marchés de proximité et vers une offre alimentaire plus respectueuse des équilibres nutritionnels.

La nécessité d'une mobilisation politique

En l'absence de mobilisation politique, notre système alimentaire aura beaucoup de mal à évoluer pour devenir pleinement satisfaisant sur les plans nutritionnel ou écologique. Les citoyens sont inondés de messages réducteurs ou erronés, alors qu'ils auraient besoin d'avoir une perception claire des enjeux de la question alimentaire. Comment pourraient-ils faire preuve de responsabilité s'ils ne savent pas comment faire pour bien se nourrir et protéger la planète ? Faute d'une analyse suffisante, les pouvoirs publics sont dans l'incapacité de s'orienter vers une alimentation durable en fixant de nouvelles missions à l'agriculture et un nouveau cadre au secteur agroalimentaire et à la grande distribution.

La plupart des politiques agricoles ont échoué, ce qui est logique puisque les finalités évidentes d'une agriculture durable pour la protection de l'homme et de la nature sont demeurées beaucoup trop floues. Cela explique la faible progression de l'agriculture biologique ou le fossé énorme qui existe entre l'agriculture et l'atmosphère aseptisée de nos supermarchés, rendant illusoire le suivi de « la fourche à la fourchette » ou la lutte contre la « malbouffe ».

Nous sommes donc loin de savoir bien faire les choses : nous alimenter sainement, produire proprement et durablement, transformer et distribuer sans dénaturer, bien gérer nos ressources de proximité. La sécurité à long terme de nos approvisionnements alimentaires comme leur qualité nutritionnelle ne pourront être conservées qu'en préservant nos espaces naturels et la complexité des aliments qui en sont issus. Nous aurions donc besoin d'une politique nouvelle en faveur d'une alimentation durable, mais les politiques ne réagiront que si cela correspond à une demande citoyenne. Or les consommateurs ne sont pas particulièrement familiers avec le concept d'alimentation durable et ils ont dans l'ensemble une perception fort lointaine du problème et de ses enjeux. De plus, de nombreux freins s'opposent à un changement significatif de leurs comportements. Ils se sentent un peu perdus pour faire le tri au sein d'une offre trop variable en termes de prix et de qualité. Il serait souhaitable qu'ils disposent d'un ensemble d'indicateurs fiables pour se déterminer plus sûrement, ce qui montre l'importance à venir de la communication dans ce domaine.

Il existe cependant une petite frange de la population prête à assumer une démarche citoyenne et qui s'interroge sur les initiatives individuelles qui vont « dans le bon sens ». Sans doute faut-il se mobiliser dans notre vie quotidienne par exemple en privilégiant la consommation de produits naturels ou en réduisant celle de produits transformés sous emballage, se sentir responsable de l'avenir de notre alimentation comme pour la question des économies d'énergie et du réchauffement climatique. En quelque sorte, le consommateur doit orienter ses achats pour se nourrir au mieux et polluer le moins possible. Cependant attention aux approches réductrices : manger exclusivement bio n'est pas toujours la meilleure solution si l'origine des aliments est trop lointaine ou s'il s'agit en quelque sorte d'un « bio industriel » fait avec les mêmes procédés que le système conventionnel. Il est facile de comprendre qu'une alimentation durable doit en premier lieu s'élaborer avec des produits de proximité et de saison, qu'il faille éviter pour des raisons écologiques et nutritionnelles de consommer trop de viande, que nos courses ne doivent pas générer trop de déchets difficiles à recycler, que notre comportement alimentaire de l'acte d'achat jusqu'à l'acte culinaire ne doive pas occasionner trop d'émissions de CO_2, que nous devrions pratiquer des échanges équitables pour faire vivre tous les agriculteurs, et pas seulement ceux des contrées lointaines.

Les consommateurs devraient pouvoir inscrire leur comportement dans le cadre d'une alimentation durable, au même titre que leur prise de conscience écologique. Le silence des politiques dans ce domaine serait particulièrement lourd de conséquences, s'il se prolongeait.

CHAPITRE 4

Vers un comportement alimentaire durable

La manière de nous alimenter devrait donc s'inscrire dans une perspective d'alimentation durable. Mais, dans un environnement déjà déséquilibré et sans informations claires, comment adopter un comportement alimentaire sûr, comment par nos choix favoriser l'avènement d'une chaîne plus durable ? Quelles clés peut-on donner aux consommateurs pour guider leurs choix ?

Quels sont les véritables enjeux alimentaires ?

Sur le terrain, même si la plupart des citoyens sont devenus des consommateurs dociles remplissant avec une régularité exemplaire leurs caddies d'aliments transformés ou conditionnés, il existe cependant un questionnement récurrent sur la validité des modes alimentaires proposés. La situation est bien paradoxale : jamais l'alimentation humaine n'a suscité autant d'inquiétude sur sa qualité nutritionnelle et de réel intérêt dans la perspective de prévenir un certain nombre de maladies liées au vieillissement.

Par contre les conséquences de nos modes alimentaires sur les émissions de gaz à effet de serre, sur la biodiversité ou l'équilibre des écosystèmes ne sont encore entrevues que par un public très restreint d'initiés.

Bien que les consommateurs soient demeurés plutôt passifs face à la forte modification du paysage alimentaire, ils n'en ressentent pas moins un malaise diffus. L'extrême diversité de l'offre, la découverte de pratiques choquantes (du scandale de la vache folle à celui de la mélamine), la peur de mal se nourrir, voire d'être empoisonné, la modification du goût de certains produits, la perte du savoir-faire culinaire ou de repères culturels se traduisent par un questionnement égocentrique sur le « que dois-je manger ? ».

Or le public a très peu d'indications sûres concernant les conséquences de ses choix alimentaires sur le plan de la santé ou sur la préservation générale des espaces naturels. Sans prise de conscience particulière, les déterminants de nos choix demeurent basiques : il s'agit de nourrir sa famille, de manger à sa faim, de se faire plaisir, sans doute de respecter des normes socioculturelles et de s'en tenir à un budget limité.

Dans ce contexte, l'extrême diversité de l'offre en produits alimentaires transformés et l'influence souterraine d'un marketing omniprésent contribuent à perturber les références et les habitudes alimentaires. Notre consommateur, roi et victime du système, serait ainsi bien en peine de justifier ses choix pour son bénéfice personnel ou pour soutenir un intérêt général. Il ne se rend pas compte à quel point sa manière de s'alimenter est l'aboutissement de toute une chaîne de production industrielle avec des conséquences socio-économiques ou écologiques considérables. Ses choix restent déterminants pour l'essor d'un nouveau produit comme pour le maintien de tout un système. Afin qu'il aille dans le sens souhaité par les intérêts économiques dominants, un long travail de préparation est effectué pour conditionner ses actes d'achat. L'évolution de l'alimentation d'un pays ou d'une région est fortement pilotée par les professionnels de la production alimentaire, ce qui ne signifie pas que les consommateurs n'aient pas leur part de responsabilité dans l'évolution du paysage alimentaire.

Dans un contexte qui incite fortement les consommateurs à la passivité, il peut paraître illusoire de modifier les comportements alimentaires. Pourtant le changement est possible s'il existe une mobilisation sociétale comparable à la prise de conscience écologique actuelle. Cela pourrait conduire les professionnels de l'alimentation à produire autrement. Le développement de l'alimentation biologique pourrait être beaucoup plus rapide s'il était soutenu par une très forte demande des consommateurs et si la filière bio parvenait à fournir des produits de qualité à des prix intéressants.

Les enjeux des choix alimentaires dépassent largement la sphère individuelle. Au moins pour les populations qui ne souffrent pas de la faim, il faut donc dépasser le « que dois-je manger ? » pour la satisfaction de mes besoins physiologiques et de mon plaisir immédiat, au profit d'un questionnement plus fondamental, pourquoi privilégier un comportement alimentaire plutôt qu'un autre et sur quelles bases scientifiques, sociales et écologiques ? Si tous ces enjeux étaient bien expliqués au public, il y a bien des chances que notre paysage alimentaire change rapidement, pour correspondre à celui une alimentation durable.

Sur le terrain, il n'est pas facile d'assembler les pièces du puzzle alimentaire, pour guider les actes d'achat des consommateurs. Non seulement il manque un travail de décryptage, mais lorsque des informations sont données, elles sont diffusées par bribes, sans liens, comme s'il pouvait exister une alimentation bonne pour la santé, une autre pour la survie de la planète, et encore une autre pour assurer la viabilité de l'agriculture.

Au lieu d'un bon éclairage sur le plan nutritionnel comme sur les autres enjeux, ce sont des arguments de marketing très réducteurs qui sont assénés aux consommateurs pour orienter leurs achats, par exemple sur l'intérêt de choisir un aliment seulement pour sa teneur en fibres, un autre pour ses oméga-3 et un troisième pour son bilan en CO_2. Avec tant de messages fragmentaires, souvent brouillés, il est difficile d'améliorer la santé publique par l'alimentation. De même, les citoyens rencontrent encore plus de difficultés, faute de repères fiables, à faire, s'ils le désirent, des choix alimentaires sûrs pour suivre une démarche écologique. Dans un tel univers mercantile qui a contribué à bouleverser les modes de vie, la possibilité de suivre une ligne de conduite cohérente sur les plans alimentaire, écologique et social devient très difficile. Comment mobiliser les citoyens pour une cause qui leur paraît bien lointaine alors qu'ils sont souvent confrontés à des difficultés personnelles, économiques tangibles ?

Une volonté politique pour sensibiliser le public sur la question de l'alimentation durable serait souhaitable. Entreprendre un effort de clarification et de vulgarisation pour que les consommateurs puissent s'appuyer sur des recommandations sûres et acquièrent une vision globale de la qualité de leur alimentation, qu'il s'agisse d'impact sur la santé, d'empreintes écologiques, de développement durable, d'échanges équitables. Aucune initiative publique n'a encore développé un tel effort de synthèse et d'information. Si c'était le cas, nous aurions réussi à mettre en place une vraie politique d'alimentation durable.

Des bases alimentaires durables

Quel que soit le degré d'altruisme des citoyens, ils ne seront convaincus de l'intérêt des modes alimentaires qu'on leur propose d'adopter que s'ils y puisent suffisamment de bien-être et de santé pour rester en bonne forme. Heureusement, il est possible à quelques exceptions près de concilier qualité nutritionnelle et responsabilité écologique, mais il faut reconnaître que cela entraîne certaines contraintes pour les amateurs de foie gras ou de fraises à Noël.

Le message principal à marteler pour susciter une prise de conscience salutaire serait le suivant : pour qu'un comportement alimentaire soit valable, il doit être bon pour le bien-être et la santé humains, bon pour la planète et bon pour l'environnement social. En termes concrets, cela revient à encourager les consommateurs à adopter des modes alimentaires naturels, plutôt végétariens, à limiter la consommation de beaucoup de produits transformés, à rechercher les produits de proximité, à préférer les produits de saison, à savoir cuisiner simplement. Tous ces conseils paraissent bien élémentaires, mais de moins en moins faciles à mettre en œuvre au fur et à mesure de l'industrialisation de la chaîne alimentaire et des modifications de nos modes de vie.

Il n'y a pas, et c'est heureux, un mode alimentaire efficace pour lutter contre les maladies cardio-vasculaires, un autre vis-à-vis du diabète et d'autres encore pour se prévenir de l'ostéoporose ou des cancers. Finalement, une alimentation bonne pour la santé peut être soutenue par une agriculture durable et selon les normes nécessaires à la protection de l'environnement et aux échanges équitables. Voilà une bonne nouvelle qui mériterait un effort de vulgarisation particulier de la part des pouvoirs publics.

Développer un discours compréhensible sur les relations entre alimentation et santé demeure encore un objectif récurrent de santé publique. Nous disposons maintenant d'un recul scientifique suffisant pour prodiguer des conseils valables, mais les nutritionnistes peinent à diffuser les acquis de la nutrition préventive. Celle-ci décrit les modes alimentaires qui permettent de satisfaire tous les besoins nutritionnels dans leur très grande diversité et de prévenir ou de retarder un grand nombre de pathologies.

Bien s'alimenter pour bien se porter, cela revient à assurer le bon fonctionnement de l'ensemble des organes par un apport de nutriments et micronutriments appropriés. Il est donc nécessaire que les consommateurs aient une bonne perception de leurs besoins, et que l'offre alimentaire soit conçue pour satisfaire les apports nutritionnels conseillés. On peut dire pour l'instant qu'aucune de ces deux conditions n'est réunie.

L'alimentation vers laquelle il faudrait tendre comporte beaucoup de glucides apportés par les céréales et les autres féculents, un bon assortiment de fruits et légumes ; un apport modéré de protéines et de matières grasses d'origine animale. Son profil en glucides, protéines et lipides serait du type 55 %, 15 % et 30 % de chacune des classes de ces micronutriments. Ces pourcentages n'ont de sens que pour les nutritionnistes, chargés d'observer le comportement des populations. Actuellement, la majorité de la population française, comme d'autres populations occidentales, dispose d'un apport énergétique du type 45 % pour les glucides, 15 % pour les protéines et 40 % pour les lipides. Au début du siècle, la part des glucides était beaucoup plus élevée (de l'ordre de 70 %), comme encore actuellement dans beaucoup de régions d'Asie. Ces bouleversements énergétiques sont donc le résultat de la « transition nutritionnelle » que subissent les populations au fur et à mesure de l'industrialisation de leur alimentation. Schématiquement cette transition aboutit au remplacement des aliments riches en amidon par le couple infernal sucres-matières grasses, et l'addition généreuse de sel et de maints additifs.

Il convient de mieux vulgariser aussi le fait que les apports caloriques doivent toujours être accompagnés d'un apport complexe de fibres, minéraux et micronutriments On comprend ainsi pourquoi la consommation de fruits et légumes est extrêmement utile, alors que beaucoup de transformations alimentaires sont inadaptées à nos besoins.

En améliorant la base végétale de notre alimentation, les apports complémentaires de protéines animales ou de matières grasses deviennent faciles à réaliser. Voilà des messages simples faciles à diffuser. Concernant les produits transformés, le consommateur devrait pouvoir disposer d'indications claires sur le degré de « naturalité » ou de raffinage d'un aliment ; il pourrait ainsi plus facilement faire les bons choix alimentaires et rejeter des aliments « fantômes », de composition fort éloignée de tout produit naturel. Il ne serait pas bien difficile de vulgariser la composition de caddies types comportant un large assortiment de produits végétaux et de décrire les meilleurs compléments possibles en produits animaux et matières grasses de la base végétale de notre alimentation.

Selon que l'on habite dans le Nord de la France, sur les rives de la Méditerranée, ou dans d'autres pays, l'assortiment en fruits et légumes est souvent fort différent ; cependant la biodiversité végétale naturelle est presque toujours suffisante pour assurer une bonne nutrition préventive. Les populations ne vivant plus en cercle fermé, il est possible de compléter les ressources locales à partir d'autres bassins plus favorisés pour certaines cultures ou élevages, mais il est bon que chaque région développe au maximum ses potentialités alimentaires.

Finalement, toutes les conditions sont réunies pour bâtir une offre alimentaire sûre. Nous disposons de données solides sur les apports nutritionnels conseillés (ANC), nous connaissons la nature des régimes traditionnels qui ont fait leurs preuves (comme le régime méditerranéen, ou d'autres régimes d'origine africaine ou asiatique) et maintenant nous savons qu'il est intéressant et possible de concilier les objectifs nutritionnels et écologiques. Le moment est donc venu de modifier l'offre alimentaire pour faciliter l'adoption de comportements alimentaires sûrs par les consommateurs.

Une sobriété alimentaire et énergétique joyeuse

Il est difficile d'expliquer la complexité du métabolisme énergétique et de nos systèmes de protection. Cet effort de vulgarisation peut être tenté, mais il est possible de donner une clé encore plus simple. Pour bien se porter, l'homme gagne à observer une certaine sobriété énergétique, tout en ayant l'alimentation la plus diversifiée possible en micronutriments. En ayant une consommation élevée de fruits et légumes, on peut disposer de ce type de nourriture riche en micronutriments, peu calorique, tout en étant suffisamment abondante pour notre plaisir de manger et notre satiété. On peut donc adopter une sobriété énergétique joyeuse, selon l'expression que Nicolas Hulot utilise au niveau sociétal. Il n'y a rien de triste à privilégier des produits naturels pour bien se nourrir et nous y sommes encore bien adaptés, même après cinquante ans d'alimentation industrielle.

En raison de la longévité humaine, nous savons maintenant que le métabolisme énergétique est plus ou moins directement à l'origine de nombreuses maladies métaboliques. Une des clés de la prévention est sûrement de ne pas mettre l'organisme en position de lutter contre les excès d'énergie, ce qu'il ne sait pas bien faire et ce pour quoi il n'a pas été sélectionné. L'évolution a favorisé la sélection des gènes qui maintenaient la survie et préservaient les capacités de reproduction dans des conditions difficiles, de privation alimentaire par exemple, et ces gènes d'épargne pourraient jouer maintenant un rôle défavorable en favorisant un stockage superflu des substrats énergétiques. L'espèce humaine n'a jamais été placée durablement dans la nécessité de s'adapter à des apports énergétiques superflus en provenance des sucres, des graisses ou de glucides rapides ; il est compréhensible que cela lui occasionne beaucoup de troubles.

À l'opposé des fruits et légumes, les aliments transformés d'origine industrielle sont souvent trop pauvres en micronutriments par rapport à leur contenu énergétique et cette caractéristique est le point faible de la chaîne alimentaire des pays occidentaux. Avec une offre alimentaire courante, riche en produits transformés trop denses sur le plan énergétique, il est bien difficile de mettre en pratique une sobriété énergétique favorable à la longévité.

Cependant la maîtrise des apports caloriques chez les personnes sédentaires ne doit pas induire un comportement alimentaire de privation. Il existe toujours des solutions pour disposer de nourritures abondantes et légères, grâce aux fruits et légumes, aux poissons ou aux viandes maigres.

Il ne suffit pas de manger peu pour bien se porter ! Toutefois, la pire des situations est de soumettre l'organisme à des excès caloriques avec un apport médiocre de micronutriments. Avec une absorption trop forte d'énergie, la glycémie est en permanence trop élevée, même si cela ne se traduit pas par un diabète avéré. L'obligation faite à l'organisme de brûler le glucose en compétition avec les acides gras entretient une sorte de toxicité métabolique favorable au vieillissement d'autant que des micronutriments protecteurs font défaut (vitamines, antioxydants, oligoéléments, microconstituants d'origine végétale).

En pratique, les consommateurs devraient privilégier la consommation des produits les moins transformés ou purifiés possible (du pain bis ou complet plutôt que du pain blanc, des huiles vierges plutôt que purifiées, des fruits entiers plutôt que des jus de fruits ou des nectars). Il s'agit donc de s'orienter vers une alimentation durable en privilégiant l'utilisation d'un large assortiment de produits naturels et en réduisant très sensiblement la consommation de produits transformés de faible densité nutritionnelle. Que d'achats inutiles, de produits alimentaires riches en énergie agressive pour l'organisme, coûteux à produire et nuisibles pour l'environnement ! Le moment est sans doute venu de faire le ménage dans nos placards.

La façon de bien se nourrir est donc très simple, basée essentiellement sur des aliments naturels complémentaires qui correspondent à notre statut d'omnivore. On pourrait penser assez naïvement que l'idéal serait de retrouver le type de nourriture de nos ancêtres chasseurs-cueilleurs, à la fin du paléolithique. Depuis environ dix mille ans, la donne alimentaire a changé ; l'humanité a développé l'agriculture et l'élevage, ce qui nous a permis de disposer de meilleures ressources en glucides et en protéines et de tolérer des aliments nouveaux tels que les céréales et, pour certains peuples, les produits laitiers. Nous nous sommes donc adaptés à un nouvel environnement alimentaire durant ces milliers d'années. Ensuite, avec l'industrialisation alimentaire et sa capacité à confectionner de nouveaux aliments énergétiques, le changement s'est accéléré entraînant des répercussions spectaculaires du phénotype humain (poids, taille). Nous sommes maintenant dans la nécessité d'adopter un comportement alimentaire qui nous convienne et qui ne fasse pas abstraction de notre patrimoine génétique. L'agriculture et le secteur agroalimentaire doivent être pilotés pour satisfaire les besoins des êtres humains, alors que nous avons plutôt suivi une démarche inverse.

Certes, nous sommes dans un environnement plus favorable que nos lointains ancêtres dans la mesure où nous avons à manger tous les jours et pour toutes les autres raisons évidentes liées au progrès de l'humanité. Sauf qu'une partie de l'humanité souffre encore de la faim. Sauf que ce même progrès bien mal contrôlé a éloigné les humains du comportement alimentaire naturel qui leur est le plus favorable. Sauf également qu'en s'orientant vers des choix alimentaires artificiels, les capacités de résistance à diverses pathologies dégénératives des populations concernées se sont amenuisées. Sauf que l'offre alimentaire de nos supermarchés contribue pour environ 30 % à l'émission de gaz à effet de serre. Sauf que le monde paysan a largement été laissé pour compte et a perdu foi en l'avenir. Sauf qu'une trop large majorité de consommateurs est devenue trop passive et ne sait plus bien se nourrir.

Bien se nourrir, c'est aussi préserver la planète

Dans l'ensemble, l'alimentation humaine est bien mal partie, mais un sursaut est toujours possible. Demain une nouvelle politique peut être développée en faveur d'une alimentation naturelle plus végétarienne, ce qui devrait permettre de résoudre les problèmes de la faim et d'améliorer l'état de santé des populations. Demain l'adoption de modes alimentaires durables pourrait donner un nouveau dynamisme à l'agriculture chargée d'adopter les meilleures pratiques pour nourrir les hommes et protéger la planète.

Cette sobriété alimentaire tellement souhaitable pour la santé humaine est également indispensable à la santé de la planète. La meilleure façon de soulager l'agriculture serait de lui permettre de réduire ses productions céréalières et animales et de la redéployer vers d'autres cultures, celles des légumineuses, des légumes et des fruits. L'efficacité agronomique pour produire des calories ou des protéines alimentaires est bien meilleure lorsqu'on évite largement l'intermédiaire animal, il en va de même pour la fourniture d'un ensemble de micronutriments ou d'acides gras essentiels.

Une humanité incitée à devenir plus frugale permettrait en amont le développement d'une agriculture durable proche des normes de l'agriculture biologique, une agriculture beaucoup moins exigeante en intrants (pesticides, engrais, gasoil), une agriculture plus directement nourricière et donc moins dispendieuse en énergie de transformation, de transport et de conservation. La modification dans une large échelle des comportements alimentaires humains sur la base d'une pyramide alimentaire à base végétarienne pourrait ainsi réduire considérablement la nécessité d'intensifier l'agriculture et l'élevage. D'autres économies pourraient être réalisées en privilégiant les productions régionales ou en évitant les transformations alimentaires superflues. Combien de fois la grande distribution a déstabilisé les productions régionales pour des gains marginaux, augmentant, pour longtemps et à long terme, les distances parcourues par les aliments. Que d'émissions de CO_2 inutiles sont provoquées par des achats de fruits et légumes hors saison.

Gagner provisoirement la bataille de la faim ne suffit pas si l'agriculture est source de nuisances écologiques ou si les humains sont mal protégés par une alimentation de qualité insuffisante. Quelles quantités de pesticides sont déversées sur nos vergers pour flatter l'œil du consommateur, avec un bénéfice inexistant pour la consommation des fruits, pour la santé humaine ou environnementale ?

Au final, c'est en ayant un comportement alimentaire réfléchi que l'on pourra préserver le potentiel agricole, voire agir de façon encore plus large sur l'équilibre de notre planète. Il reviendrait à l'agriculture d'assurer une mission nourricière plus directe, de diversifier ses productions végétales et de mieux répartir ses productions animales. En respectant un cahier des charges pour assurer la qualité nutritionnelle, le secteur agroalimentaire pourrait être parfaitement complémentaire d'une agriculture durable et procurer le confort alimentaire tant recherché dans les pays riches.

Nous savons donc quelles orientations prendre pour bâtir une alimentation durable mais il faudra beaucoup de temps pour modifier le paysage alimentaire, changer nos comportements et encore plus d'efforts pour espérer un impact favorable sur l'environnement. Or, dans la vie de tous les jours, quand nous faisons nos courses, ce sont des choix de court terme que nous faisons pour satisfaire nos besoins. Pour autant les consommateurs jouent un rôle déterminant dans le soutien aux modes d'agriculture les plus directement nourriciers, tels que ceux de l'agriculture biologique, ou des productions régionales les moins consommatrices d'énergie ou des procédés de transformation les moins dénaturants. Au final, ils accepteraient bien de prendre leurs responsabilités pour influencer la conduite de la chaîne alimentaire, dans les limites de leur budget, et à condition que cela n'affecte pas leur plaisir de manger.

Nul ne peut nier l'importance de la recherche du plaisir dans le comportement alimentaire humain. Heureusement, une alimentation durable, caractérisée par sa richesse en produits naturels, autorise des variations culinaires infinies, elle incite aussi à la convivialité, à la solidarité avec ceux qui ont élaboré les aliments, et au respect de la nature, ce qui ne gâte rien. Face à ce plaisir, naturel, mérité, partagé, face à cette satisfaction d'être le moteur et la finalité d'une chaîne alimentaire équilibrée et durable, le marketing industriel est là pour imposer le plaisir immédiat ou plus encore la dictature du plaisir manipulé par les arômes et tous les exhausteurs de goût.

Jusqu'à maintenant, nous avons encore eu le choix de conserver une alimentation naturelle ou d'adopter plus passivement une nourriture industrielle. Demain, il n'est pas certain que nous puissions choisir nos modes alimentaires, s'il n'y a pas une mobilisation citoyenne pour résoudre la question alimentaire et préserver l'avenir d'une certaine agriculture humaine et écologique.

Il n'est pas utopique d'espérer une bonne prise de conscience de la part des consommateurs des enjeux d'une alimentation durable. Mais ce désir de bien se nourrir, de réduire nos empreintes écologiques bute déjà sur une évolution très avancée d'une agriculture en marche vers le productivisme, et son corollaire la fin des paysans. De même, notre bonne volonté potentielle est bien mise à mal dans les temples de la consommation alimentaire industrielle. Il faudrait donc que les acteurs de la chaîne alimentaire veuillent bien se mobiliser pour accompagner une nouvelle demande citoyenne, pour modifier le paysage alimentaire en fonction des enjeux consensuels que la société cherche à atteindre.

CHAPITRE 5

De nouvelles voies pour lutter contre la faim dans le monde

Un engagement nouveau en faveur d'une alimentation durable pourrait émerger assez rapidement dans les pays riches et se traduire par une volonté politique de réformer la chaîne alimentaire, ce changement politique serait finalement la meilleure solution pour lutter contre la faim dans le monde, tant ce problème a une origine globale. N'oublions pas que notre système dominant d'industrialisation alimentaire a pu prospérer grâce à la dévaluation des matières premières. Cette dévalorisation a été un frein redoutable pour le développement des cultures vivrières dans les pays en voie de développement. De même, l'exportation de nos produits alimentaires transformés et de nos modèles alimentaires occidentaux a constitué un signal fatal pour l'abandon progressif d'habitudes nutritionnelles plus adaptées aux ressources locales.

Une humanité incapable
de résoudre le problème de la faim

Le monde a été capable, ces cinquante dernières années, de multiplier par plus de deux la production agricole, progression qui a dépassé l'explosion démographique, pourtant la situation agricole et alimentaire s'est dégradée. Les causes de la faim sont multiples et s'interpénètrent ; elles ne peuvent être réduites à la question de la disponibilité des ressources alimentaires.

À l'origine de cette situation : une dévalorisation générale des activités agricoles dans le monde ; un accès très inégal aux progrès des technologies agricoles ; les difficultés d'accès à la terre et à l'eau, véritables enjeux pour les pays en développement ; un manque récurrent de soutien financier ou technique aux petits paysans ; l'extrême pauvreté des populations du tiers-monde. Par ailleurs, la domination des sociétés multinationales de l'agro-alimentaire, du négoce et de la distribution exerce une pression sur les prix agricoles mondiaux, tirant vers le bas le revenu des paysans qui représentent souvent une partie très importante des actifs. Avec un développement agricole aussi inégal, la libéralisation des échanges agricoles mondiaux prônée par l'OMC ne semble pas être une solution à l'insécurité alimentaire dans le monde. Jusqu'ici les interventions du FMI et de la Banque mondiale trop soucieux d'ajustements structurels n'ont pas contribué à développer les cultures nourricières, ou à réduire les écarts de productivité entre les agricultures des pays développés et celles des pays en développement.

À côté des disparités et des carences de l'agriculture, le monde a connu une sorte d'uniformisation alimentaire selon une même logique industrielle, ce qui a permis de résoudre certains problèmes d'approvisionnement en traitant des denrées périssables, mais cela a généré aussi de nombreux problèmes nutritionnels en mettant sur le marché des produits peu conformes aux exigences nutritionnelles.

Finalement, avec environ 1 milliard de personnes qui souffrent de la faim, avec encore plus d'êtres humains qui sont en état de malnutrition ou d'obésité, l'humanité est bien mal nourrie. Paradoxalement, 70 % de ceux qui souffrent de la faim sont des paysans. D'un côté, des agriculteurs surpuissants et superefficaces peuvent par exemple produire, sur 150 hectares, 1 000 tonnes de céréales tandis que d'autres en cultivant un lopin de terre voisin de 1 hectare peineront à atteindre une production de 1 tonne, même pas suffisante pour nourrir une communauté familiale nombreuse. L'inégalité du développement agricole des populations du monde devrait nous interpeller. Les causes en sont multiples, liées à des évolutions historiques très contrastées, à des disparités énormes dans l'accès à la terre et à l'eau, aux niveaux de formation très différents des agriculteurs, à l'efficacité des pratiques agronomiques, à la disponibilité en ressources financières ou en aides publiques. Le maintien d'une spécialisation à l'exportation de matières premières agricoles et la libéralisation des échanges mondiaux, imposée par les institutions internationales, ont aggravé la faim et la pauvreté en détournant l'effort des agriculteurs de leur rôle nourricier le plus essentiel.

L'augmentation prévue de près de 50 % de la population mondiale, la modification des régimes alimentaires avec l'élévation du niveau de vie, le développement programmé des agrocarburants sont autant de signes annonciateurs de futures crises alimentaires. Dans de telles situations, l'histoire s'accélère, il faudra résoudre la question alimentaire, tout en luttant contre les dérèglements climatiques. Espérons que cela se traduise par une meilleure gouvernance de la chaîne alimentaire à l'échelon international.

La lutte contre la faim est l'affaire de tout le monde, des agriculteurs comme des citadins, des pays riches tout autant que des pays pauvres. La carte de la faim coïncide avec celle de la pauvreté, des guerres ou de l'analphabétisme. Nous devons donc combattre la faim sur le terrain politique, par nos luttes pour une meilleure répartition des richesses, par le développement d'échanges équitables, par la diffusion du savoir, par des choix alimentaires responsables, par notre soutien aux ONG qui essaient de résoudre les problèmes alimentaires sur le terrain.

Les causes de la faim et de la malnutrition

La famine menace non seulement la vie des personnes, mais aussi leur dignité. Une carence grave et prolongée de nourriture provoque l'effondrement de l'organisme, l'apathie, la perte du sens social, l'indifférence et parfois la cruauté envers les plus faibles : enfants et vieillards en particulier. Des groupes entiers sont alors condamnés à mourir dans la déchéance. Au cours de l'histoire, cette tragédie malheureusement se répète, mais la conscience moderne perçoit mieux qu'autrefois que la famine constitue un scandale. Jusqu'au XIXe siècle, les famines décimant des populations entières avaient le plus souvent une origine naturelle. Aujourd'hui, elles résultent la plupart du temps de l'action humaine (pauvreté, guerre, déplacement de populations, arme politique), ou plus simplement d'une absence élémentaire de moyens techniques pour stocker, transformer ou transporter les aliments. Souvent ce n'est plus la disponibilité alimentaire qui fait défaut ; les populations trop pauvres sont confrontées aux problèmes de prix, avec des augmentations de 50 à 80 % pour certaines denrées de base, en lien avec les perturbations économiques et monétaires de ces dernières années.

Si les situations de famine sont circonscrites dans le temps et l'espace, il n'en est pas de même pour la malnutrition. Par ce terme, on désigne toutes les situations qui produisent un « désordre nutritionnel », qu'il soit provoqué par une suralimentation énergétique, un manque de disponibilité alimentaire, ou une mauvaise utilisation des ressources existantes. Dans les pays en développement, les conséquences du manque de nourriture sont accentuées par diverses carences alimentaires. Les plus sévères en termes de santé publique restent classiquement les déficiences en iode, en vitamine A et en fer, dont la gravité est renforcée par un mauvais statut nutritionnel généralisé des personnes atteintes de ces carences. Dans les pays industriels, les disponibilités en calories alimentaires sont suffisantes, mais le déséquilibre de l'offre alimentaire en nutriments et micronutriments s'avère également néfaste pour la santé des organismes. Ainsi, la malnutrition progresse dans la majorité des régions du monde. Lorsque les disponibilités alimentaires sont suffisantes, les problèmes nutritionnels auraient dû être résolus, il est bien regrettable que ça ne soit pas encore le cas, encore plus que cette anomalie perdure et même s'amplifie.

Voici quelques chiffres d'une grande violence au sujet de la faim et de la malnutrition dans le monde. En 1996, le Sommet mondial de l'alimentation fixe comme objectif du millénaire pour le développement, la réduction de moitié des 823 millions de personnes sous-alimentées, avant 2015. En 2006, 854 millions de personnes, selon la FAO, sont en état de sous-alimentation chronique, dont 820 millions dans les pays en développement, 25 millions dans les pays en transition et 9 millions dans les pays développés. 2 milliards de personnes souffrent de ce que les Nations unies appellent la « faim invisible » (*hidden hunger*), autrement dit de la malnutrition. En 2009, la situation s'est dégradée puisqu'on estime maintenant que plus de 1 milliard d'hommes souffrent de la faim.

En 2003, 36 millions de personnes sont mortes de faim et de maladies dues aux carences en nutriments. En 2004, 152 millions de nouveau-nés n'avaient pas le poids requis à la naissance, 50 % en gardaient des séquelles graves les handicapant mentalement et physiquement. Un enfant sur deux (soit 1 milliard) vit dans la pauvreté. 16 % des enfants de moins de 5 ans dans le monde souffrent de carences nutritionnelles graves. La faim et la malnutrition découlent de la pauvreté et d'un pouvoir d'achat insuffisant. Trois quarts de ceux qui en souffrent sont des ruraux démunis. Les populations mal nourries se situent principalement dans l'Asie et le Pacifique ainsi que dans le continent africain (principalement dans la zone subsaharienne). Beaucoup d'autres régions du monde (Moyen-Orient, Amérique latine, Caraïbes) sont également concernées par ce fléau.

Les statistiques de l'autre type de malnutrition consécutive à l'industrialisation alimentaire sont également surprenantes avec plus de 300 millions de personnes atteintes d'obésité et plus de 1 milliard de personnes en surcharge pondérale. Autre scandale, dans les pays riches, la malnutrition comme la surcharge pondérale touchent principalement les classes sociales les plus défavorisées lorsqu'elles ont abandonné leur savoir-faire traditionnel.

Tous ces chiffres montrent que la pauvreté est la principale cause de la faim et de la malnutrition. Plus de 40 % de la population mondiale est confrontée quotidiennement aux menaces d'une pauvreté des plus extrêmes. Il est à noter que des millions de personnes travaillent, mais demeurent néanmoins pauvres. Près du quart des travailleurs du monde ne gagnent pas assez pour s'élever avec leur famille au-dessus du seuil de pauvreté, soit 1,25 à 2 dollars par jour. Une grande partie des pauvres essaie de vivre grâce au secteur économique informel dans lequel la détérioration des salaires et des conditions de travail est particulièrement prononcée.

La pauvreté entraîne également une destruction des liens sociaux et du tissu économique avec une exclusion de la vie active, la marginalisation sociale, l'angoisse du lendemain, la perte de l'autonomie économique et la réduction des capacités de travail. La faim est en quelque sorte la double peine des pauvres, renforcée souvent par l'ignorance et l'analphabétisme. Nourrir, éduquer, soigner sont les trois piliers indispensables pour un développement durable. Le plus souvent, les pays de la faim sont ceux de l'oppression, caractérisés par une absence de démocratie.

La malnutrition compromet le présent et l'avenir d'une population. Dans les pays en développement, la malnutrition renforce la diffusion et les conséquences de certaines maladies infectieuses et endémiques, elle accroît le taux de mortalité notamment chez les enfants en dessous de 5 ans. Être pauvre signifie presque toujours : être plus facilement atteint par les nombreux dangers qui menacent la survie. Les premières victimes sont toujours les individus les plus fragiles : enfants, femmes enceintes ou qui allaitent, malades et personnes âgées.

Par ailleurs, comment peut-on avoir envie de se battre quand on a faim tous les jours, qu'on est malade, qu'on ne peut rien pour ses enfants mal nourris, comment ne pas vouloir quitter sa région miséreuse pour des contrées ou des villes qui apparaissent comme des zones d'opulence.

Dans les pays en développement, il n'est pas rare que des populations vivant d'une agriculture de subsistance à trop faible rendement connaissent la faim dans l'intervalle de deux récoltes. Si les récoltes précédentes ont déjà été mauvaises, la disette peut survenir et provoquer une phase aiguë de malnutrition : elle va affaiblir les organismes, les mettre en péril au moment précis où toutes les forces seraient nécessaires pour préparer la prochaine récolte. La disette compromet l'avenir : on mange les semences, on pille les ressources naturelles, et l'on accélère l'érosion, la dégradation ou la désertification des sols.

Les facteurs climatiques et les cataclysmes de toutes sortes, si importants soient-ils, sont loin de constituer les causes uniques de la famine et de la malnutrition. La sécurité alimentaire des personnes dépend essentiellement de leur pouvoir d'achat. La faim existe dans tous les pays : elle est même encore présente dans les pays européens, de l'Ouest comme de l'Est.

Pourtant l'histoire du XXe siècle montre que la pauvreté économique n'est pas une fatalité. De nombreux pays ont décollé économiquement et continuent à le faire sous nos yeux ; d'autres s'enfoncent au contraire, victimes d'errements politiques. Sans en avoir bénéficié, la paysannerie des pays en mal de développement a dû supporter le poids de la dette des États qui ont gaspillé l'argent facile au lieu de le faire fructifier sous forme de microcrédits accordés aux producteurs de base.

S'il est indispensable de combattre la pauvreté pour lutter contre la malnutrition ou la faim, cela ne suffit pas. Il est temps d'apprendre à produire autrement en fonction des besoins nutritionnels des populations et à se nourrir autrement en fonction des disponibilités régionales. On ne peut plus continuer à gérer l'agriculture d'un côté et la nutrition de l'autre. Demain, les nouveaux agronomes doivent aussi être des nutritionnistes et ces derniers ne doivent plus ignorer les contraintes de l'agriculture environnante.

Au niveau social, les populations devraient adapter leurs habitudes nutritionnelles aux ressources agricoles disponibles et réciproquement améliorer la nature de leurs productions agricoles pour mieux se nourrir. Par exemple en Afrique, beaucoup de paysans produisent des céréales ou pratiquent un élevage sans s'occuper de produire les fruits et légumes nécessaires à l'équilibre nutritionnel. Souvent les femmes des pays en développement n'ont pas le pouvoir de modifier la nature des cultures et de l'élevage à développer pour mieux nourrir leurs familles. Elles en sont réduites à vivre comme elles le peuvent de cueillette, sans pouvoir s'appuyer sur des productions agricoles plus efficaces. Le développement du désert dans le Sahel ou le Maghreb doit beaucoup au surpâturage et aux nuisances des petits ruminants, finalement d'autres choix alimentaires privilégiant les produits végétaux ou les volailles auraient été plus efficaces pour satisfaire les besoins nutritionnels et préserver, à long terme, la nature et son potentiel nourricier. On ne refait pas l'histoire mais, avec les élevages existants, la végétation n'a guère de chances de s'implanter et les problèmes nutritionnels auront du mal à être résolus.

Il n'y a pas que des incohérences et des déficits nutritionnels récurrents dans le monde, heureusement le savoir-faire de beaucoup de populations est impressionnant d'efficacité nutritionnelle ou écologique. Au lieu de diffuser et d'améliorer les modes d'agriculture et d'alimentation qui ont fait leurs preuves, une modernité alimentaire faite de productivisme agricole et de transformations superflues a souvent contribué à déstabiliser les systèmes les plus sûrs et les plus responsables.

La lutte contre la faim,
une question éthique fondamentale

Pour rechercher des solutions au problème de la faim et de la malnutrition dans le monde, il est indispensable de saisir la nature éthique d'un tel enjeu. Le droit à l'alimentation est un des principes proclamés en 1948 par la Déclaration universelle des droits de l'homme. De même, la Déclaration universelle pour l'élimination définitive de la faim et de la malnutrition, adoptée en 1974, déclare que chaque personne « a le droit inaliénable d'être libérée de la faim et de la malnutrition afin de se développer pleinement et de conserver ses facultés physiques et mentales ». En 1992, la Déclaration mondiale sur la nutrition a reconnu aussi que « l'accès à des aliments nutritionnellement appropriés et sans danger est un droit universel ».

La conscience politique peut sembler claire. Pourtant des millions d'individus sont encore marqués par les ravages de la faim et de la malnutrition, ou par les conséquences de l'insécurité alimentaire. La cause réside-t-elle dans le manque de nourriture ? Souvent, il ne s'agit même pas de cela, ou bien s'il y a manque de disponibilité alimentaire, des mesures préventives auraient pu être prises afin d'éviter aux populations de souffrir de la faim. C'est une illusion d'attendre des solutions simples *via* des échanges marchands ou des aides ; nous sommes confrontés à un mouvement profond de dévalorisation de la chaîne alimentaire, lié aux systèmes économiques et politiques dominants, aux orientations prises par les responsables de l'agriculture et du secteur agro-alimentaire des pays riches, au soutien très insuffisant accordé aux agriculteurs des pays en développement.

Les mêmes tendances se sont imposées partout dans le monde et ont contribué à marginaliser le rôle de l'agriculture au rang de pourvoyeuse de matières premières et à rompre son lien nourricier direct avec les populations environnantes. L'instrumentalisation de l'agriculture au profit d'une nouvelle société industrielle sans aucune garantie pour la sécurité alimentaire de l'humanité peut finalement être perçue comme une faute morale vis-à-vis des droits de l'homme. Au-delà de toutes les causes physiques, structurelles et culturelles de la malnutrition, les défis à relever sont de nature éthique. Cela nous oblige à remettre en question les modèles socio-économiques qui ne réservent pas une juste place à la qualité de l'alimentation humaine. Après tous les exploits techniques que l'humanité a réalisés, qui peut douter un seul instant que la question alimentaire ne puisse être parfaitement résolue, si elle était perçue comme une priorité ? Puisque nous en sommes très loin, nous semblons nous résigner à ne pas respecter un des droits les plus élémentaires, celui pour chaque homme de bénéficier d'une nourriture saine et suffisante.

Pourquoi ne pas se mobiliser sur cette question, pourquoi ne pas en faire un élément de choix politique, pourquoi ne pas considérer que le potentiel agricole de la terre est une valeur universelle destinée à être partagée, tout en faisant en sorte que chaque population puisse exercer en priorité sa souveraineté alimentaire.

C'est dans l'affirmation d'une volonté commune, universelle à bien nourrir les hommes que des solutions durables pourront être trouvées, afin que chaque population acquière un maximum d'indépendance alimentaire. Certes, dans certains cas, le recours à l'aide alimentaire peut être précieux, mais en veillant à ce que ces aides ne déstabilisent pas les productions locales. Cela revient à donner au fonctionnement de la chaîne alimentaire un caractère universel, un effet structurant *via* des objectifs nutritionnels et écologiques à atteindre partout et pour tous. Comme pour la question climatique, une approche mondiale de la question alimentaire serait une occasion de recherche d'efficacité technique et d'échanges technologiques et culturels, une obligation de partage de biens naturels dans la mesure où il faut bien reconnaître que la terre ne nous appartient pas. Dans cette vision globale de l'enjeu alimentaire, le rêve de domination exercé par les grandes puissances agricoles du continent américain (Canada, États-Unis, Brésil, Argentine) est grotesque et doit être dénoncé et combattu, de même que l'acharnement des grands propriétaires terriens à ne pas partager leurs *latifundias*.

Tous les paysans du monde sont attachés à leur terre, seulement ils ne la travaillent pas toujours bien, soit parce qu'ils n'en ont pas les moyens, soit parce qu'ils ont trop ou trop peu de surface cultivable, soit parce qu'ils n'utilisent pas les meilleures pratiques, soit parce que leurs productions sont peu adaptées aux besoins nutritionnels de leur population, soit parce qu'ils sont asservis par les marchands de semences, d'engrais, de pesticides, soit parce qu'ils acceptent de ne produire que des matières premières pour l'industrie. Comment faire comprendre que le « je fais ce que je veux » de ma terre est une conception dépassée ? Il serait logique d'exiger des agriculteurs qu'ils maintiennent ou améliorent la fertilité de leurs sols et de les inciter à développer les productions dont la société ou le monde ont besoin. En contrepartie, il faudrait leur donner les moyens d'accomplir ces missions. Un consensus international se dessine afin de lutter contre la pollution et le réchauffement climatique, pourquoi ne pas adopter la même exigence universelle de développer la meilleure agriculture nourricière possible dans toutes les régions du monde ?

Il ne serait pas bien difficile de définir en fonction des caractéristiques régionales les meilleures pratiques agricoles, de développer au maximum les types d'agriculture le plus nourriciers et écologiques possible et d'organiser les échanges afin qu'ils soient complémentaires des ressources régionales. Pour cela, il faudrait évaluer d'un côté les besoins des populations et d'un autre côté les potentialités de production régionale pour faire apparaître la nature des échanges à développer. La FAO a bien conscience que l'agriculture aurait besoin d'une certaine gouvernance mondiale mais l'esprit de l'OMC est de favoriser le maximum d'échanges de biens et de services, sans préserver la souveraineté et les spécificités alimentaires régionales. Au final cela peut aboutir à un gâchis environnemental et nutritionnel avec un coût économique et social bien supérieur aux avantages apparents du libre-échange.

Pour résoudre la question alimentaire, nous devons nous appuyer sur le principe de solidarité. Ce principe est reconnu pour la gestion de la santé. À l'évidence, il ne s'agit pas d'appliquer les mêmes règles que pour la maladie en créant une nouvelle cotisation d'« assurance alimentaire », mais de faire en sorte que toutes les personnes soient bien nourries par une politique de prix, par un accompagnement nutritionnel. Il est illusoire d'espérer bien gérer la santé sans agir sur l'état nutritionnel, de même il est illusoire d'espérer que les hommes se prennent en charge s'ils ont le ventre vide ou s'ils souffrent de malnutrition. On ne peut lutter contre l'obésité ou la faim qu'en offrant des nouveaux moyens de bien se nourrir. Encore faut-il que les politiques agricoles et alimentaires soient centrées vers des objectifs nutritionnels de santé publique et que l'avenir et la souveraineté alimentaires des peuples soient assurés. Les moyens pour bien nourrir toutes les populations de la planète existent, pourquoi ne pas les mettre en œuvre ?

Pour parvenir à une certaine justice sociale alimentaire, ce qui est loin d'être utopique, il vaudrait mieux reconnaître que les produits de la terre ont une destination universelle et commune, comme l'air, l'eau et demain des matières premières indispensables. En effet, génération après génération, nous devons nous considérer comme les gestionnaires transitoires des ressources de la terre et en particulier de son potentiel alimentaire. Pourquoi ne pas demander à chaque pays de faire un inventaire de ses capacités agricoles, des terres à préserver, de celles qui pourraient être mises en valeur, des besoins de formation des agriculteurs de demain et de leurs moyens d'accès à la terre, à l'eau et aux équipements nécessaires à une agriculture durable ? Un début de gouvernance mondiale pourrait ainsi être amorcé.

Le droit à l'eau fait enfin l'objet de débats dans le cadre de l'ONU. On peut objecter facilement que la ressource est à gérer à l'échelon local, et observer simplement que la richesse en eau est bien mal répartie. Souvent la réalité est plus complexe et l'eau sur de larges territoires devrait davantage être considérée comme une ressource à gérer et à partager collectivement. En franchissant un pas supplémentaire, pourquoi ne pas considérer que les pays riches aient l'obligation de financer l'accès à l'eau dans les pays pauvres ? Ce pas n'a pas été franchi par la communauté internationale, il serait étonnant que les nations parviennent à s'accorder sur les émissions de CO_2 et ne soient pas capables de concevoir un système de solidarité sur la question de l'eau.

Droit à l'eau et droit à l'alimentation, même combat ! Que l'on soit riche ou pauvre, on a besoin d'une eau saine, d'un même nombre limité de calories pour bien se porter, d'un même apport judicieux de nutriments et donc d'une nourriture de qualité équivalente pour tous.

Cette égalité devant la nourriture a été illustrée par la même influence de la transition nutritionnelle dans la montée de l'obésité, d'abord dans les pays du Nord les plus riches, puis dans les populations du Sud pourtant plus pauvres. Au final, les classes sociales les plus riches ont exporté leurs modes alimentaires à risque chez les pauvres et adoptent maintenant pour elles-mêmes de meilleures pratiques, ce qui est assez cynique. Au lieu de l'égalité alimentaire attendue et tout à fait atteignable, malheureusement le monde a laissé se développer un système alimentaire à deux vitesses, où seuls les plus riches ont le moyen de bien se nourrir.

Lorsque la conquête du marché alimentaire par des agricultures ou des industries dominatrices devient seulement une question d'argent, de pouvoir, au détriment en amont d'une grande partie du monde paysan et en aval de la santé de milliards d'hommes, atteints dans le plus profond de leur être par des déformations physiques, il y a bien une faute grave contre l'humanité. Avec le recul historique, demain, ce non-respect du droit des hommes à être bien nourris sera certainement perçu comme un aveuglement coupable. Le succès des procédures judiciaires pour faire apparaître la responsabilité des multinationales du tabac a été un élément déterminant pour la lutte contre le tabagisme. Faut-il emprunter la même voie pour lutter contre la malnutrition ? Dans quelques cas extrêmes sans doute, la solution la plus sûre est d'espérer et de susciter une prise de conscience collective.

Pourquoi développer un secteur agroalimentaire très puissant et très concentré, s'il a des impacts négatifs avérés sur le bien-être d'un très grand nombre de personnes ? C'est pourtant ce que nos démocraties ont laissé faire en soutenant une agriculture productiviste et une industrialisation alimentaire, un système auquel on a demandé au consommateur d'adhérer, quitte à ce qu'il adopte de bien mauvaises habitudes, et qu'il en pâtisse.

Sur le plan éthique, la critique la plus fondamentale est d'avoir exporté nos modèles d'industrialisation alimentaire les plus critiquables, notre *junk food*. Nous avons réussi l'exploit à ce qu'une partie des pauvres souffre de la faim, tandis qu'une autre souffre de « malbouffe » et d'obésité. La pauvreté nutritionnelle demeure la double peine de la pauvreté économique.

Face à la misère, un nombre croissant de militants ont choisi de participer partout à des actions de développement. Heureusement, beaucoup d'organisations non gouvernementales (ONG) ont trouvé le moyen d'agir concrètement et de toucher un grand nombre de personnes parmi les plus démunies. Elles parviennent parfois à les sortir de leur misère ou au moins de leur état de famine et de malnutrition. L'un des grands succès des ONG a été d'assurer aux pauvres l'accès au crédit et d'aider ainsi au développement d'une économie informelle de subsistance.

Dans la lutte contre la faim et pour le développement, le rôle des femmes est en fait primordial, elles exercent un rôle de premier plan, notamment en Afrique, en produisant l'essentiel de la nourriture des familles. Elles deviennent les premières victimes de décisions prises à leur insu, comme l'abandon des cultures vivrières et des marchés locaux dont elles sont pourtant les principales gestionnaires.

L'alimentation humaine continue à être gérée avec beaucoup de laisser-faire, voire de cynisme économique. Si le droit des hommes à être bien nourris était enfin reconnu comme prioritaire au niveau politique, une nouvelle voie vers un bien-être social plus durable serait ouverte, ainsi qu'une occasion remarquable de développer une économie verte florissante.

Favoriser une agriculture nourricière et écologique par une économie solidaire

Si la démocratie a un sens, il faut reconnaître à chaque personne le même droit d'accès au minimum indispensable pour vivre et se nourrir. On ne voit pas comment une société pourrait se prévaloir de justice et de solidarité humaines sans chercher à donner à manger à ses membres les plus démunis. La nécessité de protéger l'environnement nous donne également une leçon de solidarité. Dans l'acte même de la production alimentaire, tous les hommes se découvrent éléments actifs ou passifs d'un écosystème planétaire. Un champ nouveau de responsabilité s'ouvre à la conscience collective.

On ne peut vouloir à la fois nourrir davantage de bouches et affaiblir l'agriculture. Cependant l'agriculture apparaît d'autant plus polluante (utilisation massive d'engrais, de pesticides et de machines) qu'elle atteint le stade industriel. La capacité de travailler proprement d'une agriculture productiviste est loin d'être passée dans les faits. À côté d'éléments indispensables à la vie tels que l'air et l'eau, les sols et les forêts sont mis en péril par la pollution, la surconsommation, la désertification provoquée et la déforestation. En cinquante ans, la moitié des forêts tropicales a été rasée, le plus souvent en vue de la recherche de terres comme au Brésil, ou pour des politiques à court terme d'exploitation accélérée visant à équilibrer le poids de la dette. Dans les régions les plus pauvres, la désertification est provoquée par des pratiques de survie qui accroissent la pauvreté : surpâturage, coupe des arbres et des arbustes pour la cuisson des aliments et pour le chauffage.

Une gestion écologiquement saine de la planète est urgente. Cette gestion a un coût et impose une révision des pratiques agricoles, à la fois celles de l'agriculture productiviste, mais aussi celles des paysans pauvres. Il faut donc prévoir des aides équitables destinées à la conversion de l'agriculture des pays riches, comme des pays pauvres, vers des méthodes écologiquement responsables. La lutte contre la famine, la malnutrition, le réchauffement climatique requièrent des actions spécifiques qui ne peuvent être dissociées d'un effort de développement intégral des personnes et des peuples et donc d'une économie internationale plus solidaire. À l'heure de la crise financière, l'aide généreuse consentie aux banques devrait être soumise aussi à leur engagement à soutenir des investissements écologiques, indispensables à l'équilibre général de la planète. La solidarité alimentaire et écologique de la communauté humaine est à bâtir. Pour cela, il est nécessaire que les plus pauvres ne soient pas tenus à l'écart de l'élaboration des projets qui les concernent. Autrement, l'histoire prouve que, pour l'essentiel, ils n'en bénéficient pas réellement.

Une très grande majorité des agriculteurs des pays en voie de développement, notamment en Afrique, auraient besoin d'être aidés, mais l'argent de l'aide internationale est souvent détourné. Les phénomènes de fuite des capitaux, de gaspillage ou d'appropriation des ressources au profit d'une minorité familiale, sociale, ethnique ou politique sont répandus et de notoriété publique. Le service de la dette a longtemps représenté une part importante des budgets des pays du Sud. Cela a eu des répercussions très négatives sur le financement des services sociaux de ces pays tels que l'accès aux soins de base, l'éducation, l'accès à l'eau. Cette situation accroît les inégalités de développement, y compris en agriculture. Les États endettés sont poussés à réduire les interventions publiques en faveur de l'agriculture paysanne, ce qui a fragilisé les revenus des paysans. Les agriculteurs sont contraints de réduire leurs dépenses monétaires ; ils ne renouvellent pas leurs outils, ne peuvent investir. Sans ressources, ils sont contraints d'aller en ville pour gagner un peu d'argent, négligeant alors leur activité agricole. Le poids de la dette entraîne une perte de souveraineté alimentaire qui a des répercussions sur les populations les plus pauvres. Les procédures d'annulation de la dette sont donc une première étape indispensable à la survie des paysans souvent contraints à vendre leurs productions alors qu'ils sont eux-mêmes sous-alimentés.

La planète compte aujourd'hui 2,8 milliards de paysans et les trois quarts des gens qui ont faim habitent dans les campagnes. La terre se doit de nourrir ses habitants et nous devons veiller à la santé de notre planète. Le moyen de concilier ce double objectif de sécurité alimentaire et de préservation de l'environnement est le plus sûrement de s'appuyer sur cette immense population paysanne. Les pays riches ont beaucoup de mal à adapter leurs politiques agricoles pour ménager les intérêts des agriculteurs des pays en développement. Demain, le développement d'une agriculture à la fois plus nourricière et plus écologique pourrait constituer un progrès majeur pour l'avenir de l'humanité. Serions-nous assez irresponsables pour laisser perdurer un exode rural sans fin, pour ne pas donner les moyens aux paysans du monde de produire proprement, améliorer les réserves organiques des sols, augmenter la couverture végétale et le potentiel de photosynthèse de la terre !

Il est possible d'espérer sur ces sujets une mobilisation des institutions internationales en faveur de ce qui a été appelé, par Michel Griffon, la révolution doublement verte : produire intensivement et écologiquement grâce aux progrès de l'agronomie et de la recherche. Pour être encore plus crédible, il faudrait que cette révolution verte soit également conçue pour assurer un bien-être social au monde rural et une nourriture plus protectrice à tous les humains.

Le droit à la souveraineté alimentaire

Les conjonctures agricoles et alimentaires ont changé fortement en ce début de XXIe siècle. Nous ne sommes plus face à des montagnes de blé ou de beurre. Les marchés agricoles mondiaux semblent s'installer durablement dans une tendance à la hausse des prix et certains pays connaissent des émeutes de la faim. Les stocks sont relativement bas, les perspectives liées à la production d'agrocarburants, les demandes liées à la croissance démographique et à l'élévation des niveaux de vie dans des pays émergents comme la Chine ou l'Inde, les tentations spéculatives pour profiter de la hausse des prix agricoles vont accentuer les désordres et déséquilibres alimentaires au niveau mondial. Sortir des cycles de « surproduction-pénurie », destructeurs des agricultures familiales et des économies rurales, nécessiterait la mise en place d'une meilleure gouvernance mondiale de l'alimentation, mais est-ce possible dans le cadre des institutions internationales actuelles, peu engagées à promouvoir une alimentation durable ?

La récente crise alimentaire de 2007-2008 nous a rappelé le rôle primordial de toutes les agricultures et de toutes les paysanneries pour combattre la faim dans le monde et répondre à l'augmentation de la population mondiale et des besoins alimentaires à l'horizon 2050. En plus, l'agriculture risque de subir les conséquences des dérèglements climatiques, ce qui nécessitera de développer des savoir-faire agronomiques nouveaux.

Afin que le droit à l'alimentation pour tous devienne une réalité et ne demeure pas qu'une simple déclaration d'intention, il faut certes reconnaître le droit des peuples à se nourrir eux-mêmes en définissant leur propre politique agricole et alimentaire. Mais que faire si les politiques suivies sont mauvaises et si les populations sont mal nourries, la communauté internationale peut-elle se donner un droit d'ingérence, comme pour la défense des libertés ? Nous n'avons pas la solution, mais le levier de l'aide alimentaire n'est pas satisfaisant.

La souveraineté alimentaire peut être comprise comme le corollaire du droit à l'autodétermination (le droit des peuples à disposer d'eux-mêmes). L'objectif de cette souveraineté est d'assurer la sécurité alimentaire, ce qui est très différent de l'autarcie. Selon la FAO, « la sécurité alimentaire existe lorsque tous les êtres humains ont, à tout moment, un accès physique et économique à une nourriture suffisante, saine et nutritive, leur permettant de satisfaire leurs besoins énergétiques et leurs préférences alimentaires pour mener une vie saine et active » (FAO, 2004). Selon cette définition, une grande partie de l'humanité est exposée à une insécurité alimentaire croissante, d'autant que le manque de disponibilité est aggravé par l'abandon de savoir-faire culinaires efficaces pour se nourrir avec de faibles ressources.

Même si le but n'est pas de refermer une région sur elle-même, une souveraineté alimentaire bien comprise n'exige-t-elle pas d'utiliser tous les potentiels agricoles qu'offre un pays pour satisfaire les besoins nutritionnels de ses habitants, dans les conditions du développement durable et avec des prix adaptés au pouvoir d'achat des consommateurs ? L'idéal serait que les divers échanges alimentaires commerciaux puissent se développer sans affecter la souveraineté alimentaire des peuples.

En fait, beaucoup de pays, en particulier les plus favorisés sur le plan du potentiel agricole, ont défendu leur souveraineté alimentaire, sans se préoccuper d'affecter celle des autres. La sécurité des approvisionnements alimentaires a été un des objectifs principaux de la politique agricole commune (PAC), mais en acceptant de vendre à perte au cours mondial une partie de leurs productions, l'Europe, comme les États-Unis ou les autres grandes puissances agricoles ont porté atteinte au développement agricole d'autres pays moins favorisés.

Selon une conception libérale classique, chaque pays a intérêt à se spécialiser dans des productions pour lesquelles il semble le plus compétitif. Cette logique d'échanges internationaux selon les règles de l'OMC entraîne une trop forte spécialisation des pays et l'abandon d'une large indépendance alimentaire. D'autre part, fonder le développement agricole des pays sur le commerce international revient à exposer les agriculteurs comme les consommateurs à l'importance des fluctuations des cours des matières premières.

De telles politiques libérales incitent à l'abandon des productions les moins rentables et au final pourraient diminuer fortement le potentiel agricole de la planète. L'agriculture serait dans l'impossibilité de répondre efficacement aux défis qui lui sont posés en ce début du XXIe siècle, défi alimentaire, défi environnemental, défi énergétique et défi social.

Une politique de souveraineté alimentaire revient à privilégier à l'échelon local une grande diversité de productions végétales et animales pour assurer une nutrition équilibrée aux habitants de la région ou du pays. Le maintien d'une telle diversité n'intéresse guère les grandes firmes de l'agroalimentaire pour au moins deux raisons : elle n'est guère favorable à la production massive de matières premières à un faible prix de revient, elle n'incite guère les consommateurs à se tourner vers l'utilisation de produits transformés.

Lentement mais sûrement, les industries agroalimentaires et la grande distribution s'implantent dans les pays en développement. Leur introduction a des répercussions souterraines sur les régimes alimentaires, même si cela ne touche aujourd'hui que certaines couches de la population des pays en développement. Il est certain que les populations les plus pauvres qui doivent vivre avec 1 ou 2 dollars par jour ne vont pas dans les grandes surfaces qui s'implantent dans les grandes villes d'Asie, d'Amérique latine ou d'Afrique. Cependant, l'implantation des grandes surfaces dans les pays en développement peut aussi mettre en cause les circuits de commercialisation traditionnels de proximité.

Attirés par la croissance des populations urbaines, des grands groupes de l'industrie agroalimentaire et de la distribution finissent par s'implanter, ce qui favorise une convergence des régimes alimentaires selon les mêmes caractéristiques que ceux des pays riches. Fondée sur un nombre réduit d'ingrédients de base, la nouvelle offre alimentaire comporte davantage de produits transformés, de viandes, de produits laitiers, de matières grasses, de sel et de sucre, et moins de fibres et de micronutriments. La modification très rapide des habitudes alimentaires induite par cette offre industrialisée vient aggraver les conséquences de la malnutrition, notamment la progression du diabète, des maladies cardio-vasculaires et de l'obésité. Dans cette évolution, les populations deviennent tributaires du marché des matières premières, elles ont perdu à la fois toute souveraineté alimentaire et leur rusticité ancestrale. Le déploiement des firmes multinationales de l'industrie agroalimentaire dans les pays en développement impacte leur souveraineté alimentaire, de même que le pilotage de l'agriculture par les industriels de la semence, des produits phytosanitaires et des engrais. La démarche commune de tous ces acteurs est de favoriser la production des cultures et des ingrédients de base les plus rentables aux dépens du maintien d'une biodiversité alimentaire régionale et au final de la sécurité et de la souveraineté alimentaires de bien des pays.

Une autre difficulté pour résoudre la question de la souveraineté alimentaire provient des structures agraires héritées de l'histoire. Lorsque des milliers de petits paysans, italiens, espagnols, français, portugais émigrèrent en Amérique du Sud pour fuir la misère et disposer de terres nouvelles à exploiter, ils n'eurent souvent plus aucun lopin de terre à cultiver, face aux *latifundias* existantes et sous-exploitées. Au bout d'une à deux générations d'impossibilité d'accession à la propriété, les ex-paysans déracinés, même s'ils bénéficient d'une réforme agraire, comme au Brésil, ont beaucoup de difficulté à retrouver leur autonomie, et sont condamnés à un statut d'ouvriers agricoles corvéables à merci.

Dans d'autres régions du monde, en Afrique et en Asie principalement, de toutes petites exploitations ne permettent pas aux agriculteurs et à leur famille de bien se nourrir, à plus forte raison de dégager un surplus commercialisable permettant d'investir. 70 % des personnes sous-alimentées sont des paysans pauvres des pays en développement (y compris dans les pays émergents tels que l'Inde et la Chine). À ces populations, il faut ajouter des ruraux récemment condamnés à l'exode, se retrouvant au chômage (dans des bidonvilles ou dans des camps de réfugiés dans les zones de conflit). Aucun pays ne peut prétendre à la souveraineté alimentaire s'il ne développe pas une politique pour que les paysans puissent se nourrir eux-mêmes et contribuent à mieux nourrir les autres.

L'enjeu est important et, selon l'expertise de la FAO en 2009, il faudrait augmenter la production agricole mondiale de 70 % pour lutter contre la malnutrition et la faim, et nourrir les 9,1 milliards d'humains à l'horizon 2050. Il n'est pas sûr que ces objectifs soient faciles à atteindre dans la configuration socio-économique actuelle qui accorde une trop faible valeur marchande à l'alimentation et au maintien des espaces ruraux. L'analyse effectuée en vue d'éviter un « krach alimentaire » semble trop technocratique, chiffrée en milliards de tonnes de céréales ou de viande à produire (passer de 2,1 à 3 milliards de tonnes de céréales et de 270 à 470 millions de tonnes de viande), dans un profil alimentaire plutôt occidental, avec 50 kilos de viande par an et par habitant. Il y aurait bien d'autres solutions : gaspiller moins, s'alimenter autrement en privilégiant les sources de protéines végétales, surtout diversifier les productions agricoles nourricières, développer la production de légumes y compris en milieu urbain, pratiquer une agroécologie, fer de lance d'une économie verte. Paradoxalement, la nécessité de lutter contre le réchauffement climatique pourrait nous aider à revoir l'ensemble de nos pratiques agricoles et, au final, améliorer le rendement des cultures. Il existe une difficulté bien réelle : comment mobiliser et accompagner la paysannerie mondiale dans cette évolution ?

Prévenir un exode rural massif

Même si l'efficacité de l'agriculture dans le monde augmentait considérablement grâce aux progrès des sciences et des techniques, la possibilité qu'un nombre très réduit d'agriculteurs productivistes nourrisse l'humanité semble assez illusoire, compte tenu de l'importance des intrants nécessaires à une agriculture industrielle. Les réserves mondiales en certains engrais sont limitées (phosphate), les engrais azotés ont un coût énergétique considérable, la planète ne pourra supporter indéfiniment l'épandage massif de pesticides et le développement des OGM n'apportera pas que des solutions miraculeuses et devrait même générer bien des problèmes secondaires.

Si l'on pousse le raisonnement : pourquoi ne pourrait-on pas développer une agriculture industrielle de type biologique dans de nouveaux *latifundia* mondiaux et mondialisés sous la férule de grandes firmes industrielles. Ce scénario n'a aucune chance de se réaliser, parce que les activités agricoles sont peu rentables sur le plan financier, parce que le coût de l'alimentation dans de telles structures serait très onéreux, à moins de pratiquer un esclavagisme révolu.

Évidemment l'humanité gagne à s'appuyer sur et à mieux soutenir ses paysans pour bénéficier de leur courage, de leur connaissance de la nature, de leur amour de la terre, de leur volonté de transmettre leur outil de travail, de leur culture. Peut-on concevoir une humanité sans paysans, quelle idée incongrue !

Accentuer encore l'exode rural semble irresponsable car cela condamnerait au chômage une partie toujours plus grande de l'humanité.

L'exode rural et le déploiement des activités agricoles vers d'autres secteurs économiques ont pourtant été des constantes de l'histoire des pays développés. Si nous regardons notre propre histoire, la part de la population active agricole française était de 55 % à la fin du XIXe siècle, encore de 30 % au lendemain de la Seconde Guerre mondiale. Aujourd'hui, il ne reste que 320 000 fermes en France et leur nombre ne cesse de décroître. L'agriculture engendre malgré tout des centaines de milliers d'emplois, dans les secteurs d'activité d'amont et d'aval, ou dans divers services, représentant ainsi près de 15 % de la population active. Cependant le pourcentage du budget alimentaire dans les dépenses totales a toujours tendance à diminuer et la part de ces dépenses qui servent à rémunérer l'agriculture ne cesse de baisser, ce qui ne permet pas aux paysans de travailler leurs terres dans de bonnes conditions et d'en vivre. Le consommateur trouve que la nourriture est bien sûr assez chère, sans se rendre compte qu'il achète de plus en plus de la publicité, des emballages et des arômes plutôt que de la matière alimentaire ; donc que, sans qu'il le sache, sa consommation soutient de moins en moins l'agriculture. Dans les pays du Sud, la dévalorisation de l'agriculture est aussi directement à l'origine de la malnutrition et de la faim.

Sous l'impulsion des grandes industries impliquées dans la gestion de l'agriculture ou de l'alimentation, la plupart des politiques agricoles dans les pays occidentaux ont planifié un exode rural massif. Le général de Gaulle, lui-même, pour la grandeur industrielle de la France, a soutenu une telle évolution. Sans se rendre compte que cela les conduisait à leur perte, l'immense majorité des petits paysans a accueilli avec enthousiasme la révolution agricole du XXe siècle. L'arrivée des tracteurs, le développement de la mécanisation, l'utilisation d'engrais et de pesticides, les progrès de la sélection végétale ou animale, la spécialisation sur quelques productions ont augmenté de façon spectaculaire la productivité de l'agriculture. Cette évolution suscita tant d'espoirs nouveaux pour des agriculteurs à la peine qu'ils firent tout leur possible pour être de la fête, mais le revers de la médaille fut que les dépenses augmentèrent plus vite que les recettes, ce qui déstabilisa un nombre toujours croissant de paysans contraints à un exode rural massif.

Durant les Trente Glorieuses, une croissance forte en création d'emplois pendant ces décennies, notamment dans l'industrie jusque dans les années 1970, a permis aux paysans et aux ouvriers agricoles de quitter l'agriculture pour d'autres emplois. L'industrie et les services ont, à la fois, absorbé cette main-d'œuvre et l'ont aspirée par leur développement.

Aujourd'hui, à l'échelle mondiale, nous sommes dans une autre situation. Grâce au progrès scientifique et technique, l'industrie et les services ont réalisé des gains de productivité considérables et ne sont plus en capacité d'absorber dans les mêmes proportions, une main-d'œuvre importante. Le chômage est devenu structurel. Dans ces conditions, il existe un risque de développer dans les pays en développement une révolution agricole qui se traduise également par un exode rural trop massif. Nous sommes confrontés à un nouveau défi : comment aider les paysans de ces pays à produire davantage, à préserver ou améliorer leur potentiel agricole, à échanger des biens et des services sans risquer de les conduire à leur perte et au final provoquer un exode rural intempestif, comme cela s'est produit en Europe ?

Ces défis doivent être relevés sur le terrain et il n'existe pas de solutions certaines. On peut évoquer quelques pistes clés. Pour qu'un paysan puisse vivre de son travail, il doit bénéficier de prix agricoles rémunérateurs et tous les États devraient pouvoir garantir des prix suffisants aux denrées agricoles dans le cadre de leur souveraineté alimentaire. L'achat de petits équipements agricoles ou d'autres investissements de base pourrait être subventionné par les pays les plus riches, par solidarité, mais aussi parce que le maintien des activités paysannes pourrait contribuer à l'équilibre social de la planète et, indirectement, à la lutte contre le réchauffement climatique.

La contrepartie de cette aide internationale pourrait être l'adoption de meilleures techniques agronomiques, plus proches de l'agriculture biologique ou d'une nouvelle agroécologie, la participation naturelle des paysans au maintien de la biodiversité. L'objectif d'une telle gouvernance alimentaire serait d'obtenir que les agriculteurs, bénéficiant enfin d'un revenu décent, fassent le choix de pérenniser leurs activités et acquièrent une indépendance suffisante. Les retombées d'une telle politique pour le dynamisme du monde rural, comme pour l'équilibre social seraient extrêmement positives. Le fait de cesser de développer des mégapoles polluantes et coûteuses en énergie ne serait pas le moindre des bénéfices.

La politique des bas prix agricoles conduit à l'appauvrissement des paysans, au renforcement du chômage et au maintien des bas salaires. Parmi les 3 milliards de personnes les plus pauvres, une grande majorité sont des paysans.

La lutte contre la pauvreté et le chômage passe par l'amélioration des revenus et des conditions de vie des paysans. Peut-on encore ignorer l'agriculture et ses gisements d'emplois et poursuivre dans une voie qui exclut une très grande majorité de paysans pauvres. Et pourtant, trop peu encore considèrent que le développement de l'agriculture est une priorité. Cela s'explique par le fait que les populations agricoles sont souvent exclues du pouvoir politique qui se concentre dans les capitales et dans les grandes agglomérations urbaines. Les institutions internationales, à l'instar du FMI, ont longtemps relégué l'agriculture au rang d'activité mineure, voire marginale. Les sociétés industrielles transnationales, qui ne voient dans les produits agricoles que des matières premières dont le coût doit être abaissé, n'offrent aucun espoir de développement aux millions de paysans pauvres dont les revenus inférieurs à 2 dollars par jour ne constituent pas pour ces sociétés un marché solvable intéressant.

La population active agricole représente 43 % de la population active mondiale. L'agriculture est encore, de loin, le secteur qui emploie le plus de personnes. Le travail informel (les petits métiers qui permettent aux chômeurs de vivre) représente 20 à 30 % de la population mondiale très liée au monde rural et agricole. Ce qui signifie que la population mondiale vit encore en majorité de l'agriculture. Le devenir de la paysannerie mondiale est au cœur de l'avenir de l'humanité. Soit on aide cette paysannerie à sortir de la pauvreté en lui donnant une triple mission nourricière, écologique et sociale, soit on l'incite à l'exode rural. Peut-on imaginer les campagnes africaines ou asiatiques, vidées de leurs paysans, désertifiées à l'instar des campagnes françaises ? Personnellement je n'y parviens pas. Notre exode rural à la française est un terme bien édulcoré, ce serait un exode particulièrement terrible de plus de 1 milliard de personnes qui serait programmé, sans une mobilisation suffisante.

Dans la mesure où la plupart des pays en développement n'ont pas les moyens de donner des emplois et des conditions de vie décentes à leur population pauvre, il faudrait pourtant qu'une aide extérieure efficace parvienne aux populations rurales, en utilisant la voie des microcrédits ou d'autres aides concrètes pour freiner un exode rural massif. Le pire serait que des capitaux financiers et notamment des fonds de pension s'approprient les terres des paysans contraints à l'exode. Si la communauté internationale tarde indéfiniment à prendre des mesures pour aider les paysans pauvres à sortir de leur misère, c'est ce scénario, déjà amorcé, qui va survenir. Sur la surface du globe, pas un jour ne se passe sans que des terres soient cédées à des investisseurs étrangers par des États où la sécurité alimentaire des populations n'est pas toujours assurée. La crise alimentaire et financière a fait de l'agriculture un nouvel actif stratégique pour les fonds d'investissement. Cette ruée vers les terres agricoles, orchestrée par cinq principaux États (Chine, Émirats arabes unis, Corée du Sud, Japon, Arabie Saoudite), est une menace pour les petits paysans qui vivent sur ces terres, souvent sans titre de propriété.

Nous avons tous des racines paysannes, ne peut-on pas faire en sorte que, demain, la paysannerie du monde puisse vivre dignement et remplir sa mission. C'est le seul choix raisonnable possible !

Être plus solidaires envers les paysans

Quand on aura pris le recul nécessaire, l'une des leçons économiques majeures de la dernière décennie sera la faillite assez générale des stratégies agricoles mises en œuvre à partir des années 1960. Le développement d'une agriculture destinée à produire des matières premières ou la révolution verte dans les pays en développement n'ont pas permis d'éradiquer la faim, pire on a assisté à l'émergence de nombreux problèmes nutritionnels et environnementaux. Dans ces évolutions, les technocrates ont prôné une rupture complète avec les approches traditionnelles des paysans et ont marginalisé leur rôle. On redécouvrira partout demain le rôle prépondérant des paysans dans l'évolution équilibrée des sociétés humaines et des milieux naturels qui les portent. Pour le moment, les tenants des modèles agroalimentaires dominants parviennent encore à dissimuler l'ampleur des problèmes engendrés par l'industrialisation de l'alimentation et beaucoup trop de politiques ont déjà entériné la fin des paysans. On a sans doute trop vite décrété cette fin.

La figure ancestrale du paysan, maître de son labeur et de son temps, viscéralement attaché à sa terre est bien lointaine et a laissé place à des agriculteurs exploitant rationnellement la terre. Mais la différence est-elle si grande entre la figure disparue du paysan traditionnel et celle des hommes et des femmes qui respectent à nouveau la terre nourricière, qui réinventent les formes d'une agriculture durable pour une transmission convenable aux générations futures. Ils aimeraient vivre du fruit de leur travail plutôt que de subventions et de prix alimentaires artificiels, ils préféreraient ne pas être assujettis aux marchands de semences, d'engrais et de pesticides, ils sont souvent prêts à cultiver autrement avec un cahier des charges proche de l'agriculture biologique, ils veulent tourner le dos aux méthodes d'élevage industrielles. Ils développent déjà des circuits courts pour mieux valoriser leur travail et rétablir un lien social avec les consommateurs qu'ils apprécient de rencontrer. Ils aiment la terre, ses fruits, ils sont fiers de nourrir les autres, mais on ne les a guère aidés à donner un sens profond à leur travail, celui d'assurer le bien-être nutritionnel, la santé de leurs concitoyens et celui de préserver les espaces naturels. Oui, il existe des trésors de courage et de bonne volonté dans un certain monde paysan, mais aussi tant de dérives d'exploitants agricoles avides de terres, de subventions et de résultats financiers. Il est paradoxal qu'une certaine agriculture paysanne ait cru pouvoir survivre en réduisant la diversité et l'équilibre de ses productions, en renonçant à une manière plus écologique de conduire ses élevages et ses cultures.

Heureusement, la société bouge et les défauts de la chaîne alimentaire actuelle commencent à être mieux perçus. L'agriculture paysanne dont nous avons besoin peut trouver un second souffle. Chaque jour désormais, beaucoup de consommateurs aimeraient nouer de nouveaux liens avec les agriculteurs et se détourner davantage de l'offre aseptisée des producteurs et distributeurs de calories vides. Demain, d'un même élan consensuel, une majorité des citoyens souhaiterait le développement de campagnes vivantes, l'entretien d'une nature accueillante et dépolluée.

C'est en donnant l'exemple chez nous, dans le renouvellement d'un monde paysan, garant d'un patrimoine nourricier et de la préservation des espaces naturels, qu'il sera possible d'espérer une évolution salutaire des autres paysanneries du monde et d'empêcher un exode cruel et inhumain d'un milliard d'hommes vers des banlieues sordides. C'est également, en trouvant les moyens de distribuer à grande échelle les productions de l'agriculture paysanne et de les rendre accessibles au plus grand nombre, et à des prix raisonnables, que l'on résoudra de la meilleure manière possible les problèmes nutritionnels.

La leçon ultime de cette histoire : pour les sauver et nous sauver, nous devrons être plus solidaires des paysans !

La solidarité ouvrière a permis beaucoup d'acquis sociaux, la prise de conscience des enjeux écologiques constitue une autre force incontournable de progrès. Par contre, la mobilisation en faveur des paysans du monde et pour asseoir une alimentation durable demeure très insuffisante. Sans cela, l'avenir de la planète demeure bien incertain, comment seront assurés demain la souveraineté alimentaire des populations, l'entretien des espaces ruraux, le maintien de la biodiversité, la diminution de nos empreintes écologiques, que deviendront les millions de paysans contraints à l'exode sans une solidarité internationale suffisante ? Il ne s'agit pas de vouloir conserver un monde rural ancien, mais de le refonder vers des missions nouvelles alimentaires, écologiques et culturelles.

Lutter contre les déperditions alimentaires

La faim dans le monde persiste, la nourriture est coûteuse à produire, elle participe du réchauffement climatique et pourtant, partout dans le monde, les déperditions alimentaires sont considérables. Dans les pays du Sud, souvent, une partie des récoltes est perdue parce que les paysans manquent de moyens élémentaires pour stocker leurs productions, les transporter jusqu'à des lieux de vente éloignés, ou les transformer en denrées non périssables.

Dans les pays occidentaux, toutes les personnes ne mangent pas nécessairement à leur faim et les Restos du cœur n'ont jamais autant servi de repas. Pourtant nous jetons dans les poubelles plus du quart des aliments, sous forme de produits périmés ou de nourriture non consommée. Il est d'ailleurs particulièrement révoltant de savoir que les services vétérinaires, sous prétexte d'hygiène, ont interdit de recycler les reliquats de la restauration ou de la distribution alimentaire vers les élevages de porcs ou de volailles. Le but inavoué, à l'heure des montagnes de beurre, fut sans doute d'écouler le maximum de productions agricoles. Pourtant, c'est par le biais de ces recyclages intelligents, de même que par une meilleure gestion des élevages par l'utilisation de sous-produits végétaux de l'agriculture, que l'impact écologique de la production de viande pourrait être amélioré. Comme pour l'énergie, la première mesure à prendre est d'abord de ne pas gaspiller. La société ira dans cette direction davantage pour des objectifs écologiques que par solidarité humaine. Tous les chemins mènent à Rome !

CHAPITRE 6

De nouvelles missions pour l'agriculture

Confrontée aux progrès technologiques de toute nature et aux règles de la production industrielle, l'agriculture des pays riches a développé sa propre révolution au lendemain de la Seconde Guerre mondiale. Seulement sa modernisation à marche forcée ne lui a pas permis d'être maître de son destin ; sa place économique a été marginalisée, son rôle ancestral de gardienne de la nature ne peut plus lui être attribué, la qualité nutritionnelle de ses productions est remise en question, de même que sa contribution effective à la lutte contre la faim dans le monde.

En un demi-siècle, l'emprise des lobbies impliqués dans la production, la transformation et la distribution alimentaires a réduit le rôle des agriculteurs à la production de matières premières. Longtemps, les agriculteurs ont cru bon d'accepter cette seule mission et de déléguer à d'autres acteurs le soin d'élaborer et de distribuer les aliments.

Le productivisme agricole

Le monde paysan, avec une constance remarquable, a mis une énergie considérable à survivre en augmentant sans cesse le volume de ses productions. Les agriculteurs ont cherché à assurer leur avenir en se mettant à produire tout ce qui pouvait pousser, s'élever et se vendre, sans s'assurer que cela corresponde à un intérêt nutritionnel notable, sans trop se préoccuper des conséquences de leurs pratiques sur l'équilibre de la nature, sans suivre le devenir de leurs aliments, sans exiger une juste rémunération de leur travail. Cultiver les champs, exploiter les prairies, voire les défricher, assurer une rentabilité par l'augmentation des productions a donc été le fil directeur du monde agricole.

Cette large priorité donnée à la production agricole brute a eu non seulement des conséquences négatives sur la qualité des modes d'agriculture et d'élevage développés, mais a aussi contribué à éloigner l'agriculture du restant de la société. En déléguant, sans aucun pouvoir de contrôle, le soin à d'autres professionnels d'assurer les approvisionnements alimentaires, l'agriculture a perdu son influence dans le fonctionnement de la chaîne alimentaire et a vu diminuer la part du revenu qui lui est attribuée. Paradoxalement, les acteurs du monde agricole ont entièrement soutenu le développement de l'industrie agroalimentaire pensant en avoir des retombées significatives. Or, par le jeu de la concurrence et de l'excès de l'offre sur la demande, la majorité des prix agricoles ont sans cesse été tirés vers le bas. La diminution de la rentabilité agricole a rendu la condition de paysan bien difficile et les conséquences des problèmes économiques ont été aggravées par la perte du sens du métier d'agriculteur.

Dans les dernières décennies, les paysans en sont même venus à intégrer leurs activités à des filières industrielles souvent de taille internationale. Dans de nombreux domaines, ceux de la chimie des engrais et des pesticides, ceux des activités de transformation et de distribution alimentaires, les firmes manœuvrent sur les marchés pour contrôler les modes de production agricole. La course au productivisme exige de chaque producteur qu'il livre toujours plus de produits, le plus standardisés possible, avec des marges laminées par le coût des intrants et cette pression permanente est au final orchestrée par la grande distribution. Le paysan est assujetti de toutes parts : emploi de matériels spécifiques et coûteux, achat d'engrais et de semences, pis, il est directement exposé aux dangers des pesticides. Chacun peut en prendre conscience : l'agriculture est toujours plus spécialisée, elle est suspectée de dégrader les écosystèmes, de polluer l'eau et l'environnement, d'être le premier maillon de la « malbouffe », et de nombreux citoyens deviennent inquiets pour l'avenir de leur alimentation. Les agrosystèmes intensifs tendent à faire disparaître les spécificités locales en standardisant les productions. Le choix d'une agriculture d'exportation s'opère au détriment de l'agriculture vivrière, parallèlement les produits d'importation moins chers contribuent à ruiner les économies locales.

Comment donner une nouvelle place à l'agriculture, exiger qu'elle assure à la société de nombreux services et accorder en retour une juste rémunération aux agriculteurs ? Ces questions sont loin d'être résolues, et il existe un déficit de réflexion politique sur la mise en place d'une agriculture et d'une alimentation durables. Voici le fil directeur que je propose pour maîtriser notre avenir alimentaire.

Attribuer un juste prix aux productions agricoles

Il s'agit du problème majeur de tous les paysans du monde. La meilleure façon de résoudre le problème de la disponibilité alimentaire et de la faim serait de s'accorder sur les modalités de fixation des denrées agricoles.

J'ai déjà souligné à quel point nous souffrons d'une absence notable de gouvernance alimentaire. Il est certain que la survie des paysans, de même que la satisfaction des besoins nutritionnels nécessitent une organisation complexe qui nous fait encore défaut. Il faudra donc chercher des pistes nouvelles pour résoudre ces problèmes, pour rétablir une économie transparente, efficace, qui rémunère les paysans et bénéficie aux consommateurs. La création d'un observatoire européen des marges et des prix pourrait permettre de déterminer les coûts réels de production d'un litre de lait ou d'un kilo de fruits et légumes pour arriver à une juste rémunération des paysans. Ces derniers pourraient mettre en place des organisations de producteurs et négocier collectivement les prix. Il est nécessaire de faire la lumière sur le fonctionnement de la chaîne alimentaire et de mieux réguler les marchés agricoles. La baisse continue des revenus des paysans n'est plus admissible quand, dans le même temps, les bénéfices d'autres acteurs des filières et surtout de la grande distribution ont tendance à augmenter.

Dans le cadre de la politique agricole commune, la Communauté européenne a longtemps soutenu directement les productions agricoles, créant ainsi une tendance à la surproduction et des distorsions de marché sur le plan international, en particulier vis-à-vis des pays du Sud. Après bien des tâtonnements, l'accord de Luxembourg, conclu en 2003, prévoit que la plus grande partie des aides est désormais versée indépendamment des volumes de production. Les nouveaux « paiements uniques par exploitation », subordonnés au respect de quelques normes en matière d'environnement, sont justifiés pour maintenir une rentabilité de l'agriculture dont les prix de vente de ses productions sont souvent trop bas. Cette politique, favorable aux grandes exploitations, ne résout aucun problème à long terme : sur le plan social pour freiner fortement l'exode rural, nutritionnel pour une meilleure disponibilité en fruits et légumes par exemple, ou environnemental par une réduction drastique des intrants chimiques. La PAC sera réformée en 2013, mais dans quel sens, peut-être vers une alimentation plus durable avec l'émergence d'une nouvelle vision politique ?

La relocalisation de l'agriculture

Dans un monde rural, pas si éloigné que cela, chaque région même défavorisée sur le plan de la fertilité des sols ou du climat possédait une agriculture capable de subvenir à l'essentiel des besoins de sa population. Certes, on ne produisait pas de vin en Bretagne et on n'élevait pas de vaches normandes en Provence, mais chaque population avait des solutions de rechange. Les Provençaux cuisinaient à l'huile d'olive plutôt qu'au beurre et, à défaut de vin, Bretons et Normands disposaient de suffisamment de cidre pour s'alcooliser. Au lieu de préserver l'ancienne diversité des productions régionales agricoles, la plupart des politiques dans les pays riches, comme dans les pays en développement, ont orienté leurs agriculteurs vers des spécialisations, toujours plus poussées. Au final, alors que toutes les régions de France et de Navarre disposaient d'une bonne souveraineté alimentaire, elles ont presque toutes perdu leur autonomie alimentaire. Beaucoup de régions assurent moins de 80 % de leurs besoins alimentaires, tout en exportant leurs productions spécialisées vers d'autres centres de consommation. Une telle évolution est bien sûr excessive. Pourquoi ne pas produire l'alimentation au plus près du lieu de consommation, chaque fois que cela est possible ?

L'enjeu d'une souveraineté alimentaire régionale est simple : il s'agit de favoriser des circuits alimentaires courts et d'éviter des transports inutiles, de maintenir une biodiversité de cultures végétales et d'élevages dans nos campagnes, de tisser les liens entre agriculteurs et consommateurs, de maintenir des emplois de service en créant des infrastructures locales de transformation alimentaire. La question de la relocalisation de l'agriculture rejoint ainsi l'épineux problème des délocalisations industrielles. Dans la mesure où l'équilibre d'une région ou d'un pays nécessite le maintien d'une certaine diversité de productions sur le plan écologique et pour donner du travail à l'ensemble des habitants, il faut lutter contre la pensée unique qui trouve un bénéfice à concentrer toujours plus les activités et les compétences humaines.

Demain, nous aurons besoin de diversifier le potentiel agricole dans toutes les campagnes de la planète. Demain, dans chaque région, les paysans doivent apprendre à cultiver ou élever pour assurer le bien-être nutritionnel de leurs concitoyens, mais aussi pour produire de la biomasse et entretenir la nature. À l'ère de la marchandisation générale des activités humaines, les activités paysannes, lorsqu'elles sont positives, sont loin d'être normalement rémunérées ; de même les coûts induits par de mauvaises pratiques sont encore bien mal comptabilisés, en agriculture comme pour d'autres activités humaines.

Sans revendiquer une souveraineté maximale, et en tenant compte de la lenteur des changements en agriculture, chaque région pourrait bénéficier, dans les prochaines décennies, d'un périmètre de surface agricole destiné à la couverture des besoins de base de sa population. Cette approche permettrait de revitaliser les campagnes et laisserait encore un large espace aux échanges régionaux ou nationaux. Dans la région Île-de-France, ce périmètre nourricier pourrait par exemple se traduire par une reconversion massive des grandes exploitations avoisinantes en fermes biologiques davantage tournées vers la polyculture et l'élevage.

Les missions de l'agriculture durable

Schématiquement, on pourrait donner deux missions à une agriculture qualifiée de durable, celle de bien nourrir les hommes au présent et de maintenir ou d'améliorer le potentiel agricole pour les générations à venir. La conception classique de l'agriculture durable est souvent limitée aux modalités de la production agricole, alors qu'elle devrait avoir aussi pour objectif d'assurer une offre alimentaire équilibrée, au moins pour les populations environnantes.

Par réaction aux excès de la révolution verte et du productivisme agricole, des agriculteurs conscients de leur responsabilité, comme André Pochon en Bretagne, ont cherché à modifier leurs pratiques pour aller dans le sens d'une agriculture plus durable, en utilisant moins d'engrais, de pesticides, en limitant les labours, en favorisant le pâturage plutôt que l'utilisation des céréales, en veillant à la préservation d'une fertilité naturelle des sols. Même s'il est difficile de donner une acception trop générale au concept d'agriculture durable, la recherche des modèles agricoles qui correspondent à ces aspirations va dans le « bon sens ».

Finalement les contours et les finalités d'une agriculture dite durable tendent à se confondre avec ceux d'une agriculture paysanne. La mission d'une telle agriculture ne se limite pas à la production de denrées alimentaires de bonne qualité, elle revendique aussi un rôle dans la préservation du tissu social et de l'environnement. L'agriculture paysanne est un élément clé de la souveraineté alimentaire puisqu'elle reconnaît la nécessité d'être solidaire avec les autres paysans et de répartir les volumes de production. Malgré la très grande diversité possible des modes d'agriculture, il existe une spécificité de l'agriculture paysanne, celle de revendiquer le droit de poursuivre dans la durée sa mission nourricière. Le maintien d'une agriculture paysanne et la stabilité du monde rural qu'elle garantit, si précieux pour notre société, ne sont même plus assurés par la politique agricole commune et pas suffisamment soutenus par la société.

La profession agricole a trop centré ses réflexions sur l'avenir de l'agriculture autour des questions économiques. Dans ce cas, la notion d'agriculture durable perd vite de son sens, si elle fait principalement référence à sa rentabilité économique comme seule garantie réelle de la permanence de l'activité agricole, aux possibilités de son adaptation et de son renouvellement, au maintien du potentiel agricole et de sa rentabilité économique. Si l'on simplifie, l'essentiel pour les agriculteurs serait de pouvoir maintenir la productivité et la rentabilité sur le long terme de leurs exploitations, sans doute appelées à devenir toujours plus grandes. Dans cette approche bien corporatiste et si répandue dans d'autres secteurs, la question n'est plus de savoir si l'agriculture répond aux besoins nutritionnels de la société, à des objectifs de santé publique, de vie sociale, ou de protection de l'environnement, seules comptent la permanence du système de production agricole et son efficacité économique. Il est évident que les agriculteurs ne peuvent s'épanouir dans un tel enfermement, dans une course sans fin destinée à accroître si possible leurs productions de matières premières sans d'autre finalité. Il est certain qu'ils aimeraient être dans un système moins contraignant et donner du sens à leurs activités, mais ils ont l'impression que la société ne les y aide guère, d'autre part ils ne font pas toujours le nécessaire pour faire évoluer leur situation.

L'erreur principale du syndicalisme agricole est d'avoir accepté que les agriculteurs ne soient que des producteurs de matières premières, or la mission de l'agriculture est bien plus large, elle est au cœur des civilisations, elle doit répondre aux attentes sociétales de bien-être, de santé et de naturalité. En particulier, l'obligation pour l'agriculture d'être efficace sur le plan de la satisfaction des besoins nutritionnels représente un défi passionnant à relever. C'est en assurant et en revendiquant un ensemble de services sur les plans nutritionnel, écologique et social qu'elle tournera le dos à l'approche productiviste actuelle, qu'elle redonnera de la valeur à une activité humaine des plus nobles et qu'elle pourra en réclamer une juste rémunération. C'est sur ces bases que le monde agricole pourrait attirer des professionnels compétents désireux de valoriser leur travail dans un cadre naturel, de participer à une nouvelle économie verte fondamentale pour l'équilibre social.

Les contraintes de la rentabilité économique, l'emprise des industries agroalimentaires et de la grande distribution, les habitudes nouvelles des consommateurs introduisent théoriquement une pesanteur telle que beaucoup d'experts ou de politiques en concluent que le système actuel n'est quasiment pas réformable. Comment ne pas avoir le sentiment d'être dans une impasse ou dans un avenir difficile ! Sans une crise majeure qui obligerait enfin les politiques à réagir, les agriculteurs comme le restant des citoyens ont un sentiment d'impuissance. Cependant j'ai pu noter, lorsque j'enseigne les relations entre alimentation et santé ou lorsque je donne des conférences sur l'alimentation durable, à quel point tous les interlocuteurs réalisent qu'il serait nécessaire de réformer notre système alimentaire.

Mais, pour espérer une prise de conscience collective, les informations diffusées sont trop partielles. Le public demeure très peu informé du contour de l'agriculture durable telle que nous l'avons survolée. Il apprend par exemple l'existence d'un mode d'agriculture raisonnée auquel il adhère assez naïvement alors que cette approche est bien réductrice, basée principalement sur un soi-disant bon usage des intrants (engrais, pesticides, etc.). La mise en avant de l'agriculture raisonnée est en fait pilotée par les lobbies de l'agrochimie et la grande distribution semble y trouver son compte pour l'établissement de cahiers des charges ponctuels et flatteurs. Cependant, la profession a déjà perçu les limites de cet affichage. À la place, nous aurons droit à une agriculture de haute valeur environnementale. Il aurait été plus crédible de prôner un objectif de haute valeur environnementale, nutritionnelle et sociale, donc de s'engager dans une démarche durable !

Loin des ambiguïtés de l'agriculture raisonnée et d'autres affichages, l'agriculture biologique est, pour beaucoup, un des modèles possibles d'agriculture durable à condition qu'elle soit suffisamment efficace pour nourrir les hommes et que les aliments bio ne renchérissent pas le prix de la nourriture. Oui, on peut créditer l'agriculture biologique d'avoir ouvert la voie vers une agriculture et une alimentation durables, mais il ne faut pas s'arrêter en chemin.

Classiquement, l'agriculture biologique a des contraintes de moyens et pas d'obligations de résultats. Dans l'esprit de ses pionniers, il s'agissait d'éviter tout recours à des produits chimiques de synthèse, de favoriser les méthodes de culture, d'élevage, d'assolement, de compostage qui favorisent la vie microbienne des sols, de mettre les plantes et les animaux en position de bénéficier de facteurs environnementaux naturels pour qu'ils expriment de la sorte leur propre naturalité. Il est légitime que l'agriculture biologique s'oppose à l'utilisation des pesticides de synthèse ; parfois son cahier des charges sur les engrais, en faisant une distinction entre solubles et insolubles, semble un peu improvisé et peu favorable dans la mesure où une utilisation plus rationnelle des engrais permettrait d'augmenter la production de matières organiques et la vie microbienne du sol.

Malgré ses difficultés de mise en œuvre et des rendements souvent plus faibles, l'agriculture biologique a ouvert la voie à la préservation des sols et de l'environnement. Elle est suffisamment nourricière et naturellement tournée vers le développement d'une offre alimentaire équilibrée pour l'homme. La composition de ses productions végétales, notamment en fruits et légumes, est plutôt plus riche en matière sèche, en micronutriments et relativement exempte de pesticides. Globalement, l'offre alimentaire des circuits bio est plus proche des recommandations alimentaires et du modèle de la pyramide méditerranéenne. Le seul reproche que l'on pourrait faire aux circuits bio concerne le développement d'une offre nouvelle de produits industriels, à l'instar de l'alimentation conventionnelle, et parfois l'origine lointaine de certaines spécialités, ce qui rejoint les problèmes du commerce dit équitable. Manger bio coûte théoriquement plus cher, à moins d'adopter un mode alimentaire plus végétarien, de consommer plus de produits céréaliers et de légumes secs. Une approche très critiquable est de comparer la densité nutritionnelle de repas bio ou conventionnels, confectionnés avec le même type d'ingrédients. Cela ne correspond pas à la réalité de terrain dans la mesure où l'approche biologique conduit à s'alimenter différemment.

Malgré son handicap d'agriculture minoritaire, la démarche biologique correspond bien à l'approche intégrée qu'il faut favoriser au maximum pour préserver l'environnement, garantir la sécurité des aliments et couvrir les besoins nutritionnels. Ces qualités lui ont été reconnues lors d'un colloque organisé par l'ONU et la FAO en 2007.

Si elle bénéficiait d'un soutien politique suffisant, le développement de l'agriculture biologique pourrait contribuer à la sécurité alimentaire, en rendant moins dépendante l'agriculture des engrais de synthèse les plus coûteux à produire, atténuer les changements climatiques par une fixation améliorée du carbone dans le sol, renforcer la sécurité hydrique par de meilleures réserves d'humus, protéger l'agrobiodiversité, améliorer la qualité de l'offre alimentaire et donc le statut nutritionnel des personnes et enfin stimuler le développement rural par son besoin de main-d'œuvre et de savoirs locaux. Cependant, selon Jacques Diouf, président de la FAO, l'agriculture aura encore longtemps besoin d'intrants chimiques pour être suffisamment productive. Oui, mais l'objectif est de tendre à diminuer ou à supprimer leur utilisation à long terme.

L'expérience acquise en agriculture biologique a donc ouvert la voie au développement d'une agriculture durable. Seulement la part des surfaces agricoles cultivées en agriculture biologique est encore bien faible, proche de 4 % dans la Communauté européenne.

L'agriculture bio demeure trop marginale alors que nous aurions besoin qu'une plus grande partie de l'agriculture écoule ses productions vers des circuits courts ou s'implique davantage dans la fourniture de fruits et légumes dont toute personne a besoin pour bien se porter. Dans ces conditions, il faut dépasser le clivage actuel entre agriculture conventionnelle et biologique et reconnaître l'extrême diversité possible des modes d'agriculture qui peuvent être compatibles avec le maintien d'une agriculture paysanne et d'une agroécologie. Sous ce vocable, on peut ranger tous les types d'agriculture susceptibles d'améliorer la fertilité des sols, de préserver les écosystèmes naturels et de jouer un rôle dans la lutte contre le réchauffement climatique en piégeant le CO_2 vers le sol. Le public doit comprendre que les modes d'agriculture doivent être adaptés aux conditions de terrain et utiliser le moins possible d'intrants chimiques ; donc renoncer à atteindre les meilleures performances possibles chères à l'agriculture intensive et productiviste.

Pour favoriser l'essor d'une agriculture durable et nourricière, le secteur alimentaire, par ailleurs bien trop riche en signes officiels de qualité, manque de labellisation intermédiaire entre le bio et le conventionnel, sachant que le label agriculture raisonnée ne correspond à aucun signe de qualité, ni nutritionnelle ni environnementale. Il serait intéressant d'identifier une chaîne alimentaire qui se distingue des approches conventionnelles, avec des modes d'agriculture très économes en intrants (pesticides, engrais), en eau, en dépenses d'énergie fossile, et une nouvelle manière, plus recevable sur le plan nutritionnel, de transformer ou de distribuer les aliments. Puisque ce signe de qualité n'existe pas encore, pourquoi ne pas identifier une démarche d'alimentation durable, par un label AD à côté du label AB ? L'originalité du label serait de réunir, dans un même cahier des charges, des modes d'agriculture, de transformation et de distribution, des normes de protection de l'environnement et enfin des normes de développement rural.

Améliorer les impacts écologiques de l'agriculture
et de la production alimentaire

À l'heure du réchauffement climatique, chacun est conscient qu'il faut limiter l'émission de gaz à effet de serre en prévenant les déperditions énergétiques de son logement ou en utilisant des voitures ou des modes de transport plus économes en carburant. Il est beaucoup plus difficile de se rendre compte des conséquences de nos choix alimentaires sur l'environnement.

Globalement, la situation actuelle est étonnante et préoccupante, puisque à elle seule la chaîne alimentaire est responsable selon l'INRA d'environ 30 % des émissions de gaz à effet de serre. On aurait pu penser que les nuisances étaient occasionnées principalement par la transformation et le transport des aliments, or ce sont les modes d'agriculture qui exercent les influences majeures (44 % pour les productions animales, 8 % pour les productions végétales, 6 % pour les transformations industrielles ou artisanales, 13 % pour l'emballage, le transport et la distribution, 29 % pour les autres étapes liées à la préparation et à la consommation). Ces évaluations sont encore un peu imprécises et très variables selon les sources, mais leur ordre de grandeur nous interpelle. La participation des productions végétales à l'effet de serre serait beaucoup plus élevée si l'on ne tenait pas compte que la majorité de ces productions était destinée à la consommation animale. Concernant le bilan des élevages, pourquoi ne pas tenir compte des déforestations en Amazonie destinées à fournir du soja à nos animaux !

Voici quelques explications sur les impacts écologiques de l'agriculture données par Claude Aubert à l'occasion des universités d'été de nutrition que j'anime depuis dix ans. En matière de production agricole, les techniques actuelles polluent (pesticides, nitrates), consomment beaucoup d'énergie fossile, appauvrissent souvent les sols en matières organiques et au final contribuent fortement à l'effet de serre. Il n'y a pas d'agriculture durable possible sans maintenir ou augmenter la teneur du sol en matières organiques. Lorsqu'un sol s'appauvrit, il perd de ses réserves organiques et il contribue aux émissions de CO_2. Or, depuis le début de l'agriculture industrielle, la teneur en carbone de nombreux sols n'a cessé de baisser pour plusieurs raisons : érosion, absence d'apports de matières organiques, transformation de prairies en terres cultivées, déforestation. La comparaison des teneurs en matières organiques des sols en agriculture conventionnelle et en agriculture biologique montre que ces derniers contiennent en moyenne entre 10 et 30 % de matières organiques en plus que les premiers. Ce qui ne veut pas dire pour autant que l'agriculture biologique est le seul moyen de maintenir une teneur en matières organiques suffisante. En effet, on peut imaginer que même l'agriculture conventionnelle reçoive comme feuille de route (avec des aides adaptées) d'accroître l'activité de photosynthèse de ses cultures et la teneur en matières organiques du sol, par des cultures dérobées ou d'autres techniques.

Pour l'instant, en France par exemple, comme dans d'autres pays, la situation n'est pas bonne. Notre agriculture est responsable de plus de la moitié des émissions de gaz à effet de serre du secteur alimentaire et une telle contribution ne peut correspondre aux critères d'une alimentation durable. L'origine des gaz à effet de serre est en fait très diverse, non seulement le CO_2 pour la mécanisation et la fabrication d'intrants, mais aussi de façon plus surprenante le méthane produit par la digestion des ruminants ou la décomposition des matières organiques, ainsi que le protoxyde d'azote en provenance principalement des engrais azotés.

La possibilité de produire des engrais azotés à partir de l'azote de l'air a bouleversé l'agriculture. Elle a conduit à une augmentation spectaculaire de la consommation des engrais azotés et des rendements, non seulement dans les pays riches, mais également dans les pays émergents comme l'Inde et la Chine. Le revers de la médaille est que l'azote de synthèse est l'un des principaux responsables de l'émission de gaz à effet de serre par l'agriculture. Les engrais azotés ont eu d'autres effets pervers dans la mesure où ils ont permis de s'affranchir des contraintes d'une agronomie durable : rotations, culture de légumineuses, apports de matière organique. Le développement et la concentration des grandes cultures, la sélection des plantes sur leur efficacité à bien répondre aux apports azotés ont nécessité un recours croissant aux traitements en pesticides et au désherbage chimique.

S'il n'est plus possible de supprimer totalement l'azote de synthèse comme le fait l'agriculture biologique, il serait souhaitable d'en limiter fortement l'utilisation en agriculture conventionnelle. Ce serait ainsi l'occasion de faire une meilleure place aux légumineuses et de réduire l'utilisation des pesticides. Un objectif raisonnable serait que l'agriculture parvienne à diminuer de moitié, d'ici 2030, les émissions de gaz à effet de serre. Cet objectif est atteignable, mais les agriculteurs n'accepteront de modifier leurs pratiques que si l'État impose une limitation suffisante de l'utilisation des engrais azotés, voire instaure une taxe sur l'azote à l'instar de la taxe carbone. Or les politiques, loin de se concentrer sur l'anticipation de l'avenir, observent seulement que les citoyens ne sont pas prêts à changer leurs habitudes alimentaires, en particulier en réduisant leur consommation de viande, pour accompagner les changements nécessaires.

En fait, une remise en question de nos habitudes vers une alimentation majoritairement végétale serait nécessaire pour lutter contre le réchauffement climatique, pour répondre à l'accroissement de la population mondiale et également pour notre santé. Nos habitudes alimentaires actuelles ne sont pas plus durables que les modes de production.

Réduire ces émissions passe par de profondes modifications de notre alimentation. On évoque souvent les émissions de CO_2 liées aux transports de denrées alimentaires sur de longues distances, or cette contribution demeure faible en comparaison des autres postes. Le potentiel de réduction le plus important réside en fait dans la réduction des engrais azotés de synthèse et dans une diminution de la consommation de produits animaux, et en particulier de viande de ruminants.

D'autres modifications de nos habitudes alimentaires sont nécessaires pour réduire à la fois la consommation d'énergies fossiles et les émissions de gaz à effet de serre liés à notre alimentation : consommer des produits de saison, relocaliser les productions agricoles, augmenter la proportion de produits frais au détriment de ceux transformés par l'industrie, et surtout limiter les déplacements en voiture pour faire ses courses alimentaires, etc.

Pour faire face à l'augmentation de la population mondiale, de nombreux experts préconisent notamment l'intensification en vue d'augmenter les rendements. Une intensification basée sur les engrais, les pesticides et la mécanisation. Qu'il faille intensifier dans certaines parties du monde, c'est indiscutable, mais de nombreuses expériences ont montré qu'on peut le faire avec un minimum d'intrants, en utilisant des techniques écologiques telles que les cultures associées, les engrais verts, le compostage, l'agroforesterie. Cependant, quel que soit le niveau d'intensification, il ne sera pas possible de nourrir tout le monde en 2050 si le mode d'alimentation des pays riches, basé sur une forte consommation de viande et autres produits animaux, se généralise. Il faut en effet cinq à quinze fois plus de surface pour produire la même quantité de protéines sous forme de viande que sous forme de légumineuses.

Il ne s'agit pas de supprimer la viande, seulement de la réduire et d'adopter une alimentation à dominante végétale, dans laquelle les produits animaux (viande, poisson, produits laitiers, œufs) constituent le complément d'une base végétale, comme cela a été le cas sur toute la planète, à de rares exceptions près, jusqu'à la révolution industrielle. Une telle évolution est également favorable pour réduire l'incidence des principales maladies chroniques (cancer, maladies cardio-vasculaires, diabète).

Une alimentation durable en termes environnementaux comme en termes de santé publique est donc possible. Elle passe à la fois par des choix individuels, mais aussi par une inflexion des politiques agricoles et une meilleure gestion de l'offre alimentaire.

L'agriculture doit protéger l'homme et la nature

Résumer le bilan de l'activité d'une exploitation agricole au nombre de tonnes de céréales, de graines oléagineuses ou aux milliers de litres de lait produits est bien réducteur et peu éclairant. Encore faudrait-il connaître le coût écologique de ces productions, les conséquences à long terme de ces productions sur le potentiel agricole à venir, l'utilisation qui a été effectuée de ces matières premières, leurs impacts positifs ou négatifs sur l'état nutritionnel des populations qui s'en sont nourries, les répercussions sociales à long terme des modes d'agriculture mis en œuvre.

Comment ne pas rechercher un sens plus global aux activités des agriculteurs de demain ? Faire en sorte que la société perçoive que la première des économies vertes débute au champ, que les paysans soient perçus comme des cols verts compétents en écologie et agronomie, plutôt que des agriculteurs, certes passionnés par leur travail, mais pas assez regardants sur les conséquences de leurs pratiques. Puisqu'ils ont pour mission de nous nourrir et de gérer les espaces naturels, pourquoi ne pas leur donner les moyens de bien le faire, tout en exerçant un regard critique sur la validité de leurs méthodes ?

Dans l'idéal, l'exploitation agricole à développer serait celle qui serait génératrice d'écosystèmes équilibrés, et bien efficaces pour nourrir les hommes. Il n'est pas nécessaire pour cela de revenir à l'élevage et à la polyculture d'antan. Cependant, il est regrettable que beaucoup d'exploitations d'élevage aient abandonné toute production végétale à visée humaine. Bien conduite, une agriculture appuyée sur l'élevage permet d'améliorer la disponibilité en matières organiques des sols, ce qui est essentiel pour entretenir la vie microbienne du sol et assurer sa fertilité. Ces conditions aident évidemment à la production de céréales et de légumes de qualité et cet aspect est fondamental pour l'agriculture en général. Dans les exploitations sans élevage, la diversification des productions végétales est souvent insuffisante pour exploiter au mieux les potentiels du sol, bénéficier de bons assolements avec des rotations plus lentes des cultures.

La transformation, la vente directe, la valorisation maximale d'une partie des productions constituent des orientations de bon sens à la fois au niveau économique et pour favoriser les liens avec les consommateurs.

Finalement, à l'ère de la division du travail, le modèle de l'exploitation familiale de polyculture et d'élevage est certes dépassé à l'échelon individuel, mais il peut être repensé à l'échelon de territoires ruraux par le biais du regroupement d'exploitations complémentaires, par la mise en commun d'ateliers de transformation et de distribution. L'idée directrice serait que chaque projet d'exploitation agricole puisse être intégré dans un ensemble harmonieux, à la fois sur le plan du paysage agricole et en fonction de débouchés alimentaires possibles, avec pour priorité la satisfaction des marchés de proximité, de la cantine scolaire jusqu'à la grande surface locale.

Pourquoi ne pas imaginer qu'un nouveau consensus social émerge pour soutenir financièrement le développement d'une autre agriculture dont on pourrait attendre le maximum de services sur le plan de la santé publique, comme sur celui de la lutte contre le réchauffement climatique ?

La manière de gérer l'agriculture et les approvisionnements de proximité pourrait faire l'objet de débats citoyens impliquant les associations de consommateurs et les représentants professionnels de l'agriculture et de l'alimentation. Le principe d'une certaine souveraineté alimentaire à l'échelon régional pourrait être mieux défini et mis en application par une organisation des productions au niveau des territoires locaux.

Selon les Indiens, la terre ne nous appartient pas, il serait normal, dans ce même état d'esprit, de conditionner l'aide aux agriculteurs au respect de cette terre et au bon usage de sa potentialité pour nous garder en bonne santé et pour la transmettre dans le meilleur état possible aux générations futures. L'impact de l'industrie et des activités humaines sur le réchauffement climatique risque de perturber la tâche d'une majorité des agriculteurs du monde, mais cette nouvelle donne renforce encore plus la mission écologique de l'agriculture.

Quels enseignements peut-on tirer de toutes ces analyses ? À l'évidence, que les agriculteurs devraient recevoir de la part de la société une feuille de route pour préciser leurs missions.

Une partie de l'agriculture devrait se consacrer à la fourniture de produits de proximité frais ou peu transformés (viandes, fruits et légumes, produits laitiers, œufs, huiles vierges, pain...), ce qui nécessiterait une organisation locale de la collecte, du conditionnement et de la distribution de ces produits issus directement des campagnes.

Beaucoup de régions agricoles ont un potentiel suffisant pour répondre aux besoins en produits de proximité et développer aussi des grandes cultures et divers élevages. Cependant un effort devrait être demandé aux fermes spécialisées dans les grandes cultures pour qu'elles diversifient leurs productions et qu'elles contribuent également aux approvisionnements régionaux. Il semble préférable de ne pas développer des types trop différents et concurrentiels d'agriculture, avec de petites structures à vocation nourricière directe et de très grandes exploitations tournées vers la production de matières premières. L'histoire montre que « les gros ont toujours tendance à manger les petits », ce qui explique la situation actuelle, où la majorité des petits producteurs ont disparu, parce qu'ils n'ont pas eu les débouchés adéquats pour valoriser leurs productions et qu'ils n'ont pas pu résister à la pression foncière environnante. Finalement, la nécessité d'engager une réforme agraire ne concerne pas que l'Amérique du Sud, elle est déjà d'actualité chez nous, pour aller dans le sens d'une alimentation durable, loin des sentiers battus d'un développement industriel monolithique. C'est aux citoyens d'opter pour des campagnes vivantes et d'influencer dans ce sens la politique agricole, c'est aux consommateurs d'adapter leurs comportements alimentaires en fonction de leurs vœux pour une agriculture durable.

Un des moyens de mettre fin aux dérives écologiques actuelles est d'exiger que le monde agricole dans son ensemble réduise de moitié l'utilisation des pesticides et aussi celle des engrais azotés. Les aides financières devraient être plus clairement conditionnées à la réduction des nuisances écologiques des exploitations. Cette politique est à peine amorcée pour les grandes cultures et quasi inexistante dans le domaine des fruits et légumes qui bénéficie peu d'une aide publique.

Sans un changement profond de la conduite de l'agriculture, nous ne réussirons pas à donner un nouveau souffle de naturalité à nos campagnes. Il y a tant de pratiques agricoles à améliorer, de cultures et d'élevages à redéployer à l'échelon régional, d'espèces végétales à mieux répartir sur le territoire, de variétés nouvelles résistantes aux maladies à sélectionner, de haies et d'arbres à replanter, de savoir-faire perdus à remettre en valeur, de nouveaux réseaux humains à tisser !

Puisqu'une partie du paysage rural est défigurée par les grandes cultures, pourquoi ne pas créer de nouveaux espaces harmonieux et fonctionnels ? Pourquoi ne pas promouvoir une agriculture fière du dynamisme de ses paysans et du bon entretien de ses territoires, garante de la santé des sols, de leur richesse en matières organiques, de leur vie microbienne, de leur densité en vers de terre ?

Notre citoyen verra que tout cela était bon pour la planète, pour les espaces naturels qu'il traverse, il réalisera que c'était le meilleur moyen d'assurer l'avenir de son alimentation, il comprendra que ses enfants les plus turbulents ou les plus rêveurs auront peut-être envie de retrouver une vie plus naturelle vers des campagnes plus accueillantes, il prendra conscience de sa responsabilité pour réduire son empreinte écologique et ne pas obscurcir l'avenir. Conscient de tout cela, il décide de se mobiliser, d'interpeller les politiques, d'améliorer son alimentation, de faire le ménage dans ses placards, de prendre plaisir à consommer et à partager une alimentation naturelle, d'oublier sa soif de consommation, de vivre plus paisiblement le temps renouvelé des saisons.

Bref, rien n'est perdu, rien n'est gagné, cependant par un juste mouvement de balancier, le XXIe siècle devrait réserver une juste place au développement de ses campagnes nourricières.

CHAPITRE 7

Une meilleure offre alimentaire

Quel contraste entre les épiceries des années 1950 qui délivraient une centaine de produits de base et l'offre actuelle des grandes surfaces alimentaires qui présentent plus de 10 000 références de boissons et d'aliments de tous ordres ! Voici notre consommateur livré aux appétits de la grande distribution, conditionné par un savant marketing alimentaire qui entre, le caddie vide, dans le temple de la consommation alimentaire. Aucune recommandation préalable dans le hall d'entrée, aucune disposition des marchandises lui permettant de hiérarchiser ses courses, aucune pyramide alimentaire pour lui représenter l'équilibre nutritionnel, aucun itinéraire affiché du parcours des aliments, des produits transformés à n'en plus finir munis d'étiquettes et d'emballages flatteurs.

Résultat des courses : sans doute un petit tiers de caddies (cela n'a pas été chiffré précisément) dont le contenu est équilibré, ensuite c'est selon les typologies alimentaires, un plein de produits transformés avec une dominance de gras, de sucré, de sodas, de biscuits et yaourts en tout genre. Bref on en viendrait à croire que les enfants, les femmes et les hommes ont des goûts et des comportements bizarres, à cent lieues de ceux de leurs grands-parents !

Le fonctionnement actuel de la grande distribution est très ambigu puisqu'il permet, dans une même structure, de satisfaire des modes de consommation très différents : celui des personnes éclairées qui savent choisir un assortiment de bons produits et qui ont les moyens de les acheter et celui des consommateurs passifs prêts à remplir leurs caddies avec tout ce qui brille, ne semble pas cher, ou peut être facilement mangé. Puisqu'un citoyen bien informé peut trouver un ensemble convenable de produits pour bien se nourrir dans les temples de la consommation alimentaire, l'existence d'une autre offre de piètre qualité nutritionnelle est justifiée, au dire des industriels, par les attentes d'une autre frange importante de consommateurs. Si les boulangers font du pain blanc insipide, c'est la faute de leur clientèle qui recherche ce produit plutôt qu'un pain bis, si l'industrie laitière multiplie l'offre en yaourts sucrés aromatisés, c'est également pour répondre à la demande des consommateurs, si l'industrie dépense des sommes colossales pour faire de la publicité pour des produits de grignotage, c'est évidemment pour répondre aux besoins des jeunes !

La responsabilité de l'industrie alimentaire et de la grande distribution dans la dégradation nutritionnelle de l'offre est évidente, mais ce n'est pas pour cela qu'il faut désigner un « seul méchant » et dédouaner de leur responsabilité les consommateurs, les politiques, les agriculteurs, voire une partie de nos experts nutritionnistes, bien trop tièdes et peu enclins à dénoncer le système actuel. Cependant, dans le meilleur des cas, seule une minorité de « consommacteurs », déjà sensibilisés à la question alimentaire et bien nourris, est susceptible d'exercer des pressions pour aller dans le sens d'une alimentation durable. Il y a donc un risque que le système se perpétue en comptant sur la passivité d'une majorité de citoyens.

L'idée, que je ne cesse de défendre dans ce livre, est qu'il ne suffira pas de corriger les défauts les plus visibles du système actuel pour le rendre acceptable, nous devrons aussi entreprendre des réformes plus profondes pour aller dans le sens d'une alimentation durable, bonne pour l'homme, comme pour la planète. Je voudrais montrer que l'amélioration de l'offre alimentaire est un des changements indispensables, même si une grande partie des consommateurs est encore dans l'incapacité de la réclamer, je voudrais décrire les solutions concrètes qui existent déjà en matière de pain, de produits céréaliers, de matières grasses, de fruits et légumes, ainsi que toutes les autres perspectives de progrès.

Ne touchez pas à la pyramide alimentaire !

Le principal reproche que l'on peut faire à la grande distribution dans la structuration de l'offre alimentaire est d'avoir feint d'ignorer la pyramide alimentaire, de ne pas l'avoir explicitée auprès du public, pire de l'avoir déformée par la mise en vente de trop de produits riches en calories vides. La description de la pyramide alimentaire est un des procédés pédagogiques efficaces pour bien présenter la diversité alimentaire nécessaire au développement d'une bonne nutrition préventive. Dans cette pyramide, la base des apports énergétiques (environ les deux tiers des apports totaux) est constituée par des produits végétaux complexes (produits céréaliers, légumes secs, pommes de terre, féculents divers, fruits et légumes, fruits secs...). Ces aliments servent à satisfaire les besoins en glucides, mais apportent également des protéines végétales, complémentaires des protéines animales et une très grande diversité de composés non énergétiques (fibres alimentaires, minéraux, micronutriments). Un apport de produits animaux (représentant 15 à 25 % des besoins énergétiques totaux) sous forme de viande, d'œufs, de charcuterie, de produits de la mer convient parfaitement pour équilibrer les apports énergétiques d'origine végétale. Les matières grasses d'ajout doivent être constituées principalement d'huiles végétales équilibrées en acides gras essentiels. La part de calories qui doit être le plus réduite possible est située au sommet de la pyramide.

Il s'agit des calories vides de type sucres, alcool, matières grasses saturées, amidons purifiés. Cela ne signifie pas qu'il faille supprimer systématiquement toute source de calories vides, l'essentiel étant de disposer d'un régime de base de bonne densité nutritionnelle.

Durant la journée ou la semaine, l'alimentation devrait respecter ce type de répartition en produits et en ingrédients alimentaires. Même au niveau du repas, il est important de bien associer les aliments puisque chacun d'entre eux a une composition particulière qui mérite d'être équilibrée par l'ajout de produits complémentaires.

Puisqu'on connaît de mieux en mieux l'importance de l'alimentation dans la gestion de la santé, il serait du ressort des diverses structures commerciales de rappeler les recommandations de santé publique en matière de nutrition humaine et de proposer des solutions intéressantes pour l'équilibre nutritionnel en fonction des saisons ou des arrivages. De même, les consommateurs gagneraient à recevoir des informations sur l'origine des aliments, leurs impacts environnementaux, leurs conditions de production pour favoriser des échanges équitables. Comment peut-on espérer un progrès social, induire de bons comportements, si les citoyens ne reçoivent pas des informations intéressantes pour eux-mêmes comme pour l'intérêt général ? Le temps est venu de développer un marketing alimentaire plus éthique.

La place primordiale des céréales dans l'alimentation humaine

Les produits céréaliers sont à la base de la pyramide alimentaire. Puisque le glucose est utilisé dans tous les tissus de l'organisme, et en particulier par notre cerveau qui en consomme 120 g/jour, nous avons besoin de sources d'amidon abondantes et peu

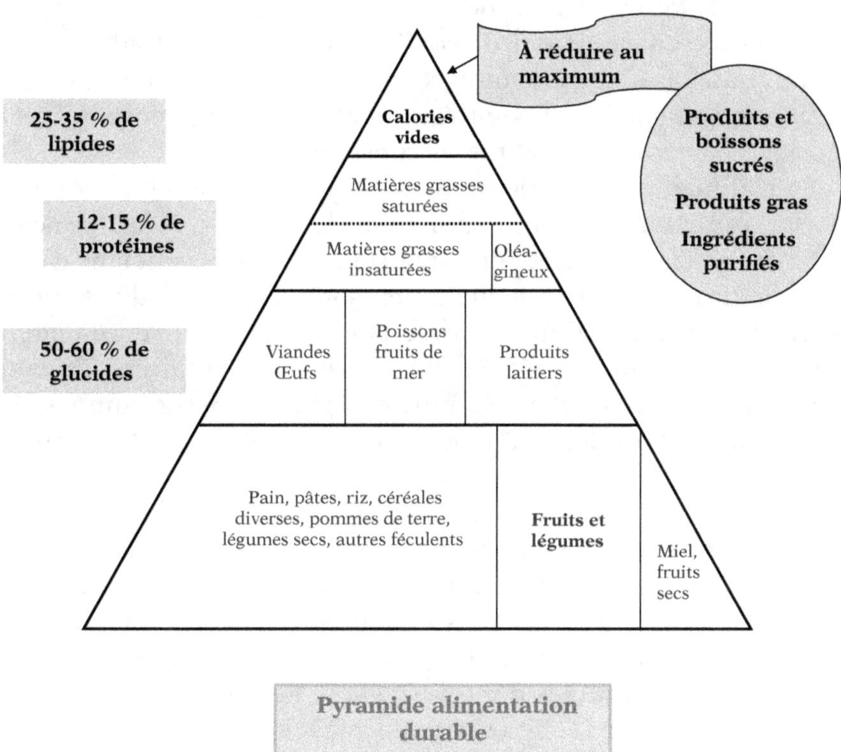

onéreuses. Les diverses céréales (blé, riz, maïs, mil, pour ne citer que les principales) sont ainsi devenues le principal aliment de l'humanité. Selon que l'on vit en Asie, au Mexique ou en Afrique, le riz, le maïs ou le mil peuvent fournir les trois quarts des besoins énergétiques des populations. Cette consommation de céréales, pourvu qu'elle soit accompagnée d'aliments ou ingrédients complémentaires pour l'apport d'acides aminés, d'acides gras ou de micronutriments essentiels, convient à une très grande majorité d'humains, ce qui montre l'importance des processus d'adaptation depuis notre ancien statut de chasseurs-cueilleurs, où ce type d'aliments était absent. Depuis longtemps, des milliards d'hommes ont su associer aux produits céréaliers, les aliments complémentaires, tels que des légumes secs, ou de la viande et du poisson lorsqu'ils étaient disponibles. Ces régimes traditionnels étant toutefois assez monotones, lorsqu'il le peut, l'homme diversifie, pour son plaisir et pour d'autres considérations culturelles et sociales, la gamme des aliments consommés.

L'alimentation occidentale s'est ainsi fort éloignée de ses bases traditionnelles. Les populations de ces pays, à l'instar de la France, souvent dotés d'un climat tempéré et bénéficiant d'une grande disponibilité alimentaire, en sont venues à réduire fortement la consommation de produits céréaliers, qui représentent maintenant moins de 35 % des calories alimentaires. Chacun sait que les Français consommaient plus de 500 grammes de pain par jour au début du siècle, contre environ 150 grammes actuellement.

Au lieu de consommer directement les céréales, nous les avons utilisées en nutrition animale et donc au final nous consommons peu de pain et beaucoup de viandes. En se substituant aux glucides alimentaires, la consommation de viandes ou d'autres produits animaux inonde l'organisme d'acides aminés, et de graisses plutôt saturées dont il n'a guère besoin. Autre évolution bien peu heureuse : l'alimentation occidentale s'est constamment enrichie en sucres simples de provenances diverses (betterave, canne, amidon), au détriment des glucides complexes (ce terme désigne l'amidon et les fibres alimentaires) dont l'utilisation n'a cessé de diminuer depuis cinquante ans. De plus, le peu de produits céréaliers que nous avons conservés dans notre alimentation sont consommés sous forme raffinée, c'est-à-dire avec des traitements qui leur font perdre les trois quarts de leur contenu en fibres et en micronutriments.

Alors que les pays pauvres manquent souvent de céréales, il semble que les pays riches s'ingénient à les gaspiller. Nous donnions déjà les trois quarts de nos céréales aux volailles, aux porcs et aux ruminants ; comme si cela ne suffisait pas, nous avons développé, à l'instar des États-Unis, une industrie florissante de transformation des céréales en amidon, puis en sucres, ce qui est le comble de la dévalorisation nutritionnelle, puisque toute trace de micronutriment a disparu dans ces ingrédients. Certains avaient déjà songé à utiliser le blé et le maïs dans leurs chaudières, l'industrie et les céréaliers ont vu plus grand en développant une filière de bioéthanol pour pallier la raréfaction du pétrole.

Pour compléter ce tableau de gestion erratique de nos ressources céréalières, les pays émergents ont accru leur pouvoir d'achat et leur consommation de viande, si bien que maintenant une denrée des plus abondantes risque de manquer pour les pays en développement, sans que les pays riches en tirent les bénéfices qu'ils pouvaient en escompter pour nourrir correctement leurs populations. Pauvres céréales si longtemps recherchées, et maintenant si mal utilisées, elles sont devenues dévoreuses d'engrais, de pesticides, si mal transformées en aliments de faible densité nutritionnelle, alors qu'elles demeurent pourtant des cultures essentielles pour une alimentation durable !

Sélectionner les céréales selon des critères de développement durable

Que les agronomes aient voulu accroître l'efficacité de la production céréalière grâce au progrès de la sélection génétique est bien logique. Après la Seconde Guerre mondiale, il y avait une volonté politique forte d'éloigner le spectre de la faim et une très mauvaise perception des risques que pourrait provoquer une agronomie intensive. Forts de cette volonté, les pouvoirs publics en France, comme dans bien d'autres pays, organisèrent le marché des semences, de manière à contrôler la nature des nouvelles variétés proposées aux agriculteurs et, à cette fin, ils imposèrent des critères de rendement élevés, d'efficacité agronomique et d'homogénéité pour l'inscription des semences dans un catalogue officiel. Il n'a pas fallu attendre le développement des OGM pour que les agriculteurs soient dépossédés du commerce de leurs semences.

En matière de blé, les résultats furent spectaculaires : toutes les variétés régionales assez peu productives finirent par disparaître et le rendement moyen en blé doubla en l'espace de quarante ans, passant de 40 à 80 quintaux à l'hectare de 1960 à 2000. Qu'une variété soit excellente pour faire du pain, rustique sur le plan de ses besoins en engrais, peu sensible aux maladies, capable de bien résister aux mauvaises herbes, ne lui confère aucune chance d'inscription au catalogue officiel, si elle est bien moins productive que les variétés déjà inscrites. De tels critères intéressent bien sûr l'agriculture biologique et certaines variétés rustiques devraient enfin pouvoir être inscrites sous la demande pressante de la filière bio. Entre-temps, quel gâchis dans la poubelle des sélectionneurs, qui par leur savoir-faire et le hasard de leurs croisements auraient pu enrichir grandement la biodiversité des variétés de blé, avec parfois des qualités nutritionnelles remarquables, que les aléas de la sélection ne permettent pas de reproduire facilement. Puisque l'importance de la biodiversité est devenue consensuelle, comment pourrait-on persévérer sur la voie de l'uniformisation des variétés cultivées !

Les agriculteurs trop préoccupés par les rendements de leurs cultures céréalières ont adhéré aux logiques productivistes des normes officielles, soutenues par les grandes firmes semencières. Seuls une poignée de paysans boulangers, passionnés par la diversité et la qualité des blés anciens, ont milité pour défendre la liberté de circulation des semences paysannes et la création de variétés rustiques. Ils font remarquer que les sélectionneurs ont pu faire leurs croisements grâce à la diversité des semences paysannes, certes peu productives mais bien adaptées à leur terroir. Ils déplorent l'uniformisation des variétés cultivées, la standardisation des conditions de culture. La biodiversité subsiste seulement dans les collections des blés du monde recueillis par des organismes de recherche, elle n'a plus sa place dans les champs où aucun épi ne dépasse.

Ces critiques ne sont pas sans fondement, les sélectionneurs auraient pu accroître le patrimoine de variétés cultivées s'ils avaient davantage diversifié les critères de sélection retenus.

L'effort de recherche d'une productivité élevée a ses limites. D'ailleurs, il est intéressant de noter que, depuis une dizaine d'années, les rendements de blé plafonnent. Le moment est sans doute venu de raisonner autrement la sélection, en termes d'agriculture durable pour rechercher les variétés peu exigeantes en intrants, celles qui résistent le mieux aux maladies et celles qui présentent le meilleur bilan carbone. Penser également la sélection en termes d'alimentation durable pour faire par exemple du pain de meilleure valeur nutritionnelle, avec des farines plus complètes et bien tolérées sur le plan digestif. Pourquoi rechercher à accroître les rendements si la question de l'efficacité nutritionnelle et écologique de la sélection végétale n'est pas abordée simultanément ?

QUELS SONT LES BESOINS DE L'HOMME ?

Quelques données chiffrées permettent de remettre en question l'approche actuelle de la sélection. Pour satisfaire ses besoins en glucides et en d'autres éléments, l'homme a besoin d'un minimum de 250 grammes de céréales par jour, et d'un maximum de 500 grammes si elles constituent l'essentiel des apports alimentaires. En France, compte tenu de l'abondance des autres produits alimentaires, la consommation journalière de céréales de toutes origines avoisine les 200 grammes. Ainsi, la consommation de blé sous forme de pain, de biscottes, de biscuits, de viennoiseries ou de farine ne dépasse pas les 5 millions de tonnes sur les plus de 35 millions produites, ce qui représente donc environ 15 % de la production. Même avec un rendement de 5 tonnes à l'hectare, 1 million d'hectares suffiraient à assurer cette disponibilité (soit moins de 5 % des surfaces cultivées).

Ces quelques exemples chiffrés montrent que, pour une partie du monde, il ne sert à rien de rechercher les rendements maximaux. L'enjeu est plus sûrement de mieux utiliser les céréales disponibles pour la nutrition humaine, plutôt que pour l'alimentation animale, l'objectif est également de ne pas forcer les cultures et de pouvoir tenir des rendements suffisants sur le long terme. Et s'il s'avère que les pays dotés de climat et de terroirs favorables à la production céréalière doivent fournir une part importante de leurs productions pour les populations qui manquent de cette ressource, c'est en sécurisant la manière de les produire qu'ils feront face à cette demande sur le long terme. En voulant pousser à l'extrême les rendements par la sélection et l'apport d'engrais, on augmente la production de gaz à effet de serre liés à l'utilisation des engrais azotés, les risques de pollution par les nitrates, ainsi que l'utilisation des pesticides pour accompagner une telle intensification. Il est quasi certain que les pays riches vont finir par rectifier leurs pratiques, ce n'est donc pas le moment d'essayer d'exporter un modèle de sélection et de production végétales périmé aux pays pauvres. Il y a bien sûr de nombreux problèmes agronomiques à résoudre de par le monde, des variétés nouvelles à créer ou des terres à conquérir pour accroître nos ressources en céréales, il y a aussi des progrès à réaliser pour mieux les utiliser en nutrition humaine et une nécessité, celle de cesser d'accroître leur utilisation pour l'élevage animal, ou pour les agrocarburants.

LA QUESTION DES OGM

Produire et sélectionner durablement, c'est sans doute pour l'instant tourner le dos aux OGM, dont on justifie pourtant l'utilité afin de résoudre les problèmes à venir de disponibilité alimentaire. Pour l'instant, les OGM servent surtout à permettre un usage massif d'herbicides en dotant les plantes telles que le soja de gènes de résistance à ces molécules; d'autres types d'OGM visent à faire produire par la plante des insecticides pour sa propre défense, dans le cas du maïs et du coton par exemple. Évidemment, ces techniques destinées à soutenir une agriculture industrielle semblent peu compatibles avec une bonne protection de l'environnement, compte tenu de leurs impacts peu sélectifs sur la flore et la faune. Des scientifiques partisans des OGM font valoir que cette technique pourrait permettre aussi d'obtenir à long terme des plantes résistantes aux conditions de culture difficiles (sécheresse, sols acides des zones tropicales, etc.), ou d'augmenter la production en rendant plus efficace la photosynthèse. Cependant de telles cultures OGM n'ont pas vu le jour, compte tenu de la difficulté de créer de véritables chimères par manipulation génétique. Comment ne pas examiner aussi la question du développement des OGM en termes éthiques, avons-nous le droit de manipuler le vivant à l'infini, de nous affranchir de la barrière naturelle des espèces?

Sans avoir à recourir aux OGM, la sélection génétique conventionnelle ouvre déjà des perspectives de progrès considérables, pourvu qu'elle soit mise au service d'une agriculture durable, ce qui nécessite que les pouvoirs publics modifient la règle de jeu des sélectionneurs, en particulier pour réduire l'utilisation des pesticides et adapter le mieux possible les variétés à leurs régions de culture.

Le bon usage nutritionnel des produits céréaliers

Dans la plupart des pays occidentaux et en particulier en France, la disponibilité en céréales est extrêmement importante et pourtant leur consommation est loin d'être optimale au niveau nutritionnel. Pourquoi les produits céréaliers sont-ils devenus si peu attractifs et pourquoi occupent-ils maintenant une place insuffisante dans notre alimentation? C'est dans l'histoire de la nourriture qu'il convient de rechercher la réponse à cette question.

DU BON USAGE DES BOUILLIES ET DES GALETTES

Un des modes les plus élémentaires et les plus anciens de consommation des céréales fut la confection de bouillies. Pratiquement toutes les céréales ont servi à la préparation de bouillies. Pour certaines céréales comme l'avoine, c'est même resté le mode de consommation le plus courant. Les bouillies de maïs sont aussi extrêmement répandues dans le monde (polenta, milhàs...), de même que celles à base d'orge, de mil, de millet, de sorgho. L'intérêt des bouillies est de faciliter, par le gonflement du grain d'amidon, sa digestibilité, ce qui est important chez le jeune. À l'origine, les bouillies étaient confectionnées avec des céréales complètes, ce qui en faisait des préparations très intéressantes sur le pan nutritionnel. De plus, en Afrique par exemple, les bouillies de mil et de sorgho subissent souvent une étape de fermentation avant d'être consommées, ce qui améliore leur digestibilité. De goût bien trop quelconque pour le palais de nos contemporains, l'usage de la bouillie n'a pas bénéficié du soutien de l'industrie alimentaire. Dommage, on aurait pu les bonifier en les associant à tant d'aliments complémentaires (des légumes ou des fruits, des légumes secs, des produits laitiers, des œufs, des viandes, des matières grasses). Mêmes les bouillies confectionnées avec des céréales maltées et destinées à nos jeunes enfants n'ont plus bonne presse auprès des pédiatres, qui leur préfèrent des laits de croissance ou autres petits pots industriels. Dans une société qui privilégie le prêt à consommer, pour les enfants comme pour les adultes, il y a sûrement une place pour des préparations de bouillies de céréales complètes instantanées et maltées, pour bénéficier des bienfaits de la germination.

Il est bien entendu regrettable de se priver de l'intérêt nutritionnel d'une bouillie ou d'une soupe aux céréales, mais les Français en ont largement perdu l'usage, ce qui est moins le cas pour d'autres peuples européens, encore adeptes de polenta, de porridge, de krupnik (soupe d'orge polonaise) ou autres spécialités.

Depuis l'Antiquité jusqu'à nos jours, une partie de l'humanité, du bassin méditerranéen jusqu'en Asie, en Amérique et en Afrique, consomme les diverses céréales cultivées également sous forme de galettes. Les chapatis indiennes, les tortillas mexicaines ou les galettes de blé dur au Maghreb ou d'orge au Népal constituent ainsi l'ordinaire de milliards d'hommes. Avant qu'elles ne s'industrialisent et qu'elles dérivent vers des produits gras-salés, les pizzas constituaient également des préparations alimentaires valables, de même que bien d'autres crêpes ou galettes.

Tous ces savoir-faire traditionnels sont fort intéressants et la qualité nutritionnelle de ces préparations pourrait même être assez systématiquement améliorée en utilisant des ingrédients complémentaires des céréales (farines de soja, de légumes secs, œufs, laits, légumes, fruits), en sélectionnant des matières grasses équilibrées en acides gras essentiels et en recommandant l'utilisation de mélanges salins contenant du calcium, du magnésium et du potassium en plus du chlorure de sodium. Bref, pourquoi ne pas vulgariser partout une consommation simple de galettes de bonne densité nutritionnelle, très éloignée des produits riches en calories vides de l'offre industrielle actuelle ? Quel contraste entre les efforts des industriels pour développer une industrie laitière et l'absence d'investissement pour soutenir une des consommations les plus sûres d'aliments parfaitement adaptés aux besoins de l'homme. Il ne sert à rien de consommer des produits laitiers, très coûteux en termes d'environnement, pour disposer du calcium qu'il est si facile d'incorporer dans les aliments sous forme de carbonate.

L'HISTOIRE INACHEVÉE DU PAIN

Nul ne sait comment naquit le pain. Il est probable que l'homme consomma d'abord les céréales en mâchant des grains entiers, concassés, crus ou grillés avant de les préparer sous forme de bouillie puis de pâte plus épaisse pour faciliter leur cuisson sous forme de galette ou de flan. À force de mélanger de la farine et de l'eau dans des régions tempérées ou chaudes et avec des instruments rudimentaires riches en bactéries et levures ambiantes, les hommes observèrent sans doute qu'une pâte oubliée doublait de volume. Peu habituées à perdre le fruit de leurs labeurs, ou par nécessité, les femmes préposées au foyer la firent cuire et la communauté familiale s'en régala, ainsi naquit probablement le pain.

Quelle longue histoire encore inachevée que celle du pain, devenu le symbole de l'aliment par excellence. On gagne son pain, mais on peut aussi se laisser enlever le pain de la bouche et tant d'autres expressions.

L'homme entretient une longue histoire avec le pain, qu'il serait particulièrement long de raconter. Au-delà de toutes les vicissitudes de l'histoire, le pain est toujours apparu comme une valeur sûre, parce qu'il comblait presque tous les besoins nutritionnels de l'homme en termes de glucides mais aussi de protéines et de micronutriments.

Durant sa plus longue histoire, tout a été réuni pour en faire un aliment excellent. Les procédés de mouture à la meule de pierre et de tamisage étaient rudimentaires, si bien que les farines étaient riches en fibres, en minéraux et en micronutriments. La pâte était fermentée avec du levain naturel, riche en bactéries lactiques et levures sauvages, ce qui augmentait sa teneur en vitamines et sa biodisponibilité en minéraux ; le pétrissage était modéré, le temps de fermentation élevé, l'usage du sel limité. Finalement ce qui manquait le plus, c'était le blé et sa farine, si bien que cette dernière était trop souvent allongée avec toutes sortes d'ingrédients qui altéraient le goût et la couleur du pain.

Vinrent toutes sortes de progrès apparents, les moulins à cylindre capables d'extraire la totalité de l'amande farineuse du grain sans contamination par des résidus de son, l'utilisation de la levure de bière à la place du levain naturel, le pétrissage mécanique intensif, le recours à la farine de fèves pour blanchir le pain puis à d'autres auxiliaires de panification tels que l'acide ascorbique. Au final, le temps de fermentation devint très bref, le pain devenu insipide fut de plus en plus salé.

Grâce à tous ces artifices, le pain acquit, au lendemain de la Seconde Guerre mondiale, sa blancheur la plus extrême, symbole d'abondance et de pureté. Les boulangers avaient fait tout leur possible pour satisfaire les aspirations des consommateurs, ils pétrissaient intensément de la farine blanche et n'avaient jamais obtenu des pains aussi levés et aérés. Vers les années 1960, les Français avaient tout pour être comblés, pourtant la peur de manquer de pain fit place à un sentiment de désamour. Le pain, trop vite rassis, finit pour la première fois de l'histoire dans les poubelles des ménages.

Le corps médical acheva de jeter un discrédit sur un aliment qui avait nourri tous nos ancêtres et qui n'avait plus de raison spéciale d'être recommandé compte tenu de sa piètre qualité. Il était devenu évident qu'on ne comptait plus sur le pain pour faire le plein de minéraux, de vitamines ou d'énergie, d'ailleurs sa consommation diminua de moitié en l'espace de trente ou quarante ans pour se stabiliser autour de 150 g/jour. Dans le pire des scénarios, on aurait assisté, à l'aube du XXIe siècle, à la quasi-disparition d'un produit alimentaire ancestral, remplacé par un foisonnement de produits céréaliers emballés, prêts à être consommés et pourvus d'étiquettes flatteuses. Le pire a été évité grâce à la réaction de la filière blé-pain et au décret du « pain de tradition française » de 1993. Ce décret encourage à revenir aux fondamentaux du pain, confectionné avec de la farine, de l'eau, un agent de fermentation, du sel. En pratique, la qualité des pains de tradition a été aussi améliorée par le recours à des farines de type 65 ; par la diminution de l'intensité du pétrissage et l'augmentation du temps de fermentation.

UNE OFFRE DE PAIN DE QUALITÉ NUTRITIONNELLE ENCORE INSUFFISANTE

Où en sommes-nous aujourd'hui, quels types de pains trouve-t-on dans une boulangerie française, le pain a-t-il retrouvé sa qualité nutritionnelle ?

La qualité de l'offre évolue, mais si lentement ! On trouve toujours en majorité du pain blanc courant, sans doute un peu moins aéré, salé et blanc qu'il y a vingt ou trente ans, de la baguette de tradition française, moins développée, plus crème et plus goûteuse que sa sœur courante, du pain de campagne à la farine blanche plus ou moins teintée de seigle, des pains dits multicéréales enrichis de 5 à 10 % de farines ou de graines diverses (lin, sésame, tournesol…), parfois quelques pains bis et des pains dits complets plus ou moins riches en son. À la différence des circuits conventionnels, l'offre de l'agriculture biologique privilégie les pains bis et complets au levain, mais sans exclure le pain blanc.

Les observateurs s'accordent pour reconnaître que la qualité du pain s'est sensiblement améliorée en une dizaine d'années et les chantres du pain français ne manquent jamais une occasion de faire l'éloge de la baguette française. Cependant, cette dernière, produite avec de la farine blanche et trop salée, est loin d'avoir une valeur nutritionnelle optimale.

Dans le cadre de mon activité de recherche à l'INRA, j'ai essayé avec Fanny Leenhardt et d'autres collaborateurs, d'inciter meuniers et boulangers à changer leurs pratiques, à vulgariser les critères de valeur nutritionnelle des farines, à généraliser une offre de pains type 80, à donner un nouvel avenir au pain en s'appuyant sur des critères de santé. Le message a été entendu, mais la résistance de la filière au changement est très forte.

L'expertise est pourtant simple. Pour prévenir un ensemble de pathologies, toutes les enquêtes épidémiologiques nous indiquent qu'il vaut mieux consommer des produits céréaliers complets plutôt que raffinés, du pain bis ou complet plutôt que du pain blanc. Il est donc nécessaire d'informer le public de l'importance de la qualité nutritionnelle des farines.

Le grain de blé a la particularité d'accumuler plus de 70 % des fibres, des minéraux et des vitamines dans les enveloppes externes et le germe qui sont éliminés pour produire de la farine blanche. En fonction de leur richesse en son, les farines sont définies par un type dont le public ignore la signification. Une farine blanche de type 55 contient environ 0,55 gramme de minéraux par 100 grammes, contre 0,8 gramme de minéraux par 100 grammes pour une farine bise de type 80 et 1,5 gramme pour une farine complète de type 150. Dans la pratique, l'absence de l'unité de référence sur nos sacs de farine (quantité de minéraux par 100 grammes de farine) rend incompréhensible la valeur du type de farine, qui est souvent assimilée par le public à un indice de granulométrie. Pourtant, le type de farine est intéressant à connaître puisqu'il y a une proportionnalité très forte entre le type et la teneur en éléments protecteurs (fibres et micronutriments).

Depuis sa plus lointaine origine, le pain a été confectionné avec des farines, au moins de type 80 ou plus, produites à la meule de pierre. Dans la mesure où des farines assez complètes sont difficiles à panifier et conduisent à des pains assez éloignés du goût habituel des consommateurs, un juste compromis est d'utiliser couramment en panification des farines de type 80. C'est la recommandation que nous nous sommes efforcés de faire appliquer

POURSUIVRE LA PROMOTION DES PAINS DE TYPE 80

Le pain de type 80 est bon au goût, il couvre mieux nos besoins nutritionnels que le pain blanc, les meuniers peuvent même produire sans aucune difficulté des farines de type 80 avec un rendement meunier accru et le PNNS a inclus le pain de type 80 dans ses recommandations. L'enjeu est important, pour être bénéfique, l'énergie de nos aliments doit être accompagnée de micronutriments, et nous avons la chance de pouvoir connaître, par un indice simple, de la densité nutritionnelle en micronutriments des farines. Sauf que les consommateurs ne sont guère informés du type de farine utilisé pour faire le pain et que les pouvoirs publics laissent faire. De même, aucune réduction du sel dans le pain n'a été imposée par voie réglementaire. Malgré un laxisme politique et la frilosité des meuniers et des boulangers face au changement, une évolution progressive vers les pains de type 80 semble inéluctable et déjà portée par des boulangers passionnés aux quatre coins de France.

En attendant, nous continuons à émettre des cocoricos au sujet de la qualité de notre baguette nationale. De plus, nous avons contribué à exporter la blancheur et la dévalorisation nutritionnelle du pain partout dans le monde. C'est ainsi que les Africains mangent du pain blanc comme les Blancs et rechignent à incorporer de la farine de mil, pourtant plus nutritive. Si, avec l'appui des pouvoirs publics, la boulangerie française avait la bonne idée d'adopter enfin le type 80, ce serait également un bon signal pour l'amélioration de la qualité du pain dans le monde. Comme dans d'autres situations, notre responsabilité citoyenne est également engagée. Encore faut-il être informé de la question du pain et de ses enjeux.

L'ÉVOLUTION DU PAIN DANS UN SYSTÈME ALIMENTAIRE DURABLE

Dans notre culture, la consommation de pain est une bonne solution pour disposer des glucides complexes indispensables à l'équilibre nutritionnel. À l'évidence le pain restera une valeur sûre à condition de contrôler tous les facteurs qui influencent sa qualité nutritionnelle : le choix des variétés de blé, les procédés de culture, de mouture et de panification. Réciproquement, le développement d'un pain de haute valeur nutritionnelle, exempt de contaminants ne peut que faire progresser la sélection variétale, conduire à une amélioration des procédés de culture et de stockage du blé, inciter la meunerie à produire des farines avec des indices toujours plus élevés et les boulangers à davantage panifier au levain.

Le fait de redonner au pain sa valeur nutritionnelle et sa place dans une alimentation équilibrée change totalement la donne. Les agriculteurs, s'ils ne sont pas en culture bio, seraient incités à diminuer ou à supprimer les traitements tardifs de pesticides pour éviter une contamination possible du grain. Progressivement, seuls les blés les plus résistants aux maladies devraient être cultivés et une limite dans l'utilisation des engrais azotés pourrait être acceptée. Le stockage du grain en silo sans insecticides deviendrait généralisé. Pour favoriser cette évolution, un juste prix pour le blé destiné à une panification de haute valeur nutritionnelle serait déterminé par les acteurs de la filière.

Les procédés de mouture avec des appareils à cylindre seraient simplifiés, afin de consommer moins d'énergie, augmenter la proportion de semoules dans la farine et aboutir directement à une farine de type 80, avec un rendement meunier sensiblement amélioré.

Les boulangers seraient invités à augmenter le temps de fermentation pour mettre en valeur les farines de type 80. Le pain serait panifié préférentiellement au levain pour augmenter la biodisponibilité des minéraux, ou avec un mélange de levure et de levain pour induire une acidification suffisante de la pâte, favorable aux activités enzymatiques végétales et microbiennes. La fermentation contribuant à donner du goût au pain, le sel pourrait être réduit sans problème, des mélanges salins plus complexes comportant aussi du potassium, du calcium et du magnésium pourraient être utilisés. Le pain plus riche en fibres pourrait mieux se conserver, et devenir plus disponible dans les foyers. Moins aéré qu'un pain blanc courant, son index glycémique deviendrait très satisfaisant. La valeur santé du pain pourrait être attestée par une meilleure connaissance de la composition en micronutriments des farines complètes et de leurs effets. Les Français comme bien d'autres populations augmenteraient raisonnablement leur consommation de pain. Bref, une logique d'alimentation durable pourrait s'installer. Nul doute, la cause du bon pain n'est pas perdue !

Cependant, aucun aliment n'est parfait et il n'est certainement pas souhaitable de devenir des gros mangeurs de pain (au-delà de 250-300 grammes) alors que l'on peut diversifier son alimentation. Le pain souffre aussi d'un certain discrédit à cause de sa richesse naturelle en gluten. S'il s'agit de maladie cœliaque, toute source de gluten doit être exclue. Pour les autres personnes susceptibles de présenter des intolérances digestives au gluten, la meilleure recommandation est de modérer la consommation de pain et de ne consommer que du pain au levain, puisque cette fermentation transforme partiellement le gluten.

En consommant du bon pain, en le réclamant à votre boulanger, en l'exigeant pour les enfants des écoles, des collèges et des lycées, en le réclamant sur les lieux de restauration, nous contribuerons à exercer un droit de regard et une influence positive sur le fonctionnement de l'ensemble de la chaîne alimentaire.

SOUTENIR LA CONSOMMATION NATURELLE
DE PRODUITS CÉRÉALIERS SEMI-COMPLETS

Italiens, Chinois, Coréens et d'autres encore se disputent la paternité des pâtes alimentaires. Quelle merveille, des aliments qui peuvent être séchés, conservés sur un long terme, cuits en quelques minutes, de bon index glycémique, accommodables avec tant de sauces, aimés des enfants comme des grands sportifs, adoptés par tous les peuples. Dans le cadre d'une alimentation durable, les pâtes, le plus souvent de blé dur, ont également un intérêt pour faire consommer du blé tendre, du maïs, du riz, du soja, des légumes, des œufs. Les améliorations à faire sont marginales, en utilisant des farines bises ou complètes et d'autres ingrédients complémentaires tels que des légumes secs.

Encore plus simples à cuire que les pâtes, les nombreux couscous de blé dur, de mil, d'orge, ou d'autres céréales, faits de grains de farine ou de semoules agglomérés constituent l'ordinaire de millions d'Africains. Grâce à un métissage culturel heureux, nous avons aussi adopté le couscous et un peu moins le boulgour, une préparation de blé dur plus complète et fort digeste.

Le riz, sous toutes ses variétés, fermes ou collantes, occupe une place primordiale dans l'alimentation humaine et dans la lutte contre la faim. Bien d'autres préparations céréalières à cuire mais aussi le sarrasin, le quinoa ont un intérêt nutritionnel voisin du riz, mais chacun selon sa région, son pays doit sans doute s'interroger sur l'origine des céréales à consommer pour favoriser des circuits courts, ou ne pas créer des distorsions de marché dues à des pouvoirs d'achat trop différents.

À côté de ces modes de consommation durable des céréales, que de préparations industrielles inadaptées, des céréales du petit déjeuner dénaturées par les processus de cuisson et riches en sucres et en matières grasses, de biscuits à la farine blanche et aux graisses saturées, de biscottes ou produits de *snacking* en tout genre, d'amidons modifiés pour servir de remplissage aux petits pots des enfants !

L'industrie de produits céréaliers a exploré beaucoup de pistes de transformation peu intéressantes, alors qu'elle aurait pu aider à rationaliser les savoir-faire traditionnels des peuples, car nous gagnerions à davantage nous métisser culinairement comme culturellement pour développer les modes de consommation les plus durables.

Les légumes secs et les autres féculents, clé de voûte d'une alimentation durable

Pour produire des aliments riches en protéines sans engrais azotés, pour diminuer la consommation de viande, pour équilibrer la valeur biologique des protéines des céréales, pour réguler notre métabolisme, nous avons besoin de consommer des haricots, des lentilles, diverses espèces de pois, des fèves, du soja, des niébés, du lupin. Sans aucune compréhension théorique, la plupart des populations ont su mettre à profit la complémentarité entre céréales et légumes secs, à l'instar des associations classiques de maïs-haricots, riz-soja, riz-lentilles, ou couscous-pois chiches. Actuellement, au moins dans les pays riches occidentaux, les légumes secs ont cessé d'être consommés quotidiennement lorsqu'ils ne sont pas totalement tombés en désuétude. À l'inverse du soja, il est vrai que ces aliments ne bénéficient ni de l'appui de lobbies, ni d'une attention particulière des industriels, plus attirés par les produits laitiers ou les sources de calories vides à assembler.

Si l'on convient qu'il nous faut privilégier des aliments bons pour l'environnement et bons pour la santé, les légumes secs sont parés des meilleurs atouts. La famille des légumineuses a la caractéristique remarquable d'héberger dans leurs racines des bactéries capables de fixer l'azote de l'air et même d'en enrichir le sol. Plus besoin de pétrole pour produire les engrais azotés et l'émission de protoxyde d'azote, puissant gaz à effet de serre, est réduite au minimum. Quant aux graines de légumineuses, leur intérêt nutritionnel est reconnu pour la qualité de leurs protéines et pour leur densité nutritionnelle en micronutriments. Ce sont les aliments qui ont le meilleur index glycémique et les effets hypocholestérolémiants les plus puissants ; ils pourraient ainsi jouer un rôle clé dans la prévention du diabète ou des maladies cardio-vasculaires.

En fait, pour augmenter leur consommation, il faudrait faciliter leur utilisation, or l'industrie alimentaire est riche d'un savoir technologique suffisant pour résoudre ce problème, d'autant qu'elle peut s'inspirer du savoir-faire des peuples à travers le monde.

Au lieu de recommander la consommation superflue de trois produits laitiers par jour, nos pouvoirs publics seraient mieux inspirés de faire connaître l'intérêt nutritionnel et écologique des légumes secs. Dans nos sociétés d'abondance, on a cru pouvoir se passer de ces aliments si faciles à produire. Or ils sont un atout de santé publique pour faire face, par exemple, à l'épidémie de diabète. Demain, la culture des légumineuses pourrait aussi occuper une place privilégiée dans la conduite d'une agriculture durable, comme pour des enjeux de santé publique.

À la différence des légumes secs traditionnels, le soja originaire d'Asie a connu un développement extraordinaire comme source de protéines pour l'alimentation animale mais aussi pour son utilisation en nutrition humaine. Les populations asiatiques ont fait preuve de beaucoup d'imagination pour transformer et rendre comestible une graine bien peu goûteuse, l'industrie alimentaire a complété, par sa force de frappe, l'offre de produits à base de soja. Le lobby du soja a pris en charge le reste du travail d'information, et nul ne peut ignorer que les protéines de soja ont des effets hypocholestérolémiants ou bien que cette graine contient des isoflavones, donc *a priori* des phyto-œstrogènes intéressants pour la prévention du cancer du sein, de la prostate et de l'ostéoporose. Deux poids, deux mesures, entre la culture de soja, objet de convoitise pour une agriculture productiviste et celle de légumes secs, oubliés par certains, ringardisés par d'autres !

Pourtant comme pour l'alimentation animale, la maîtrise de l'alimentation de demain nécessiterait que soit mieux exploitée la complémentarité des céréales et des légumes secs. L'homme ne perdrait pas son âme, ni sa culture, en faisant des choix plus végétariens compatibles avec une alimentation durable.

La nécessité de mieux gérer les ressources de céréales et de légumes secs dans une perspective d'alimentation durable devrait faire l'objet de conférences de consensus internationales afin que chaque pays adapte en conséquence sa politique alimentaire et limite le développement des productions animales. Une politique alimentaire globale plus écologique devrait mettre un frein aux dérives industrielles qui visent à introduire des aliments laitiers inutiles dans des pays qui disposent d'autres ressources, elle devrait soutenir les agricultures vivrières et le traitement des aliments les plus adaptés à la nutrition humaine.

Sans avoir la richesse précieuse en protéines des légumes secs, d'autres aliments riches en amidon, tels que la pomme de terre, le manioc, l'igname, la patate douce, la banane plantain et bien d'autres produits, sont également d'excellents compléments des céréales par leur richesse en potassium, en vitamine C, par leur efficacité agronomique, par leur utilisation en jardins familiaux. Ces cultures vivrières sont indispensables à la survie du monde paysan, mais elles occupent aussi une place privilégiée dans l'équilibre alimentaire. Que les populations riches soient assez stupides pour rejeter ces aliments, bons pour les pauvres, n'est qu'un exemple banal de réflexe de classe ; que des nutritionnistes aient soutenu du bout des lèvres ces féculents, ou les aient critiqués semble être une attitude plus suspecte. Ils feraient mieux de s'exprimer plus clairement sur les conséquences pour la santé publique des produits industriels gras et sucrés.

Il ne faut pas confondre aussi les dégâts occasionnés par des régimes hypercaloriques riches en pommes de terre avec ce tubercule précieux pour satisfaire nos besoins en glucides. Ce n'est pas la faute de la pomme de terre si on la charge de matières grasses. En fait, il existe dans son pays d'origine, au Pérou, plusieurs milliers de variétés différentes de pommes de terre, de toutes les couleurs et de teneurs très différentes en micronutriments. Il est curieux que la sélection ait privilégié des pommes de terre à chair blanche, alors que nous pourrions avoir des tubercules aussi riches en caroténoïdes que la patate douce ou la carotte. Il faudra beaucoup de temps pour que les sélectionneurs changent de tir : entre-temps, on nous amuse avec un riz OGM jaune et nous continuons à manger des patates blanches !

Une meilleure offre en fruits et légumes

Parce qu'ils sont riches en eau et pauvres en énergie, l'intérêt nutritionnel des fruits et légumes a longtemps été sous-estimé. Les enquêtes épidémiologiques des vingt dernières années ont permis de mettre en évidence que ces produits végétaux avaient un rôle remarquable dans la diminution des processus de vieillissement et la prévention des pathologies majeures. Leurs effets sur la santé sont tels qu'ils font l'objet de recommandations consensuelles de la part des nutritionnistes.

Les possibilités de développement de la consommation des fruits et légumes partout dans le monde sont considérables. En France, la consommation actuelle des légumes est d'environ 150 grammes par jour et celle des fruits est un peu plus élevée, or il faudrait consommer au moins 300 à 400 grammes de fruits par jour et autant de légumes. Diversifier leur consommation pour bénéficier d'une protection optimale, d'où le fameux slogan « 5 fruits et légumes par jour » diffusé dans les messages de santé.

Plein d'obstacles s'opposent au suivi de ces recommandations nutritionnelles : leur prix jugé trop élevé, leur goût ou leur fraîcheur trop inconstants, leur disponibilité souvent insuffisante sur les lieux de vie ou de vente, la concurrence déloyale par des produits industriels de faible qualité nutritionnelle, les difficultés de préparation culinaire ou la méconnaissance totale de ces végétaux. En plus de tous ces problèmes, beaucoup de consommateurs ont une très vague idée de la nature des effets protecteurs exercés par les fruits et légumes, alors qu'ils perçoivent plus facilement le risque de contamination par les pesticides.

Pour réduire le nombre trop élevé de petits consommateurs de fruits et légumes, il faudrait une offre de base de bonne qualité et des prix compétitifs. Pour de nombreux amateurs de tomates, de poires, de pommes, de salades diverses, l'offre actuelle est trop standardisée, peu goûteuse et elle constitue un frein réel à la consommation. Une autre difficulté est de faire adopter ces produits par les générations les plus jeunes, plutôt habituées aux produits transformés prêts à l'emploi.

La communauté scientifique et les pouvoirs publics ont pris leur temps avant de recommander la consommation des fruits et légumes ; cela ne date que de 2001, à l'occasion du premier Programme national Nutrition-Santé. Vers les années 1990, j'étais bien seul avec un petit noyau de nutritionnistes à me battre, avec l'aide d'Aprifel, pour que la question des fruits et légumes soit prise en considération dans la gestion de la santé. Maintenant, c'est tous les jours que le slogan « 5 fruits et légumes par jour » est délivré par les messages publicitaires des marchands de calories vides, pour échapper à une taxe sur leur pub. En plus des économies qu'ils réalisent ainsi, ils apparaissent porteurs d'un message de santé publique, ce qui est faire « d'une pierre deux coups ». Pire, l'image santé des fruits et légumes est récupérée par les industriels pour mieux vendre leurs yaourts, ou diverses préparations sous couvert des « 5 fruits et légumes par jour ». Cependant, on peut se demander où en serait la consommation des fruits et légumes, s'il n'y avait pas les recommandations nutritionnelles.

Les messages de santé publique en faveur des fruits et légumes sont maintenant bien relayés, mais en retour aucune mesure n'a été prise pour améliorer leur disponibilité et faciliter leur consommation. Beaucoup reste donc encore à faire pour développer l'utilisation des fruits et légumes dans le cadre d'une alimentation durable et pour une meilleure gestion de la santé.

MIEUX ORGANISER LA PRODUCTION DE FRUITS ET LÉGUMES

La plupart des politiques agricoles sont centrées sur le soutien des grandes cultures et de l'élevage. Aucune attention particulière n'a été portée sur la production des fruits et légumes en vue de répondre à des enjeux de santé publique. Il n'est pas étonnant que beaucoup de facteurs (qualité, prix) n'incitent pas objectivement les consommateurs à changer de comportement.

Toutes les grandes régions et métropoles devraient avoir à cœur de disposer pour leurs populations d'un approvisionnement adéquat en fruits et légumes, quitte à prendre des mesures pour les relocaliser à l'échelon régional lorsque c'est possible. Longtemps, de nombreuses grandes villes ont possédé des zones maraîchères de proximité qui n'ont pas résisté à la pression immobilière. Les fruits et surtout les légumes gagneraient à être distribués par des circuits courts pour réduire les coûts de transport ou favoriser les produits de saison. Dans ces conditions, ils possèdent d'excellents scores en termes de maîtrise des émissions de gaz à effet de serre.

Au lieu de développer une telle politique de proximité, la tendance lourde est de concentrer les productions dans des bassins de production toujours plus spécialisés et lointains et capables d'échelonner une production standard tout au long de l'année. La production de fruits et légumes devient ainsi de moins en moins durable, elle demande beaucoup d'énergie pour le chauffage des serres, le transport, le stockage et surtout elle est soutenue par une très forte production de pesticides. Même si l'on observe sur le plan épidémiologique un bénéfice à consommer des fruits et légumes produits dans des conditions peu écologiques, la situation est peu satisfaisante. Une attention prioritaire pourrait être portée à l'amélioration des conditions de production des fruits et légumes, en favorisant les cultures de plein champ et de saison, en autorisant seulement les variétés les plus résistantes aux maladies, en respectant les critères de naturalité des fruits et légumes. Chacun sait que la baisse de qualité de ces produits végétaux provient du fait que l'on a privilégié leur apparence extérieure aux dépens de tous les autres critères de qualité : goût et valeur nutritionnelle. Par ailleurs, les filières ne sont pas assez exigeantes en matière de contamination par les pesticides, de préservation des travailleurs et de l'environnement. Respecter les critères de naturalité, c'est accepter qu'une pomme puisse présenter des taches de tavelure, que les fruits et les légumes aient des formes et des calibres différents. Cela revient à fixer des cahiers des charges pour avoir l'assurance que ces aliments ont été produits dans des conditions optimales pour assurer leur qualité nutritionnelle, c'est finalement adopter une démarche proche de celle de l'agriculture biologique.

AUGMENTER L'EFFORT DE RECHERCHE

Une amélioration générale des conditions de culture des fruits et légumes vers plus de naturel et de proximité ne sera pas facile à obtenir compte tenu de l'évolution actuelle de l'agriculture. L'idéal serait que le développement de l'agriculture biologique permette de répondre à la demande des consommateurs en faveur d'une meilleure qualité de ces produits végétaux. En fait l'agriculture biologique se développe trop lentement pour répondre aux besoins de la société en fruits et légumes de qualité. L'amélioration de l'offre en fruits et en légumes devrait être une mesure phare en faveur d'une alimentation durable et se traduire au niveau du terrain par un changement de pratiques des agriculteurs. Ces derniers savent bien qu'ils mettent sur le marché des produits artificiels, mais ils renvoient la responsabilité sur les choix des consommateurs et les exigences des distributeurs, ils en oublient ainsi de remettre en question leurs pratiques. Un cercle vicieux s'est développé dont il faudrait pourtant se dégager.

Pour accompagner une telle évolution, nous aurions besoin d'un meilleur suivi de la qualité nutritionnelle de ces aliments, en particulier sous l'angle de leur composition en micronutriments. Sans aucun contrôle de composition, la sélection génétique, les techniques culturales peuvent modifier très fortement la teneur en micronutriments des fruits et légumes et réduire leur valeur santé. Il est facile de se rendre compte que la recherche de certaines caractéristiques (couleur, forme, facilité de production ou de conservation) a abouti à des produits peu savoureux. L'analyse exhaustive de la composition des fruits et légumes est très complexe et longue à réaliser, mais cela ne doit pas justifier le désert analytique actuel (à quelques exceptions près comme le suivi des sucres du melon). Pour l'instant, les filières de production ignorent largement les conséquences de leurs pratiques sur la qualité nutritionnelle de leurs productions.

L'effort de recherche consenti, en France comme ailleurs, pour explorer la qualité et les mécanismes d'action des fruits et légumes sur la santé, est presque inexistant en comparaison de beaucoup d'autres domaines de la biologie ou de la technologie alimentaire. À l'INRA, par exemple, on continue à mieux étudier la qualité des produits végétaux en alimentation animale qu'en nutrition humaine, et cette tendance est assez générale.

L'amélioration de l'offre en fruits et légumes passe également par une plus grande biodiversité. L'efficacité de ces aliments dans la préservation de la santé dépend sans doute des quantités consommées mais aussi de la diversité des espèces botaniques utilisées et de leurs contenus en micronutriments protecteurs. L'idéal serait de disposer de davantage de légumes foliaires, de fruits et d'autres légumes de toutes les couleurs, riches en polyphénols jusqu'à la limite de l'amertume, abondants en vitamine C, en caroténoïdes, en composés soufrés ou en d'autres microconstituants. L'objectif est d'offrir une gamme de micronutriments à l'organisme suffisamment élevée pour obtenir une protection de nature très diverse, *via* l'apport de vitamines, d'antioxydants, de composés alcalinisants (sels organiques de potassium), de fibres hypocholestérolémiantes. Une consommation élevée de fruits et légumes a ainsi le mérite d'inonder l'organisme en micronutriments, tout en étant compatible avec une certaine restriction énergétique, à l'évidence favorable au vieillissement.

Prendre un ensemble de mesures pour que la population consomme effectivement plus de fruits et de légumes aurait certainement un coût élevé mais la société devrait en tirer un grand bénéfice en termes de santé et même sur le plan économique. Développer une telle politique exige de contractualiser en amont avec les agriculteurs une nouvelle manière plus saine de produire les fruits et légumes. S'ils ont une assurance que leurs produits seront achetés même avec quelques défauts de présentation, les producteurs seront soulagés de pouvoir diminuer les traitements de leurs cultures, c'est pourquoi il revient à la société d'être plus claire dans ses demandes. Pour faciliter la consommation de fruits et légumes, il est souhaitable de créer de nouveaux modes de distribution qui contribuent à détourner les consommateurs des grandes surfaces, toujours centrées sur la vente de produits transformés. Il faudrait donc développer des circuits d'approvisionnement le plus courts possible, par la distribution hebdomadaire de paniers selon le système des AMAP (association pour le maintien d'une agriculture paysanne), par la création de magasins de producteurs et de centrales d'achat en produits frais pour la restauration collective. Nous manquons aussi de petits ateliers culinaires pour la vente de légumes cuisinés ou prêts à l'emploi. Ces ateliers, si courants en Asie, pourraient se développer chez nous si les fruits et les légumes étaient perçus comme des ingrédients indispensables à la préparation du repas. L'avenir des fruits et légumes dépend aussi de l'évolution du monde médical qui pourrait être davantage prescripteur de santé par l'alimentation, plutôt que par une ordonnance en médicaments superflus.

Les fruits et les légumes sont bons à manger, bons pour la santé et ils présentent également des performances agronomiques remarquables. Avec un jardin de 200 à 500 m² bien conduit, on peut déjà nourrir en légumes toute une famille. Les rendements par hectare sont considérables, de 20 à 40 tonnes de carottes, de pommes de terre, de tomates, de pommes, de poires, de pêches, 50 000 à 200 000 salades. Partout dans le monde, l'horticulture est une des solutions pour permettre à des petits paysans de vivre de leur travail. En Afrique, un nouveau maraîchage urbain se développe et demain les nouvelles maisons écologiques pourraient bien viser à acquérir une autonomie alimentaire en légumes comme en énergie.

À ma connaissance, aucun pays n'a encore affiché une politique alimentaire résolument en faveur de la consommation des fruits et légumes avec la volonté de lever tous les freins à leur consommation, en faisant le nécessaire pour limiter l'industrialisation de l'alimentation afin qu'elle ne gêne pas un manger au naturel. Au contraire, le financement public de la recherche aboutit plus ou moins directement au développement de compléments alimentaires dont la seule utilité, s'ils étaient efficaces, serait de compenser une faible consommation de fruits et légumes.

Limiter la consommation de produits animaux

Dans les campagnes françaises, les trois quarts des espaces agricoles sont consacrés à l'élevage. Il n'est pas étonnant que les produits animaux occupent aussi une place trop importante dans l'assiette des Français, allant jusqu'à couvrir plus de 30 % de leurs besoins énergétiques. Pourtant, si l'on se réfère aux apports nutritionnels conseillés en protéines et en lipides saturés, leur contribution calorique ne devrait pas dépasser 20 % des besoins totaux (5-10 % sous forme de produits laitiers, 10-20 % sous forme de viandes diverses, œufs, charcuterie, poisson). L'importance économique et culturelle des productions animales peut difficilement s'expliquer par des arguments nutritionnels, ces productions sont encore moins justifiables sur le plan de l'efficacité agronomique et pour la lutte contre les émissions de gaz à effet de serre.

Notre modèle occidental de gros mangeurs de viande est peu défendable et nous ne devrions surtout pas chercher à l'exporter au restant de la planète. Pourtant dès que leur développement économique s'élève, les populations finissent par copier le modèle alimentaire occidental. Déjà, le Brésil ne cesse de déforester l'Amazonie pour implanter des élevages et produire du soja pour l'alimentation animale.

AVANTAGES ET INCONVÉNIENTS DE LA CONSOMMATION DE VIANDE

Dès à présent, l'élévation de la consommation de viande dans les pays émergents a provoqué une demande accrue de céréales, dont une partie de l'humanité risque de manquer. Des industriels irresponsables s'efforcent aussi de créer une demande en produits laitiers dans des pays comme la Chine, qui s'en passait fort bien et qui voit maintenant les petits Chinois devenir obèses et gavés de produits industriels.

Pourtant, une fois n'est pas coutume, les recommandations des nutritionnistes sont claires depuis longtemps. Elles mettent en évidence que nos besoins en protéines sont faibles (de l'ordre de 1 gramme par kilo de poids corporel) et qu'il est préférable de consommer autant de protéines végétales qu'animales. Ainsi, si je pèse 70 kilos, j'ai droit à 35 grammes de protéines animales, soit par exemple 125 grammes de viande (26 grammes), un œuf (5,5 grammes), un yaourt (3,5 grammes) par jour. On peut donc largement s'en satisfaire, et même réduire sensiblement cette consommation, or les Français consomment en moyenne plus de 200 grammes de viande par jour, plus de 0,2 litre de lait, sans parler des charcuteries, des produits de la mer, des fromages. Pourtant, il n'y a aucun bénéfice à consommer 100-120 grammes de protéines par jour en abusant des produits animaux. On inonde l'organisme d'acides aminés et d'acides gras au-delà de nos besoins, on n'en est pas plus fort, plus intelligent, plus dynamique, en meilleure forme, on peut même en pâtir sous forme d'accidents vasculaires, de diabète, de cancers du côlon, de la prostate. Bref, il est tellement possible de bien gérer le plaisir de la table sans faire un usage excessif de produits animaux, tout en se faisant du bien, tout en limitant l'empreinte écologique de notre alimentation.

Si les produits animaux ont pour handicap fondamental de n'apporter que des acides aminés et des acides gras (à l'exception du lactose laitier), d'être très pauvres en micronutriments naturellement présents dans les végétaux, reconnaissons leurs quelques qualités essentielles pour l'apport des protéines de bonne qualité, de minéraux (calcium, fer) ou de vitamines (A, D, B12). Les poissons gras nous fournissent des acides gras à très longue chaîne de type oméga-3 qui nous font le plus grand bien. C'est bien pour cela qu'il n'y a aucune raison nutritionnelle à devenir végétalien. En fait, nous devrions tous être largement végétariens, mais pourquoi privilégier les produits laitiers chez un adulte et se priver totalement de viande ? Puisqu'il faut des poules et des vaches pour disposer d'œufs et de lait, ne laissons pas aux autres le soin de manger la chair de ces animaux. Plus sérieusement, beaucoup ont cherché à mettre en garde les végétariens des risques nutritionnels qu'ils prenaient en se privant de viande. Or, dans l'ensemble, la population végétarienne se porte plutôt mieux que celle des autres consommateurs. D'ailleurs, c'est un faux débat puisque la validité d'un mode alimentaire dépend d'un ensemble de facteurs nutritionnels parmi lesquels le rôle de la viande peut être secondaire.

Cependant si l'on fait le choix d'aller vers une alimentation durable, qui soit efficace pour nourrir les hommes, bonne pour la santé de l'homme et celle de la planète, la feuille de route en matière de politique agricole et de comportement alimentaire devient tout à fait claire : il nous faut faire un usage plus modéré des produits animaux. Nous ne devrions pas trop en souffrir sur le plan du plaisir à manger ; même si les viandes ne sont plus au centre du repas, elles peuvent être mises en valeur pour améliorer le goût des produits céréaliers et des légumes. D'ailleurs les cuisines les plus faciles et les plus succulentes sont celles qui associent dans la cuisson légumes, fruits, viandes et épices, façon tajine ou autres cuisines du monde.

Puisque l'augmentation des apports en protéines animales n'est plus un objectif prioritaire, à l'exception des pays les plus pauvres, mettons l'accent sur la qualité organoleptique des produits animaux et aussi sur leur composition en matières grasses, souvent trop riche en acides gras saturés. Or il existe des possibilités d'augmenter significativement la teneur en acides gras polyinsaturés des viandes et surtout du lait par une alimentation plus riche en herbe, plutôt qu'en maïs. Le lin, riche en oméga-3, a ainsi été utilisé avec succès pour accroître la qualité des lipides de l'œuf. Cependant en termes de santé publique, il est peu efficace de compter sur les produits animaux pour équilibrer nos apports en oméga-6 et oméga-3. Le monde végétal est naturellement plus riche en ces acides gras essentiels et il vaudrait mieux consommer directement l'huile de lin ou de colza plutôt que donner ces oléagineux aux animaux ; de même il sera toujours plus facile, pour augmenter nos apports de caroténoïdes, de consommer des carottes que d'espérer le faire en beurrant nos tartines. Par contre, la couleur du jaune d'œuf ou du beurre est un signe intéressant de la qualité de l'alimentation animale, à condition qu'elle ne résulte pas d'un enrichissement artificiel en carotène de synthèse.

On a souvent sous-estimé l'influence bien réelle de la qualité de l'alimentation des animaux sur les qualités organoleptiques et nutritionnelles des viandes, ce qui devrait conduire à une remise en question de bien des modes d'élevage trop intensifs. Les produits issus de ces élevages ont une qualité incertaine ; souvent les viandes proviennent d'animaux trop jeunes et physiologiquement immatures. Je ne comprends pas que l'on puisse accepter qu'une poule passe toute sa vie en cage, à la lumière artificielle et autres horreurs de ce genre que notre société productiviste a générées.

UNE JUSTE PLACE POUR L'ÉLEVAGE

Il est par contre possible et souhaitable de trouver une juste place à l'élevage, pour valoriser des zones de montagne, des territoires arides, des prairies humides ou pour utiliser divers sous-produits végétaux. Malheureusement, la situation de l'élevage a bien changé et, avec la spécialisation des entreprises agricoles, son développement ne s'inscrit pas souvent dans un système écologique équilibré. C'est une nouvelle approche industrielle qui a prévalu ; elle consiste à nourrir les animaux avec des aliments dont l'homme pourrait parfaitement s'accommoder à l'instar des céréales, du soja, voire des produits de la mer. Non seulement les animaux sont transformés en mangeurs de croquettes, mais parfois l'homme également. Ainsi, pour achever la valorisation des volailles traitées dans les abattoirs industriels, les bas morceaux nous sont proposés sous forme de produits agglomérés et insipides. Dire que nous avons cru bon de délaisser nos céréales !

Selon une opinion commune, seuls les élevages industriels permettent de soutenir une consommation de viande abordable pour toutes les bourses. En fait, la consommation de poulets dits de batterie participe du maintien d'une alimentation à deux vitesses contre laquelle il est légitime de lutter. Si un aliment n'est pas convenable en termes de qualité, d'éthique ou d'environnement, en quoi serait-il acceptable pour les plus pauvres ? Il convient plus sûrement de lutter contre la pauvreté !

Le fait de privilégier des sources de protéines végétales (légumes secs, soja, associés aux produits céréaliers) constitue une des solutions économiques intéressantes, c'est également cinq à dix fois plus efficace en termes agronomiques (surface utilisée pour produire les mêmes quantités de protéines). La viande est bonne à manger, elle doit trouver une juste place dans un mode d'alimentation durable, mais pourquoi les lobbies cherchent-ils à diffuser des messages douteux sur les protéines végétales ? On nous dit qu'elles seraient mal digérées (à 80 %

environ contre plus de 95 % pour les protéines animales), or cela ne pose aucun problème en termes de santé et ne remet pas en question leur grande efficacité agronomique et nutritionnelle ; on affirme que leur composition en acides aminés n'est pas bonne, pourtant nos animaux d'élevage, qui ont les mêmes exigences que nous en matière d'acides aminés, affichent de belles croissances. Au bilan, il existe de nombreuses solutions pour bien se nourrir avec plus ou moins de produits animaux, cependant le coût écologique de nos choix alimentaires est extrêmement variable, et il est largement en faveur des produits végétaux. Il faudra donc en tenir compte.

ET LES PRODUITS LAITIERS ?

Quoi de plus paisible et apparemment naturel qu'une vache qui rumine et éructe librement dans son pré ? Comme beaucoup, la première fois qu'il a été attribué à la production de méthane par les ruminants un rôle dans l'effet de serre et le réchauffement climatique, je me suis demandé si les climatologues n'avaient pas des arguments plus sérieux à nous communiquer. L'information semble tenir la route et les ruminants aggravent leur cas dans la mesure où ils consomment des céréales produites avec des engrais azotés très coûteux sur le plan énergétique, et générateurs de protoxyde d'azote. 1 kilo de viande de bœuf exerce ainsi une contribution aux émissions de gaz à effet de serre de l'ordre de dix fois supérieure à celle de 1 kilo de céréales ou de légumes secs. Ces calculs peuvent sembler un peu théoriques. Par contre, le fait que dans nos campagnes françaises, les trois quarts des surfaces agricoles soient consacrés à l'élevage nous donne un sentiment de déséquilibre profond, lorsqu'on sait que la contribution des produits animaux gagnerait, pour la gestion la plus sûre de notre santé à ne pas dépasser 20 % de nos apports caloriques.

Il s'agit de diminuer notre consommation de viande, sans pour cela s'en priver fortement (si on en mange une fois par jour, peut-on parler de privation ?), mais il faut aussi consommer moins de produits laitiers et produire du lait dans des conditions plus naturelles. Confrontés à des conditions de vie difficiles, un certain nombre de peuples ont trouvé leur salut alimentaire en consommant le lait des ruminants (vaches, chèvres, brebis, rennes, etc.). Dans des climats moins hostiles, d'autres populations ont sevré leurs enfants de tout produit laitier. Selon qu'elle a conservé ou non l'habitude de consommer des produits laitiers, la population des adultes dans le monde se différencie par son équipement en activité lactasique intestinale, nécessaire à la digestion du lactose du lait ; c'est ainsi qu'elle est mieux conservée dans la population blanche que chez les Asiatiques ou les Africains (le yaourt ou les laits fermentés riches en activités lactasiques microbiennes demeurent très digestibles). On l'aura compris, après le sevrage, la consommation de produits laitiers est davantage un problème de culture que de nécessité nutritionnelle. Comment ne pas reconnaître cette évidence !

Or, pour nous persuader que ces aliments étaient indispensables, le puissant lobby laitier, largement soutenu par le corps des nutritionnistes, a mis en avant leur richesse en calcium pour en faire un argument de vente. C'est ainsi que le PNNS a émis la recommandation générale d'en consommer trois par jour, sous couvert de santé publique, une telle posture est pour le moins critiquable du fait que ces produits sont vecteurs de graisses saturées, de sel et même de sucre dans la majorité des yaourts.

Au départ, les yaourts bulgares, comme bien d'autres laits fermentés traditionnels, présentaient un bon intérêt nutritionnel pour les populations vivant de l'élevage. Une industrie gigantesque s'en est emparée, directement couplée avec des élevages intensifs, elle utilise quotidiennement des tonnes d'emballage plastique, le lait est transformé en produits sucrés et aromatisés, vendus à grand renfort de publicité. Sans état d'âme, les multinationales concernées se parent d'une image de santé, alors qu'elles participent à l'infantilisation du comportement alimentaire.

Loin de ce marketing nutritionnel, la place à réserver aux produits laitiers chez un adulte disposant de tellement d'autres aliments, doit rester plus modeste. Adoptant une posture résolument hostile à ces produits, un courant médical, à l'origine orchestré par le docteur Seignalet, voit au contraire dans leur consommation l'origine de beaucoup de maux sournois de type inflammatoire. Il est bien sûr injuste de diaboliser les produits laitiers, il est tout aussi abusif de vouloir leur donner une place majeure et indispensable dans la gestion de la santé par l'alimentation. Sans charger les produits laitiers de tous les problèmes de santé, il est probable que beaucoup de personnes gagneraient à réduire leur consommation alors que nos adolescents pourraient souvent en faire un meilleur usage. La conclusion s'impose : donnons à la production de lait une place plus réduite, puisque nous avons tant d'aliments plus intéressants sur les plans agronomique, écologique et nutritionnel.

Bonne nouvelle, une utilisation plus raisonnable des produits laitiers éviterait que l'on pousse la production de nos vaches laitières à l'extrême, qu'on ne les transforme en usines à lait, dévoreuses de céréales subventionnées et de tourteaux de soja américains. Avec de plus faibles besoins en lait, les vaches pourraient retourner en partie au pré et nous fournir un lait de meilleure qualité nutritionnelle. À la place de cette évolution, la pression industrielle exige des agriculteurs qu'ils produisent du lait à des prix toujours plus bas, ce qui ne peut que renforcer la pression de productivité exercée sur nos pauvres vaches laitières. Quelle déraison dans ce domaine, avec des conséquences sur les conditions d'élevage mais aussi sur le comportement alimentaire humain. Des enfants, des femmes et des hommes infantilisés par des aliments sucrés, aromatisés, doux, prêts à consommer, devenant de plus en plus difficilement adultes et autonomes en matière nutritionnelle ; souvent les mêmes consommant en plus des produits laitiers, des viandes, des charcuteries et des produits transformés en dehors de tout bon sens alimentaire.

La conclusion s'impose : afin de ne pas consacrer une trop grande partie des terres à l'élevage, les produits animaux ne devraient pas occuper une part trop importante dans nos assiettes. Cela permettrait aussi d'éviter que nos concitoyens soient soumis, (ou se soumettent eux-mêmes), à une charge protéique et lipidique élevée, peu compatible avec une gestion de la santé. À long terme, c'est prévenir les clivages entre deux mondes, celui qui s'autorise à gaspiller l'énergie fossile et les ressources alimentaires et celui auquel on demande de consommer le moins possible d'énergie, ou d'autres ressources.

Résoudre la question des matières grasses

L'industrialisation de l'alimentation a augmenté fortement la teneur en matières grasses des régimes alimentaires alors que nos modes de vie sont devenus plus sédentaires. L'offre alimentaire en matières grasses de toutes origines est devenue pléthorique et on les retrouve également sous forme cachée dans beaucoup de produits transformés, dans les produits animaux et dans quelques produits végétaux (arachide, soja, noix, avocat...). Les graisses ont pris une part trop importante dans l'alimentation, ce qui oblige l'organisme à s'adapter à un environnement lipidique trop riche, avec un excès d'acides gras saturés et une proportion trop importante des oméga-6 par rapport aux oméga-3. Cette charge déséquilibrée en acides gras n'est pas bonne pour le fonctionnement de l'organisme et joue un rôle important dans le déclenchement de beaucoup de pathologies (maladies cardio-vasculaires, diabète, cancer). Certes, on peut prodiguer maintes recommandations à ce sujet, mais il est compréhensible qu'elles demeurent lettre morte dans le comportement alimentaire quotidien des consommateurs, tellement il est difficile de contrôler les apports de matières grasses, au moins sur le plan qualitatif. Il serait bien plus logique que les professionnels de l'alimentation, de l'agriculture jusqu'à la grande distribution essaient de résoudre l'équation lipidique et proposent des solutions concrètes à leurs concitoyens. Quelles courses types doit-on faire pour que le caddie corresponde aux recommandations des nutritionnistes sur l'équilibre des acides gras essentiels ? Si les solutions sont peu évidentes, quelles directives doivent être données aux agriculteurs et aux transformateurs pour modifier l'offre disponible. Voilà une démarche élémentaire qui pourrait être confiée à des spécialistes chargés de veiller au bon fonctionnement de la chaîne alimentaire.

À l'échelon général, une amélioration nutritionnelle sensible pourrait être atteinte en réduisant diverses sources d'acides gras saturés (beurre, margarines mal équilibrées, graisses animales), au profit des huiles végétales équilibrées en acides gras essentiels. L'essor des margarines a été considérable, pourtant leurs qualités nutritionnelles ont longtemps été très médiocres. La technologie de préparation des huiles ou des margarines semble s'améliorer sensiblement. De plus, une proportion de plus en plus élevée de margarines présente maintenant un rapport oméga-6/oméga-3 plus proche des recommandations, ce qui constitue une évolution très favorable. Cependant l'offre et la consommation de margarines sont beaucoup trop importantes et il est tellement plus simple et plus sûr d'utiliser surtout des huiles végétales. Par ailleurs, beaucoup trop d'aliments (biscuits, viennoiseries) contiennent encore des sources d'acides gras saturés et des acides gras *trans* de conformation peu naturelle (produits lors des procédés d'hydrogénation des acides gras insaturés). Il existe une très grande diversité des plantes oléagineuses, or nous ne consommons couramment qu'un nombre très limité d'huiles (olive, arachide, tournesol, maïs, colza, soja, pépins de raisin, noix). La plupart de ces huiles à l'exception de celles du colza, du soja et de la noix sont très pauvres en acide alpha-linolénique (le chef de file des oméga-3). Le développement de l'huile de soja dans le monde a bénéficié de l'extraordinaire développement de la culture du soja. Par contre, il a fallu plus de vingt ans pour que les professionnels suivent les recommandations des nutritionnistes et consentent à faire la promotion de l'huile de colza. Le développement de cette huile, qui a longtemps souffert du conservatisme des industriels et de l'hégémonie du tournesol, fait maintenant ombrage au développement d'une autre huile, celle de cameline, beaucoup plus rustique à cultiver et deux fois plus riche en oméga-3 que le colza. L'huile de cameline, une crucifère comme le colza, est bonne à consommer pure en assaisonnement et précieuse pour faire des huiles de mélange avec une teneur suffisante en oméga-3. L'histoire n'est pas finie d'écrire, mais on observe une difficulté récurrente des industriels et de l'administration publique à promouvoir des changements salutaires. Nous faudra-t-il encore vingt ans pour disposer de bonnes huiles équilibrées en acides gras mais également vierges et riches en micronutriments ?

À la différence des huiles riches en acides gras polyinsaturés, l'huile d'olive tire sa réputation de qualité du fait qu'elle contient en majorité de l'acide oléique, un acide gras que notre organisme tolère bien et parce qu'elle est vierge, extraite par pression et sans solvants, et donc riche en antioxydants naturels. La technologie ancestrale de production de l'huile d'olive aurait pu ouvrir la voie à un retour général vers la naturalité des autres types d'huiles. L'exemple de l'huile de palme, très rouge et très riche en caroténoïdes et vitamine E, entièrement blanchie en vue de son utilisation dans les pays occidentaux, est parmi les plus caricaturaux. Actuellement, seule la filière bio a pris le bon tournant et nous délivre une panoplie d'huiles vierges, plus goûteuses et plus riches en micronutriments que les huiles extraites par solvant. Je me demande ce qu'attendent les agriculteurs pour conquérir ce nouveau marché des huiles vierges, bien moins difficile à maîtriser que la vinification. Les technologies et les équipements nécessaires sont maintenant disponibles et il est tout aussi gratifiant de produire des grands crus d'huiles vierges que du vin. Il me semble plus motivant de nourrir les hommes que de produire de l'huile pour les tracteurs, or les moteurs exigent même une huile plus filtrée que celle destinée à l'alimentation humaine ! À travers notre recherche en produits du terroir, nous exprimons notre sympathie au monde paysan, par un juste retour nous aimerions bien que les agriculteurs pensent à mieux nous nourrir. Demain verra-t-on se multiplier les champs de colza, de cameline, de lin, de chanvre, de variétés nouvelles de tournesol et les presses à huile dans nos campagnes ?

Mettre un frein aux dérives des procédés de transformation alimentaire

Combien sont-ils, plus de 50 000, 100 000 ? Seuls les gestionnaires de la grande distribution, habitués à répertorier leurs références, pourraient nous communiquer l'étendue et la redondance de l'offre alimentaire en produits transformés. Certes, leur grand nombre ne facilite pas les choix des consommateurs, mais le problème majeur concerne leur qualité nutritionnelle extrêmement variable et trop souvent mauvaise. Comment est-il possible de respecter l'homme en lui proposant tant d'aliments sans intérêt ? Il ne vous viendrait pas à l'idée d'inviter délibérément des convives à partager un repas, dont vous sauriez qu'il ne vaut pas grand-chose en termes nutritionnels. Des industriels de l'agro-alimentaire n'ont pas eu ce scrupule, et ce qui est plus surprenant, les pouvoirs publics dans quasiment tous les pays laissent faire. Demain, chacun peut proposer à la vente le plus nul des aliments et des boissons sans rencontrer d'obstacles réglementaires. Peut-on imaginer le même laisser-aller en matière de normes de sécurité industrielle ? Effectivement, cela a existé à l'instar de l'amiante, et cela existe toujours puisqu'il y a encore beaucoup trop de pollution chimique dans notre environnement. Cependant aucun secteur n'est géré avec autant de désinvolture que la production alimentaire. Certes les apparences sont sauves, la sécurité microbiologique est assurée, les normes concernant les seuils autorisés en contaminants divers sont respectées, par contre la densité nutritionnelle est laissée au bon vouloir de l'industriel, si bien que le consommateur n'a aucune garantie sur la qualité de ses achats et souvent les étiquettes ne l'aident guère, s'il n'a pas la formation suffisante pour en faire une lecture critique.

PAIN, BISCUITS, BISCOTTES : ARRÊTONS LE VIDE NUTRITIONNEL

Souvent des classes entières de spécialités alimentaires présentent les mêmes défauts, à quelques trop rares exceptions. C'est ainsi que le pain blanc est systématiquement trop salé et confectionné avec des farines trop pauvres en fibres et minéraux. Les biscottes avec leur allure diététique contiennent toutes des matières grasses, souvent saturées, et sont plus énergétiques que le pain. La composition de la grande majorité des biscuits est une aberration nutritionnelle où le vide de la farine blanche est complété par des calories totalement vides de sucres et de matières grasses ajoutées, plutôt saturées ; les biscuits diététiques contenant des farines plus complètes et davantage de protéines, de fibres et de minéraux relèvent un peu le niveau. Dire que les petits Français consomment en moyenne 2 ou 3 biscuits par jour et qu'ils sont grignotés par tant de personnes pressées ou désœuvrées, au lieu de croquer une pomme ou une orange, voire un morceau de pain avec du chocolat et des amandes. Les pains de mie sont moins riches en graisses et en sucres que les biscuits, mais ils brillent par leur richesse en additifs et conservateurs. Le croissant du petit déjeuner de l'hôtel parisien comme la plupart des viennoiseries (même celles au beurre) se distinguent par sa richesse en matières grasses de faible qualité. Dans cette liste un peu fastidieuse manquent les céréales de petit déjeuner et les barres de céréales. Il n'est pas très difficile de s'en faire une opinion, en recherchant le pourcentage de céréales dans la spécialité (pétales, soufflées, fourrées, müesli) et les quantités de matières grasses et de sucres ajoutés. Les barres dites de céréales contiennent à peine 40 % de céréales, très peu de protéines et donc une majorité de sucres et de graisses ajoutés.

Il est clair que ce tableau n'est guère reluisant et il n'y avait guère d'utilité à développer une telle industrie. Les hommes auraient trouvé bien d'autres moyens pour assouvir leur faim de glucides complexes, en consommant davantage de pain, de riz, de pâtes, de couscous, de flocons d'avoine, ils ne seraient pas restés le ventre vide et ils auraient mieux couvert leurs besoins nutritionnels sans nuire à la qualité ou au confort de leur vie. Il est temps que les consommateurs fassent le ménage dans leurs placards et revoient leurs habitudes. Peut-on espérer une amélioration de ces types d'aliments ? Pour des produits comme le pain, ce pourrait être facile, pour d'autres spécialités, l'obtention d'une qualité nutritionnelle est moins évidente, mais des solutions plus satisfaisantes peuvent être trouvées.

DES SOLUTIONS POUR AMÉLIORER LES PRODUITS CÉRÉALIERS TRANSFORMÉS

Voici quelques suggestions pour améliorer l'offre en produits céréaliers. Sucres et matières grasses ajoutés sont des calories vides dont il conviendrait de diminuer l'utilisation. Pourquoi ne pas taxer plus lourdement les catégories d'aliments qui comportent moins de 70 % de céréales ? Cela constituerait un signe fort pour encourager les industriels à changer leurs formules et les consommateurs leurs habitudes. Pourquoi ne pas généraliser l'utilisation de farines, au minimum de type 80, et exiger une réduction générale du sel (avec un maximum de 15 g/kg d'ingrédients secs) ? Pourquoi toutes ces recettes ne seraient-elles pas formulées avec du sucre non raffiné pour accroître la teneur en minéraux et avec des matières grasses comprenant également un apport minimal d'acides gras polyinsaturés ? Pourquoi les industriels n'en feraient qu'à leur guise et ne respecteraient pas les besoins nutritionnels des consommateurs ? Il y a là, tout un pan de l'industrie agroalimentaire à réviser. Si les choses étaient dites clairement, si enfin une politique alimentaire résolue définissait les objectifs à atteindre et les délais du changement, la situation pourrait être assainie et la population mieux nourrie ; et l'économie ne s'en porterait pas plus mal. Il est certain que ces mélanges farine blanche-sucres-graisses ont joué un rôle dans la tendance des populations à se surcharger en calories et en graisses corporelles, et je ne vois pas ce qui pourrait justifier de ne pas modifier le plus rapidement possible la composition de ces aliments. Les politiques vont nous resservir l'éternel discours : nous comptons sur la responsabilité des professionnels de l'alimentation et sur l'évolution du comportement des consommateurs. Bref, ils s'en lavent les mains et n'auront pas de comptes à rendre !

STOP AUX ÉPAISSISSANTS

De même que les industriels ont tendance à ne pas utiliser une majorité de céréales dans leurs produits céréaliers, ils reproduisent des dérives similaires pour bien d'autres produits transformés. Prenons l'exemple des soupes, des potages et autres bouillons et veloutés. Longtemps la soupe des paysans était faite de légumes secs, de pommes de terre et de divers légumes, auxquels on ajoutait des petites quantités de viande fraîche ou salée, de la graisse ainsi que des tranches de pain. Les citadins crurent bon de moderniser la vieille soupe et de préparer des potages ou des veloutés aux légumes, avec une addition de beurre, d'huile ou de crème selon les goûts de chacun. Les industriels transformèrent tout ce savoir-faire en soupes déshydratées ou liquides, au goût standardisé, passablement salé et en limitant fortement la proportion de légumes grâce à l'utilisation par exemple d'agents épaississants tels que de l'amidon modifié de maïs. Il faut noter aussi que les mêmes dérives que l'on peut observer pour la préparation des soupes existent pour la préparation des petits pots pour bébés, avec la dilution des légumes et des fruits par de l'amidon modifié et bien sûr un usage généreux du couple infernal sucre et sel. Ce ne sont pas des petits profits !

La saga des calories vides, des ingrédients de remplissage, touche en fait toutes les catégories de produits. Le sucre ajouté ne se limite plus aux produits céréaliers, aux pâtisseries, aux confitures, aux glaces, aux crèmes, aux sodas, aux nectars, il est aussi omniprésent dans les jus de fruits, les yaourts, les produits allégés ou diététiques et bien d'autres spécialités. En plus de la gélatine et de l'amidon, d'autres polysaccharides issus des algues, du monde végétal terrestre ou obtenus par synthèse bactérienne servent à retenir l'eau, diminuer la valeur calorique ou assurer une texture aux produits (crèmes, glaces, yaourts). Les protéines végétales, dont on pourrait penser le plus grand bien dans leurs aliments d'origine, sont utilisées dans des charcuteries ou des préparations de viandes reconstituées pour garantir une teneur en protéines. Les matières grasses, et en particulier celles qui sont les moins chères, sont introduites dans les chapelures, les plats cuisinés, les charcuteries, les préparations carnées, les crèmes desserts pour servir de liant ou d'exhausteur de goût pendant que l'on allège des margarines, les produits laitiers ou que l'on exige des viandes moins grasses.

TOUJOURS TROP DE SEL

Le sel est également omniprésent, et pas seulement comme agent de conservation dans les fromages ou les charcuteries. On lui a attribué un nouveau rôle, de véritable chevalier servant des ingrédients à calories vides, de salvateur de goût du pain blanc courant, des biscuits, des conserves. L'élimination du sel ingéré étant le déterminisme principal de la soif, le sel caché se révèle bien utile pour soutenir le commerce des boissons. Pourtant, il est possible de faire du très bon pain ou d'excellents fromages en réduisant de moitié leur teneur en sel et également d'utiliser des mélanges salins pour compléter le sodium par d'autres minéraux (potassium, magnésium, calcium).

Pourquoi manipule-t-on le goût de nos aliments ?

Comme si le tableau n'était pas assez sombre, la chimie alimentaire a été mise largement à contribution pour faciliter la production industrielle. L'addition d'arômes peaufine ou relaie le goût de base assuré par le sucre, le gras ou le sel, tandis que le technologue alimentaire dispose d'une gamme remarquable d'additifs alimentaires.

Plus de la moitié des aliments ont maintenant un goût manipulé par les arômes. On en compte plus de 3 500, entièrement synthétiques ou arômes naturels qui n'ont de naturel que le nom puisqu'ils peuvent être extraits ou produits de manière très diverse. Cette manipulation du goût assez généralisée n'est pas neutre, elle donne un renseignement erroné à l'organisme sur le bon à manger, alors que l'aliment peut ne présenter aucune qualité nutritionnelle intéressante. Le caractère le plus insidieux vient du fait que les arômes fidélisent les consommateurs et surtout les plus jeunes, lorsque la prise alimentaire est le plus intimement associée à des sensations affectives. Déjà nos chats, mangeurs de croquettes en délaissent totalement les souris, les poissons et les autres mets qu'ils disputaient jalousement à l'homme. Nous voici parvenus dans le meilleur des mondes alimentaires, un monde où la saveur d'un produit est sans rapport avec son contenu et sa valeur nutritive réels. Quels sont les effets directs ou indirects sur la santé de ces produits à la saveur truquée ? Comment l'organisme réagit-il lorsqu'il est trompé par des aliments virtuels ? Quels effets métaboliques exercent ces arômes, sont-ils dépourvus de toute toxicité ? Quel rôle peut jouer la manipulation du goût dans le développement de l'obésité, des allergies ou le piètre statut nutritionnel d'une partie de la population ? Au-delà de notre santé, ce sont nos choix et nos habitudes alimentaires que l'industrie manipule. Grâce aux arômes et à la publicité, elle nous fait avaler les préparations les plus quelconques et s'assure notre fidélité à ces produits. Au-delà de toutes ces interrogations, le caractère le plus révoltant de l'utilisation des arômes serait de nous détourner à long terme des aliments naturels dont le goût nous paraîtrait moins attractif. Pour les industriels, l'interdiction des arômes ou leur stricte limitation seraient une catastrophe, pour les consommateurs, cela sonnerait comme un instant de vérité sur ce qu'ils avalent.

La panoplie du petit chimiste alimentaire ne se limite pas aux arômes, elle comprend aussi des édulcorants (aspartame, acésulfame-k) qui finalement coûtent encore moins cher aux industriels que le sucre tout en les parant de bonne volonté diététique. Leur usage ne résout aucun problème nutritionnel et incite plutôt les consommateurs à assouvir leur faim de sucres vers d'autres aliments. Par ailleurs, l'industrie alimentaire s'est dotée d'une liste d'additifs impressionnante, nommés par la lettre E suivie d'un numéro : de 100 à 180 pour les colorants, de 200 à 297 pour les conservateurs, de 300 à 321 pour les antioxygènes, de 325 à 380 pour les correcteurs d'acidité, de 500 à 585 pour les gélifiants, épaississants et quelques autres numéros pour des fonctions diverses. Évidemment nombre de ces additifs sont inoffensifs, à l'instar de l'acide citrique (E 330), d'autres sont sans doute plus suspects tels que les nitrites et les nitrates, les sulfites, des antioxydants tels que le BHA ou le BHT, ou d'autres substances peut-être allergènes. Encore une fois le caractère révoltant de cette chimie ne concerne pas la sécurité sanitaire des aliments en soi, mais le fait que les additifs sont trop souvent utilisés pour conserver, stabiliser ou mettre en valeur des aliments recomposés de faible intérêt nutritionnel. C'est pourquoi le consommateur fait bien de se détourner des aliments avec une liste d'arômes et d'additifs trop conséquente.

Voici un état des lieux d'une industrialisation alimentaire peu respectueuse de la complexité des aliments, entièrement tournée vers son propre développement, plutôt qu'au service de la mise en valeur des productions agricoles, peu responsable de la santé publique et trop libre de formuler des aliments à sa guise.

La société aurait pu prendre une autre option pour gérer les services autour de l'alimentation en favorisant l'installation de petits ateliers culinaires pour la préparation des soupes, de plats de crudités, de salades de fruits, de légumes et de viandes. Il y aurait dans cette initiative une bonne occasion de lutter contre le chômage, de développer une politique de microcrédits et d'aides techniques pour la mise en place d'ateliers conformes aux normes sanitaires. Bref, développer une autre alternative à la chaîne industrielle monolithique : atelier industriel, centrale d'achat, grande distribution, frigo des ménages et prises alimentaires déstructurées socialement.

Avec du recul, il est facile d'observer que l'industrialisation alimentaire a été mal conduite, mais il faut reconnaître aussi que les consommateurs ont facilement adhéré à l'offre des supermarchés, pourtant riche en *junk food*. À l'évidence, les dérives de la situation alimentaire actuelle relèvent d'une responsabilité collective, elles sont emblématiques des travers de l'ultralibéralisme. Finalement, il serait intéressant que le désir de réforme soit porté par les citoyens mais aussi par les professionnels de l'alimentation eux-mêmes, tous conscients des mêmes enjeux liés à une alimentation durable. Maintenant que la concentration industrielle existe, il serait bien que la force de frappe des grands groupes alimentaires soit mise à contribution pour nous proposer des solutions nutritionnelles valables, compatibles avec une alimentation durable. Même si le système dominant accepte de modifier ses pratiques, il n'en demeure pas moins très important de développer des modes de transformation et de distribution alimentaire alternatifs. Plus il serait possible d'aboutir à un meilleur équilibre entre deux modes d'approvisionnement, industriel ou très artisanal, plus les citoyens pourraient faire de meilleurs choix et chaque secteur pourrait créer une saine émulation et concurrence profitables à toutes les parties et à l'intérêt général.

CHAPITRE 8

L'essor de la nutrition préventive : bien manger pour bien vieillir

Sur les 6,7 milliards d'humains que compte la population mondiale, combien disposent d'une alimentation optimale, pour vivre en parfaite santé ou au moins ne pas mourir prématurément ? S'il était possible de connaître la vérité de cette situation, on serait surpris par la violence des chiffres concernant l'importance de la malnutrition et le gâchis humain qui en résulte. Dans tous les pays du monde où l'espérance de vie est très faible, la malnutrition est un des facteurs du vieillissement accéléré des populations.

Améliorer notre alimentation
pour vivre longtemps en bonne santé

Combien de fois l'augmentation de l'espérance de vie dans les pays occidentaux a-t-elle servi d'argument aux défenseurs du système alimentaire actuel ? Or ce critère intègre tous les facteurs de mortalité, telle la mortalité infantile, et ne doit pas être confondu avec la longévité. Celle-ci, ne se calcule pas à la naissance mais à partir d'un âge donné. Il n'y a aucun problème à reconnaître que l'offre alimentaire de type occidental permet d'éviter des carences alimentaires graves et participe au confort et à l'hygiène de vie favorables à la longévité. Pour autant, tous les observateurs s'accordent pour constater que notre population vieillissante n'est pas dans l'ensemble en bonne santé. En France, la mortalité cardio-vasculaire s'est stabilisée, mais la prévalence des cancers et du diabète ne cesse d'augmenter. La maladie est tellement prégnante dans nos sociétés que l'on a oublié qu'il est possible de vieillir sans pathologies graves (la vieillesse est un devenir et les maladies qui l'accompagnent ne sont pas une fatalité).

La société s'enorgueillit du nombre croissant de ses centenaires pour montrer l'efficacité de son système d'accompagnement alimentaire et médical. Si l'on fait preuve de rigueur, les centenaires actuels ont connu, dans la première moitié de leur vie, un mode de vie alimentaire assez rustique. Il n'est pas sûr que nos jeunes générations, élevées avec des frigos garnis d'aliments et de boissons de qualités nutritionnelles très variables, acquièrent un capital santé pour vieillir aussi bon que celui de leurs grands-parents. On est même certain que ceux qui sont précocement en surcharge pondérale et qui le resteront verront leur longévité réduite. Il est par exemple acquis qu'à 70 ans la probabilité de vivre jusqu'à 90 ans est de 54 % en l'absence de tabac, diabète, obésité, hypertension, sédentarité et de 4 % si les cinq facteurs sont présents.

Sans vouloir reproduire les modèles souvent imparfaits du passé, la recherche d'une alimentation durable prend tout son sens pour permettre à l'homme de bien vieillir, sans souffrances inutiles et avec des dépenses de santé moins coûteuses pour la société. Dans ce but, la qualité de l'alimentation humaine pourrait maintenant être parfaitement maîtrisée, si on ne s'était pas égaré en développant des transformations alimentaires inutiles ou nuisibles pour notre équilibre nutritionnel. La bonne nouvelle vient du fait que la santé peut toujours être améliorée par l'alimentation et qu'il n'est pas si difficile de bien se nourrir si on acceptait de le faire avec la diversité des produits naturels à notre disposition. Alors que les produits naturels, tous produits végétaux et animaux confondus, utilisés et associés dans des bonnes proportions, nous conviennent parfaitement, (puisque nous y sommes adaptés depuis la nuit des temps), dans notre environnement actuel, ces produits sont devenus rares ou chers, et surtout dilués dans une incroyable pléthore de produits transformés. Longtemps, la diversité et la disponibilité alimentaires firent défaut, les connaissances nutritionnelles étaient vagues ou erronées, maintenant la question alimentaire pourrait être résolue, les populations bien nourries et en parfaite santé ; or nous avons pris une mauvaise orientation et nous avons des difficultés pour retrouver le chemin le plus simple et le plus efficace pour gérer la santé par l'alimentation. Empêtrés dans cette gabegie alimentaire, nous peinons à trouver le bon comportement pour nous-mêmes et à adopter une consommation responsable.

Or personne ne peut entièrement gérer notre santé alimentaire à notre place ; l'acte de manger nous appartient, bien que son déterminisme soit très complexe. Nous sommes fondamentalement livrés à nous-mêmes et dans le même temps interdépendants des autres, en amont *via* l'offre alimentaire, dans la vie quotidienne *via* la pression sociale et ses conventions, dans nos choix *via* un bruit de fond d'informations peu cohérentes et d'influences marchandes souterraines. Même s'ils ont la volonté résolue de bien se nourrir, il n'est pas du tout sûr que nos concitoyens y parviennent et ceux qui ne s'en préoccupent pas ont également peu de chances de faire les bons choix. L'environnement alimentaire est devenu trop compliqué alors que, paradoxalement, il est relativement simple de bien se nourrir. Il faut donc que chacun comprenne qu'il existe une logique nutritionnelle. Elle est facile à mettre en œuvre mais il faut beaucoup de connaissances et de subtilité pour en percevoir tous les mécanismes et toutes les conséquences sur l'organisme humain, loin des discours réducteurs, des effets d'annonce et de la pensée magique du marketing santé ambiant. Le flou nutritionnel dans lequel est laissée une majorité de citoyens n'est pas satisfaisant compte tenu du très grand bénéfice individuel et social que l'on pourrait puiser d'une bonne alimentation.

Sur un plan purement personnel, il n'y a que des avantages à espérer d'une bonne nutrition, ce n'est pas incompatible avec le plaisir de manger, et c'est une condition essentielle pour bien se porter. L'accompagnement diététique des consommateurs est donc indispensable pour la conduite d'une alimentation durable, mais cela ne suffit pas, car il faut aussi intégrer les autres enjeux environnementaux et sociaux de nos choix alimentaires. Compte tenu de l'importance de nos choix alimentaires, je pense qu'il serait intéressant de créer des maisons de l'alimentation pour vulgariser les bases d'une nutrition préventive et les conditions d'une alimentation durable.

Les acquis de la nutrition préventive

Alors comment bien se nourrir, comment acquérir cette logique et cette autonomie nutritionnelles ? Pour nous y aider, nous avons la chance de pouvoir nous appuyer sur les acquis de la nutrition préventive. Celle-ci décrit les modes alimentaires qui permettent de satisfaire tous les besoins nutritionnels dans leur très grande diversité, d'assurer le bon fonctionnement de l'organisme et de prévenir ou de retarder un très grand nombre de pathologies. Les scientifiques ont beaucoup peiné pour y voir clair ; en effet l'influence de la nutrition sur la survenue d'une pathologie ne s'exprime souvent que sur un très long terme.

Si on essaie de comprendre le passé nutritionnel des individus, les observations que l'on peut faire ne sont pas toujours très claires. Ainsi parmi les personnes âgées, qui ont semblé mal se nourrir, toutes n'ont pas développé un accident vasculaire cérébral ou un infarctus du myocarde, alors que d'autres personnes vont présenter la même pathologie, sans comportement nutritionnel apparent à risque. Si nous ne connaissons pas nos imperfections génétiques et les organes qui vont nous trahir en premier, il pourrait sembler assez dérisoire d'espérer se prémunir contre la maladie par l'alimentation. Heureusement, il existe une prévention nutritionnelle, efficace face à un grand nombre de pathologies. Bien que nous soyons largement inégaux devant les risques de la maladie, nous avons sensiblement les mêmes caractéristiques énergétiques, et nous sommes susceptibles de bénéficier des mêmes facteurs de protection. Il est clair que la qualité des nutriments et des micronutriments que reçoivent nos cellules a des répercussions non seulement sur le bon fonctionnement de notre organisme mais aussi sur son éventuel dérèglement au cours du vieillissement.

De plus, il est heureux qu'il n'y ait pas une bonne façon de se nourrir pour le cœur, une autre pour le cerveau et encore d'autres pour les reins ou les poumons. Il est enfin reconnu aussi que la nutrition n'affecte pas que des organes clés tels que le cœur ou le cerveau, alors que l'on pensait que certaines pathologies touchant les poumons, les oreilles ou les yeux par exemple étaient souvent peu dépendantes de facteurs nutritionnels. En revanche, tous nos tissus ne présentent pas la même réponse aux déséquilibres nutritionnels de long terme. Heureusement que, dans notre vieillesse, tout ne se dégrade pas en même temps !

Mais, pour beaucoup, la pertinence et la portée de la nutrition préventive se heurtent à l'influence des variations génétiques individuelles induites par la consommation d'un régime, d'un aliment, voire de certains nutriments. En effet, il existe un très grand nombre possible de modifications d'un nucléotide dans la séquence d'un gène, ce qui peut au final avoir une influence sur les réponses métaboliques et sur la susceptibilité individuelle à diverses pathologies. En dehors des cas extrêmes de déficits génétiques caractéristiques et pour lesquels il faut rechercher des solutions, faut-il pour autant développer une nutrition personnalisée ? D'un côté, il est encore très difficile de s'appuyer sur des certitudes scientifiques pour développer une nutrition à la carte, d'un autre côté, les bénéfices individuels et sociaux que l'on pourrait en attendre semblent mineurs par rapport aux bienfaits généraux d'une nutrition préventive à caractère universel, basée sur le respect de la pyramide alimentaire. Cette pyramide gagne à être déclinée en fonction des adaptations des populations aux ressources locales. Il est inutile et souvent néfaste de faire consommer des produits laitiers à des peuples qui n'ont jamais coévolué avec des élevages, il est compréhensible que les populations gardent leurs préférences en matière de céréales, de fruits, de légumes, de viandes en fonction de leur environnement ou de leur culture. Finalement, il est important que la nutrition préventive puisse garder son caractère universel, tout en étant déclinée par une diversité extraordinaire de cultures culinaires.

L'enseignement de la nutrition peine encore à vulgariser le concept de nutrition préventive et surtout à le rendre vivant, le plus proche possible de notre paysage alimentaire. Trop souvent, il rabâche de façon théorique et péremptoire qu'il nous faut une certaine proportion de glucides-protéines-lipides sans que cette recommandation soit reliée à notre histoire alimentaire et connectée à la complexité de nos besoins nutritionnels. Voilà notre consommateur, qui avec un zèle de néophyte, se met à scruter l'étiquette des produits transformés pour savoir s'il respecte les règles alimentaires. Le résultat de cette veille diététique est souvent décevant et permet tout au plus de choisir parmi le moins mauvais des produits transformés, sans donner une clé pour un comportement alimentaire durable. L'histoire du fonctionnement de notre organisme et de ses besoins nutritionnels n'est pas suffisamment reliée au contexte alimentaire général et les perceptions des consommateurs demeurent trop confuses, faute d'un effort pédagogique suffisant auquel je vous invite à participer.

Mieux couvrir nos besoins en glucides

Notre organisme fonctionne majoritairement avec du glucose dont la source privilégiée est l'amidon. Le fructose, qu'il soit apporté par les fruits, le miel ou le sucre ajouté dans les aliments ou les boissons, a un métabolisme spécifique au niveau du foie et n'est pas le substrat physiologique dont toutes les cellules ont besoin, à l'instar du glucose. Que les glucides alimentaires comportent 10 à 20 % de fructose ne pose aucun problème métabolique, mais il est inutile d'en faire un sucre diététique à privilégier. Par contre, le glucose est indispensable au fonctionnement de l'organisme qui sait le produire par néoglucogenèse à partir des acides aminés, du glycérol ou de l'acide lactique disponibles. La fourniture de glucose, quelle que soit son origine, est vitale pour le cerveau ; la perfusion d'un soluté de glucose est souvent le premier geste d'urgence que le médecin effectue pour soutenir un malade ou un accidenté. Dans la vie de tous les jours, les épisodes où la glycémie baisse sensiblement vont induire, chez la majorité d'entre nous, une sensation de faim avec une difficulté à se concentrer et à poursuivre un effort physique. La réalité physiologique nous rappelle à l'ordre ! C'est pourquoi il nous faut apprendre à gérer ces apports glucidiques par la consommation d'un ensemble de produits végétaux, d'autant que nous avons maintenant tous les moyens de bien le faire. L'enjeu est également de prévenir le diabète et d'autres pathologies dégénératives.

L'HISTOIRE DE L'HOMME ET DES GLUCIDES

Cette histoire est étonnante. Au temps des chasseurs-cueilleurs, l'environnement n'était pas particulièrement abondant en glucides assimilables (sucre et amidon) dont l'homme avait un besoin accru avec le développement de son cerveau. On peut sans doute faire le lien entre le développement de l'agriculture et le besoin spécifique en glucides de la communauté humaine. Sans aucun échange, tous les peuples dans les différents continents firent la même démarche pour développer des cultures spécifiques de céréales, de légumes secs, de racines ou de tubercules, ou de fruits. On sait à quel point la découverte de l'Amérique a permis d'enrichir le patrimoine alimentaire du vieux continent européen en maïs, haricots, pommes de terre. Que le génie des paysans, sans aucune aide théorique, leur ait permis de sélectionner les plantes dont ils avaient besoin sur un plan physiologique montre à quel point l'homme a su façonner un environnement naturel à son service. Les populations se sont donc adaptées aux régimes céréaliers avec le développement de l'agriculture, et ce changement de comportement alimentaire peut avoir posé parfois des problèmes métaboliques dans un passé lointain, dont certains sujets pourraient encore être porteurs, ce qui n'est pas clairement vérifié.

La suite est moins belle à raconter. D'une part, bien trop d'hommes manquent encore de ces ressources végétales, d'autre part les pays riches qui disposent d'une large sécurité alimentaire gaspillent maintenant le potentiel nutritionnel des céréales en les raffinant trop fortement, en leur faisant subir des procédés de transformation dénaturants qui les abaissent au rang de glucides rapides à l'instar du pain blanc ou des flocons de maïs, en généralisant les préparations où sucres et amidon sont associés aux matières grasses en cocktails énergétiques générateurs de prise de poids. Au final, c'est la proportion globale des glucides complexes dans l'alimentation qui a beaucoup chuté, au profit des sucres et des graisses. Huit à dix mille ans d'efforts de conquêtes des céréales, cinquante ans de gaspillage nutritionnel par l'industrie alimentaire et beaucoup d'occasions perdues pour mieux nourrir des milliards d'hommes. Les populations touchées par la transition nutritionnelle industrielle sont maintenant dans l'obligation de réduire la consommation de produits sucrés et d'apprendre à faire un meilleur usage des produits céréaliers, des légumes secs et des autres féculents. Dès à présent, les circuits bio proposent un meilleur assortiment de ces aliments que l'offre conventionnelle, en particulier en céréales complètes.

DES APPORTS SOUHAITABLES EN GLUCIDES COMPLEXES

Le cahier des charges pour une nutrition préventive se précise : nous devons disposer d'aliments glucidiques complexes qui apportent simultanément des nutriments et des micronutriments complémentaires. De plus, une partie des glucides apportés doit pouvoir être lentement absorbée pour nous assurer un confort métabolique, prévenir les épisodes d'hyperglycémie suivis d'une trop forte sécrétion d'insuline et ensuite d'une hypoglycémie. Les nutritionnistes appellent ces bons glucides les glucides lents ou de faible index glycémique, on parle plus improprement de sucres lents. En respectant la complexité des produits végétaux, l'absorption des glucides est plus lente et l'organisme bénéficie des autres composés végétaux, fibres, protéines, minéraux et micronutriments. Ainsi, le métabolisme du glucose s'en trouve fortement amélioré et donc la tolérance de l'organisme aux glucides alimentaires. Pour vous en convaincre, essayez de comparer votre bien-être métabolique après la prise d'une charge de glucose purifié ou d'un apport équivalent de glucides sous forme d'aliment naturel. Cela n'empêche pas des milliards d'hommes d'abuser de sodas ou d'autres produits riches en sirop de glucose.

Le discours nutritionnel actuel sur la question des glucides est encore trop indigent. Bien trop de consommateurs sont persuadés que les sucres ajoutés, ou les sucres naturels des fruits ont des effets équivalents, ce qui équivaut à négliger les effets des autres composés des fruits. La vulgarisation délivre de manière récurrente des arguments réducteurs centrés sur l'index glycémique plutôt que sur la densité nutritionnelle. Ainsi, des produits transformés (biscuits, céréales de petit déjeuner), dont on connaît les défauts de composition générale, peuvent apparaître comme des aliments de qualité nutritionnelle intéressante, sous le seul angle de l'index glycémique.

Je n'ai pas compris non plus pourquoi la complémentarité tant essentielle entre glucides et protéines était si mal vulgarisée. Pourtant, en présence de protéines, les glucides perturbent moins la glycémie. De plus, grâce à une alimentation végétale assez diversifiée, nous avons moins besoin de consommer des protéines d'origine animale. Inversement des régimes pauvres en glucides augmentent nos besoins en protéines et donc en produits animaux. En effet, les acides aminés sont davantage utilisés pour produire du glucose et palier le déficit en glucides alimentaires.

Le besoin en glucides est fondamental à assouvir, pourtant la consommation d'aliments glucidiques gagne à être strictement associée à tous les autres nutriments et micronutriments pour obtenir le meilleur effet physiologique possible. Alors que certains aliments consommés seuls, à l'instar du pain, peuvent présenter un index glycémique très élevé, ils sont parfaitement tolérés dans un repas complexe. La clé du « bien se nourrir » est certainement de consommer un plat ou un repas ternaire où produits animaux, féculents et légumes sont normalement associés. À l'inverse, l'association céréales raffinées-sucre-matières grasses forme un pur assemblage calorique et un piètre apport nutritionnel.

LES FIBRES ALIMENTAIRES

Il est très surprenant aussi que le discours sur les glucides puisse être déconnecté de celui sur les fibres alimentaires, alors que ces dernières forment la matrice végétale dans laquelle sont inclus l'amidon et les sucres. Pourtant le rôle des fibres dans la digestion n'est pas négligeable en particulier pour étaler l'absorption des glucides ou d'autres nutriments. La présence de fibres permet également d'entretenir des fermentations symbiotiques dans le côlon, de régulariser le transit digestif, et de favoriser l'état de satiété. Pour être munis d'une bonne flore microbienne, éviter les problèmes de transit digestif et disposer de mécanismes efficaces pour nous signifier que nous avons assez mangé, nous avons intérêt à l'évidence de bénéficier d'un apport suffisant de produits végétaux riches en fibres. Un gros effort de marketing est déployé pour soutenir l'utilisation de prébiotiques (tels que des fructo-oligo-saccharides) ou des probiotiques (bactéries vivantes et en partie résistantes dans l'estomac), alors que l'intérêt des fibres ou des autres glucides naturels présents dans les produits végétaux est passé sous silence. Pour avoir consacré une partie de ma carrière scientifique à l'étude de l'intérêt physiologique des fibres alimentaires, je peux vous témoigner que l'on tire les bénéfices physiologiques les plus sûrs et les plus étendus, en particulier pour l'entretien d'une flore microbienne, par un apport diversifié de produits végétaux. Pourtant nos concitoyens consomment moins de 20 g/ jour de fibres alimentaires alors qu'il en faudrait plutôt 30 grammes.

Les aliments riches en fibres, en assurant un remplissage digestif peu énergétique, jouent aussi un rôle remarquable pour contrôler la prise de nourriture et le poids corporel. C'est pourquoi si la naturalité des aliments et donc leur richesse en fibres avaient été préservées, nous aurions pu assez efficacement lutter contre l'épidémie mondiale d'obésité, consécutive au changement de mode de vie et aux autres apports caloriques superflus. Les fibres exerceraient également un effet protecteur *via* l'équilibre du microbiome (ensemble des espèces microbiennes présentes dans notre tube digestif). Lorsque la nature du microbiome est perturbée par une nourriture hypercalorique, sucrée et grasse, cette nouvelle flore favorise le développement de l'obésité par des relais physiologiques complexes. C'est une nouvelle illustration des risques induits par une alimentation artificielle.

Ces observations devraient nous inciter à revoir la copie des transformations industrielles actuelles et à limiter à la fois les apports de glucides purifiés et de graisses, au profit des aliments glucidiques naturels indispensables à la gestion d'une alimentation durable et d'une nutrition préventive.

Diversifier les apports de protéines

Comme pour les glucides, il est important de comprendre le fil directeur d'une bonne couverture des besoins en protéines. Les protéines de l'organisme se renouvellent constamment, les protéines dégradées pouvant fournir des acides aminés qui seront réutilisables pour la synthèse de nouvelles protéines. Toutefois, ce recyclage n'est pas d'une efficacité absolue puisque nous éliminons en permanence des déchets azotés en provenance du métabolisme énergétique des acides aminés de toutes origines. Pour assurer le renouvellement des protéines et des acides aminés, un apport modéré de protéines alimentaires de l'ordre de 1 gramme par kilo de poids corporel suffit amplement, ce qui leur donne un rôle énergétique assez modeste (12 % des dépenses totales). Par ailleurs, dès qu'elle est suffisamment diversifiée en produits végétaux, l'alimentation est équilibrée en acides aminés indispensables, surtout si elle comprend un minimum de produits animaux, comme chez les végétariens.

Les acides aminés sont autant indispensables pour renouveler nos muscles que pour assurer bien d'autres fonctions cellulaires. Pour pallier les aléas des apports nutritionnels, l'organisme a les capacités de s'adapter à des niveaux d'apports en protéines très différents, en épargnant ou en utilisant intensément les acides aminés. Plus on consomme de protéines, plus on dégrade rapidement les acides aminés et réciproquement.

Malgré ces adaptations, les connaissances actuelles ne nous autorisent surtout pas à dévaloriser l'intérêt des protéines, mais nous incitent plutôt à en tirer le meilleur parti possible en vue d'obtenir un fonctionnement harmonieux de l'organisme, par exemple pour éviter la fonte musculaire due au vieillissement, ou pour favoriser la satiété.

Le métabolisme des acides aminés et des protéines dans l'organisme est très complexe mais les besoins nutritionnels sont assez simples à satisfaire. D'ailleurs, nos ancêtres manquaient plus sûrement de glucides que de protéines. Les hommes, forts de leur passé de chasseur, ont continué à rechercher les meilleures sources (animales) de protéines jusqu'à se situer socialement à travers leur capacité à consommer à volonté des produits animaux, quitte à s'en rendre malades à l'instar de la noblesse ou des grands bourgeois minés par la goutte. La même propension à augmenter la consommation de viande perdure parmi les populations dont le niveau de vie augmente. Les produits animaux ont donc acquis une place remarquable dans notre culture nutritionnelle, pourtant nous nous accommodons fort bien d'un statut de végétarien. À ce stade de notre évolution et de nos connaissances scientifiques, nous avons le recul nécessaire pour adopter un comportement alimentaire durable qui donne une juste place aux diverses sources de protéines.

DES SOURCES DIVERSES DE PROTÉINES

Les 50 à 80 grammes de protéines qui sont nécessaires au renouvellement de nos protéines corporelles ne sont même pas difficiles à trouver dans un environnement alimentaire naturel, puisque tous les aliments en contiennent (4 à 5 % de la matière sèche des fruits, 8 à 10 % de celle de la pomme de terre, 10 à 15 % de celle des céréales, de 20 à 25 % de celle des légumes secs et de 20 à 90 % de celle des produits animaux). En consommant ces produits naturels, on dispose facilement des 10 à 15 % de protéines dont chacun a besoin. Ce n'est plus le cas si l'alimentation est riche en ingrédients purifiés tels que le sucre ou les graisses. Ainsi, l'importance des transformations alimentaires crée paradoxalement un besoin particulier en sources plus concentrées de protéines (produits animaux ou extraits de protéines végétales).

On a coutume de différencier protéines animales et végétales par leur composition en acides aminés. Beaucoup de protéines végétales, prises isolément, sont déficientes en acides aminés essentiels, cependant la question de l'équilibre des acides aminés est largement résolue par la diversité alimentaire et la complémentarité biologique des protéines des céréales et des légumes secs. Beaucoup de personnes croient assez naïvement qu'il existe une spécificité humaine en matière de protéines qui nous distingue des autres animaux. Nous ne serions pas capables, comme ces derniers, de nous contenter des protéines végétales. J'ignore pour quelle raison une telle croyance est répandue. En fait, nous bénéficions donc d'un statut avantageux d'omnivore et de végétarien, avec lequel il est facile de trouver des solutions satisfaisantes pour disposer d'un bon apport de protéines.

La malnutrition protéique, pourtant si répandue dans le monde, provient soit de la précarité sociale, soit de la monotonie des régimes alimentaires, en particulier dans les pays du Sud lorsque le manioc ou le mil sont les ressources majeures. Dans les pays pauvres, si la ration globale en protéines est souvent acceptable, dépassant les 50 grammes par jour, elle est parfois très carencée en acides aminés essentiels et en micronutriments lorsque les ressources végétales sont peu diversifiées et les produits animaux peu disponibles.

Comme pour les glucides, les diverses sources de protéines se différencient aussi fortement par la nature des autres composés qui les accompagnent. Il est compréhensible qu'une association protéines-lipides dans les produits animaux ou protéines-glucides-fibres dans les végétaux n'ait pas les mêmes effets biologiques. D'une manière générale, avec une alimentation riche en protéines végétales (céréales, soja, autres légumes secs), la prévention du diabète, des maladies cardio-vasculaires est facilitée, à l'inverse de ce qui est observé pour une typologie alimentaire riche en protéines animales.

RÉÉQUILIBRER LES APPORTS DE PROTÉINES

Ces connaissances de base semblent indispensables pour nous faire acquérir un comportement alimentaire durable, nous apprendre à réserver une juste place aux produits animaux et surtout à les associer systématiquement aux fruits et légumes.

En l'absence de ces repères, trop de repas comportent plus de deux sources de protéines animales parmi les viandes, les charcuteries, les œufs et les produits laitiers, participant ainsi à un profil métabolique à risque. Cependant, il faut reconnaître aux protéines alimentaires, un rôle positif dans le contrôle de la satiété, ce qui remet à nouveau en question le mauvais profil nutritionnel de certains produits transformés, trop riches en sucres et en graisses et très pauvres en protéines (biscuits, desserts, glaces, panures, sauces).

Agronomes et nutritionnistes ont fortement soutenu le développement des productions animales, et trop souvent négligé la voie végétarienne, très efficace sur le plan des productions agricoles et très intéressante pour assurer une bonne protection de l'organisme. Cependant, lorsqu'on réduit la consommation de protéines animales, il faut veiller à disposer de céréales, de légumes mais aussi de produits transformés suffisamment riches en protéines. Un travail de fond doit maintenant être amorcé pour garantir dans une alimentation courante d'origine végétale des apports en protéines suffisants, voilà une des clés d'une alimentation durable.

Il est très rassurant d'observer qu'une gestion exemplaire des ressources en protéines puisse être aussi bénéfique pour l'homme que pour la planète. Encore faut-il que le public ait une vision plus claire de ses besoins en protéines, qu'il sache que la valeur biologique des protéines animales et végétales peut être équivalente grâce à la complémentarité des aliments, que le coût agronomique et écologique de la production des protéines animales est très élevé. Je reste frappé par la naïveté des croyances des hommes et des femmes de toutes origines sociales sur la question des protéines, d'où la nécessité de porter une attention nouvelle à ce sujet. À la différence de la question énergétique provoquée par l'épuisement de l'énergie fossile, l'humanité peut sans difficulté résoudre le problème de l'alimentation protéique vu le potentiel de synthèse du monde végétal. Les peuples les plus nantis gagneront pour leur santé à réduire leur consommation de viande, tandis que les plus pauvres pourront bénéficier d'une meilleure sécurité alimentaire. Nous n'avons aucun dilemme à résoudre, seulement à nous appuyer sur l'immense potentiel de la nature.

Modérer nos apports de matières grasses

De même que pour les glucides ou les protéines, nous devons éclairer d'un regard nouveau la question des lipides. L'un des traits les plus caractéristiques de l'alimentation contemporaine est sa richesse en lipides (30 à 40 % de l'énergie), ce qui est d'autant plus surprenant que nous sommes devenus sédentaires, et que seul l'exercice physique permet une utilisation intense des acides gras. À aucun moment de l'histoire humaine, l'alimentation n'a été aussi riche en lipides. Même les espèces carnivores ont des régimes plus faibles en matières grasses. 40 % d'énergie lipidique ne correspondent ni aux besoins physiologiques de nos cellules ni à la meilleure façon d'apporter les autres nutriments et micronutriments sans excès calorique.

La profusion des lipides alimentaires a été possible grâce au développement des cultures oléagineuses et également des productions animales. La production d'huiles d'arachide, de colza, soja, tournesol, maïs n'a pris une extension considérable qu'après la Seconde Guerre mondiale. La filière oléagineuse est d'une efficacité remarquable pour fournir des calories à prix de revient plus que compétitif. Les matières grasses végétales ne sont que très partiellement utilisées sous forme d'huile de table, elles sont incorporées dans un très grand nombre de préparations alimentaires directement ou après hydrogénation ou transformation en margarine. En plus de cette disponibilité de corps gras végétaux, l'augmentation de la consommation de viande et surtout de produits laitiers a permis à l'alimentation de type occidental d'atteindre des sommets d'imprégnation lipidique.

L'organisme humain n'est pas particulièrement préparé à gérer cette surabondance en acides gras et la prise de poids de nos contemporains peut être considérée comme une adaptation, certes non réussie, à des apports énergétiques superflus. Puisqu'il est évident que nous avons acquis, par nos gènes, des mécanismes de stockage des graisses très efficaces pour faire face à un manque éventuel de nourriture, nous devons maintenant apprendre à maîtriser notre consommation de lipides. Et, pourtant, que d'éloges des bonnes graisses dans les médias et, à l'opposé, de peurs des lipides savamment exploitées dans l'industrie des produits allégés !

L'ÉQUILIBRE OMÉGA-3/OMÉGA-6

L'enjeu d'une bonne nutrition lipidique ne se limite pas au contrôle du poids corporel. La proportion des divers acides gras, saturés, mono- ou polyinsaturés, n'est pas neutre pour notre organisme, qui fonctionne mieux avec un savant équilibre de chacune de ces classes d'acides gras. Les nutritionnistes ont en particulier mis l'accent à juste titre sur l'équilibre des deux types d'acides gras essentiels que le public connaît maintenant sous le nom mystérieux d'oméga-6 et oméga-3.

L'environnement alimentaire des hommes à la fin du néolithique devait présenter une proportion assez élevée d'acide alpha-linolénique (oméga-3) du fait qu'ils pratiquaient beaucoup la cueillette et qu'ils ne disposaient pas de graines très riches en oméga-6, comme actuellement. L'importance des oméga-3 a mis du temps avant d'être comprise ; pendant plus de quarante ans, l'industrie des oléagineux a inondé la population d'huiles riches en acide linoléique (oméga-6) en provenance surtout du tournesol et du maïs, si bien que le rapport oméga-6/oméga-3, tous aliments confondus, était supérieur à 20, loin du rapport de 5 recommandé par les nutritionnistes. Le consommateur n'est pas familiarisé avec ces données nutritionnelles et il serait logique que les producteurs de matières grasses adaptent leurs sources en oléagineux en fonction des recommandations et encore mieux éclairent les consommateurs sur les meilleurs choix possibles. Livrée à elle-même dans le dédale d'un super-marché, la personne qui fait ses courses est dans l'incapacité de savoir si le contenu de son caddie correspond au bon équilibre des acides gras. Pourtant, la qualité des matières grasses est essentielle pour assurer un fonctionnement optimal de l'organisme, et pour prévenir ainsi le développement des maladies cardio-vasculaires, des cancers, voire de diverses maladies inflammatoires. Les sources d'oméga-3 telles que l'huile de colza, de soja sont maintenant réhabilitées et d'autres plantes oléagineuses encore plus riches en oméga-3 pourraient être développées (cameline, lin, chanvre). Une utilisation courante d'un mélange à parts égales d'huile d'olive et de colza est une des bonnes solutions conseillées.

À travers l'exemple des apports en acides gras, il est facile de se rendre compte à quel point l'approche industrielle peut être puissante pour résoudre des problèmes nutritionnels ou en créer. On tolère qu'un adulte ne soit pas placé dans des conditions nutritionnelles idéales ; on a beaucoup de mal à l'admettre pour l'alimentation d'un enfant. Or le développement cérébral chez le fœtus et le nouveau-né semble tributaire d'un apport équilibré d'acides gras à très longue chaîne carbonée, en évitant les excès d'oméga-6 par rapport aux oméga-3. On ignore toujours à quel point la capacité intellectuelle de certains enfants a pu être affectée par une mauvaise gestion des apports lipidiques, ce qui ne signifie pas qu'il s'agisse d'une question négligeable.

En dehors de la sphère cérébrale et de sa plasticité, l'environnement lipidique que nous avons reçu avant l'âge adulte a bien sûr eu une influence sur le développement du tissu adipeux. La qualité des apports alimentaires en acides gras continue à exercer une influence sur le renouvellement des phospholipides de nos membranes et la production des médiateurs lipidiques qui en résultent, avec des effets tissulaires des plus divers.

LES BONS ACIDES GRAS CONTRE LE PROCESSUS D'INFLAMMATION

Divers processus inflammatoires accompagnent le vieillissement et il est notable que la surcharge pondérale induit « un bas bruit inflammatoire permanent » qui peut être atténué par des apports d'acides gras et de micronutriments. Faisons donc l'éloge des bonnes graisses, celles qui sont équilibrées en acides gras, mais gardons-nous d'en faire un usage trop important, malgré le discours récurrent des gastronomes médiatiques. Les recommandations des nutritionnistes font également une part trop belle aux lipides et sont davantage calquées sur nos habitudes alimentaires de grands consommateurs de produits animaux que sur nos besoins réels. Il est possible de manger moins gras, d'éviter une consommation superflue de graisses saturées, si, grâce aux huiles végétales et aux poissons, on dispose d'un apport suffisant et équilibré en acides gras essentiels. Je ne suis pas sûr que les industriels, de même que beaucoup de consommateurs, soient disposés à revoir leurs habitudes en matière de lipides. Dommage, beaucoup de problèmes de santé publique pourraient être mieux résolus, si les nutritionnistes recommandaient tous de limiter les apports de lipides autour de 30 % de nos apports caloriques totaux. Cela représente, toutes matières grasses confondues, un apport de 1 g/kg de poids corporel, mais je ne vous incite surtout pas à compter vos calories !

Il existe encore bien d'autres possibilités pour améliorer nos apports nutritionnels afin de mieux gérer la santé. Il est important d'adopter les modes alimentaires qui permettent la meilleure couverture possible de tous nos besoins nutritionnels. Si l'apport des nutriments énergétiques est réalisé selon le modèle de la pyramide alimentaire, les risques de s'écarter fortement des recommandations nutritionnelles sont assez faibles. Il n'en est pas de même si les apports caloriques sont déconnectés du contexte alimentaire naturel et fournis par un ensemble de produits industriels. En faisant un large recours à l'extraction et au fractionnement des ingrédients énergétiques, l'industrie agroalimentaire induit de façon récurrente les mêmes dérives dans lesquelles les sucres et des matières grasses peu équilibrées couvrent la majorité des apports caloriques.

Au lieu de se fixer comme objectif d'assurer seulement de bonnes transformations alimentaires, utiles sur le plan nutritionnel et sur le plan des services à rendre au consommateur, le secteur agroalimentaire a eu la voie libre pour opérer toutes sortes de recompositions, quitte à multiplier l'offre en produits transformés à l'infini et sans que cela s'inscrive dans une perspective d'alimentation durable. Il revient aux consommateurs de prendre leurs distances vis-à-vis de produits qui risquent de déséquilibrer leurs apports caloriques.

Maîtriser les apports de minéraux

S'il suffisait d'apporter de l'énergie en proportion équilibrée pour résoudre les problèmes nutritionnels, la gestion de l'alimentation humaine serait plus simple. Or la fraction non énergétique des aliments, et en particulier l'apport des minéraux, joue un rôle fondamental dans les équilibres physiologiques et le maintien de la santé. Théoriquement, il serait possible d'ajuster la composition des aliments en minéraux pour obtenir les apports souhaités. C'est ce qui est fait par exemple dans les laits reconstitués pour nourrissons. Dans l'alimentation courante, beaucoup d'aliments ne présentent pas une composition correcte en minéraux, soit parce qu'ils ont été confectionnés avec des ingrédients raffinés ou purifiés, soit parce qu'ils ont été assez systématiquement salés. Un ajustement de la composition en minéraux pourrait être envisagé dans les aliments recomposés comportant une proportion élevée d'ingrédients purifiés, mais il serait tellement plus logique d'utiliser des ingrédients naturels peu transformés.

L'ÉQUILIBRE SODIUM POTASSIUM

En fait le seul apport minéral qui est utilisé couramment, et cela depuis des millénaires, est le chlorure de sodium, un sel, le sel, emblématique de tous les autres sels. Il y a bien sûr à cela des raisons essentielles, mais il serait temps de changer de méthode et d'utiliser dans les ateliers alimentaires, comme dans les cuisines, des mélanges salins plus complexes. Un des grands progrès de la nutrition minérale serait de mieux assurer l'équilibre des deux minéraux majeurs de l'organisme, le sodium et le potassium, l'un concentré dans le compartiment sanguin, l'autre dans les cellules.

À quel type d'environnement naturel nos gènes ont-ils été adaptés ? Les primates, comme les autres mammifères, ont disposé pendant plusieurs dizaines de millions d'années d'une alimentation particulièrement pauvre en sodium et riche en potassium (ni les végétaux ni la chair animale ne sont riches en sodium). Les organismes ont ainsi acquis une capacité étonnante de conservation du sodium et d'élimination du potassium. Avec l'essor de l'industrie du sel et des transformations alimentaires, notre alimentation, devenue trop riche en sodium et trop pauvre en potassium, est donc maintenant en inadéquation avec le fonctionnement de nos gènes. Ce déséquilibre a des répercussions métaboliques complexes, puisqu'il joue un rôle clé dans la survenue de l'hypertension ou de l'ostéoporose. Cette observation fondamentale, que nul ne peut nier, n'a pas encore engendré des changements notoires dans nos pratiques, elle est très peu vulgarisée, alors que d'autres discours pour accroître les apports de calcium ou de fer sont sans cesse répétés.

La part du sel utilisée directement par les consommateurs a eu plutôt tendance à diminuer, mais l'industrie alimentaire en utilise encore beaucoup trop, si bien que le niveau de consommation de chlorure de sodium demeure deux fois plus élevé que les apports nutritionnels conseillés (ne pas dépasser 5 g/jour). À l'inverse du sodium, l'apport de potassium a beaucoup diminué (il est de moins de 3 g/jour), du fait des transformations alimentaires ou de la baisse de consommation de fruits, de légumes et de féculents tels que la pomme de terre. Le but de la nutrition préventive étant de placer l'organisme dans un environnement favorable, nous devons donc retrouver des apports plus physiologiques de ces minéraux, d'autant que le potassium est un véritable antidote du sel. Certes, nous ne réussirons pas à reproduire le profil de consommation de nos ancêtres dont les apports de potassium étaient trois à quatre fois plus élevés que les nôtres, alors que ceux du sodium étaient dix fois plus faibles. Cependant, quel bénéfice extraordinaire de santé publique pourrions-nous avoir si on tenait compte de ces aspects fondamentaux de la nutrition minérale !

En pratique, il est important de ne pas réduire seulement le sel de table, mais aussi le sel caché des aliments, celui du pain, des fromages, des charcuteries, des conserves, de nombreux produits transformés. Une diminution du sel dans un très grand nombre d'aliments, à l'instar du pain et des fromages, serait possible, si nos pouvoirs publics savaient prendre la bonne distance vis-à-vis des lobbies alimentaires.

Pour réduire le risque d'hypertension, pour le bon fonctionnement de l'organisme, la baisse de consommation du sel devrait être accompagnée d'une augmentation des apports en potassium, mais le corps médical oublie ce type de recommandation. C'est pourquoi dans la vie de tous les jours, je vous conseille d'associer systématiquement à tous les produits salés un assortiment suffisant de fruits et légumes pour leur richesse en potassium.

ALIMENTS ACIDIFIANTS ET ALIMENTS ALCALINISANTS

Une majorité du public ignore aussi que les aliments peuvent avoir, selon leur nature, des effets alcalinisants ou acidifiants pour l'organisme, avec des conséquences positives sur la préservation du calcium osseux pour les uns et négatives pour les autres. Les végétaux riches en sels organiques (malate, citrate) de potassium exercent ce type d'effet alcalinisant béné-fique pour l'organisme. Combien de consommateurs ont un res-senti inverse et pensent que la consommation de fruits au goût acide est peu favorable pour leur squelette ! À l'opposé des fruits et légumes, la consommation de viandes exerce un effet acidi-fiant. De même les chlorures sont des sels acidogènes qui aug-mentent la perte de calcium par voie urinaire.

Nos ancêtres chasseurs-cueilleurs n'avaient certainement pas de problèmes de densité osseuse dans leur squelette du fait de leur mode de vie, tout autant que de leur alimentation. Ils étaient privés de sel, et leur cueillette suffisait largement à neu-traliser l'effet acidifiant des produits de la chasse. Les nutrition-nistes ont longtemps sous-estimé l'importance de ces données. L'alimentation occidentale, riche en sel et en protéines, est deve-nue acidogène, ce qui la rend peu efficace à la conservation du calcium osseux. Par exemple, des fromages salés sont recom-mandés pour leurs apports de calcium, qui a peu de chances d'être retenu dans l'organisme, compte tenu des effets négatifs du sel sur la perte calcique. Il serait nécessaire que le caractère acidifiant et alcalinisant de nos aliments soit mieux perçu par les consommateurs et explicité dans les étiquetages. Le bon sens nous indique qu'il convient d'associer des aliments alcalinisants (fruits, légumes, pommes de terre) aux produits acidifiants (salés et riches en protéines, à l'instar des charcuteries) pour faciliter l'équilibre acido-basique de l'organisme et éviter des pertes calciques. Il est compréhensible aussi que l'alimentation occidentale trop acidogène soit peu propice à la prévention de l'ostéoporose, malgré un apport élevé de produits laitiers. Le rôle protecteur des fruits et légumes vis-à-vis de ce syndrome échappe encore à un large public qui ne veille pas spécialement à consommer les produits animaux avec des végétaux complé-mentaires. J'ai pu observer maintes fois sur le terrain à quel point les discours nutritionnels étaient devenus stéréotypés et il est très difficile de sortir des sentiers battus du calcium laitier pour la prévention de l'ostéoporose.

Puisque notre alimentation est trop riche en sodium, et souvent trop pauvre en potassium, en calcium et en magnésium (dont une partie des sels a des effets alcalinisants), pourquoi ne pas améliorer les teneurs en minéraux des produits transformés, en concevant de nouveaux mélanges salins, en ajoutant par exemple du carbonate de calcium dans les farines ou le pain, des sels organiques de potassium (à l'instar des fruits) dans les produits sucrés ? Il s'agit là de compléments simples et sûrs dont on peut expliquer la finalité et attendre des bénéfices pour une large nutrition préventive.

Le discours nutritionnel dont est abreuvé le public est la plupart du temps destiné à soutenir un lobby, celui sur le calcium monopolisé par le lobby laitier, celui sur le fer pour l'encouragement à la consommation de viandes et celui à géométrie variable des vendeurs d'eau minérale. Pendant ce temps, les apports en minéraux majeurs ne sont toujours pas maîtrisés et les excès de chlorure de sodium continuent à faire des ravages, alors qu'il semble bien facile de concevoir des mélanges salins plus équilibrés et de mieux informer les consommateurs.

LES APPORTS EN OLIGOÉLÉMENTS DÉPENDENT DE LA RICHESSE DE NOS SOLS ET DES TRANSFORMATIONS ALIMENTAIRES

La nutrition minérale ne se limite pas aux apports de minéraux majeurs, et bien des oligoéléments (fer, zinc, cuivre, sélénium, iode, etc.) sont indispensables au fonctionnement de l'organisme. Certaines carences, en iode par exemple, ont été bien résolues par les sels iodés, mais il existe beaucoup d'autres déficits en oligoéléments plus ou moins prononcés en fonction des habitudes alimentaires, de la nature des sols, des pratiques agronomiques et surtout des transformations industrielles. L'intensité de la vie microbienne du sol ne peut être que favorable à l'assimilation des minéraux par les plantes et le respect de la complexité des aliments est l'autre condition essentielle à la préservation de la densité minérale. La démarche de l'agriculture biologique est imprégnée de ces concepts, elle s'en éloigne parfois dans certaines préparations industrielles. Que la santé humaine puisse être liée à celle du sol, en particulier pour les apports de minéraux, est emblématique des liens étroits entre agriculture durable et nutrition préventive. Cependant, cette chaîne de protection peut-être altérée ou renforcée par les pratiques culinaires et l'équilibre des repas.

Accompagner les apports énergétiques de micronutriments

L'importance des vitamines est connue depuis le début du siècle dernier, ce qui ne signifie pas que le traitement de nos aliments soit le mieux adapté possible à leur conservation, à l'instar des farines blanches. L'industrie donne le change en enrichissant quelques aliments en vitamines. Malgré cela, le statut en vitamines de la population demeure insuffisant, en particulier en vitamine D chez les personnes qui ne s'ensoleillent guère. Finalement, seule une alimentation naturelle suffisamment diversifiée nous permet de disposer d'un bon statut vitaminique, indispensable à la santé.

Jusqu'à très récemment (dix à vingt ans), une partie de la face cachée des aliments, celle du monde des micronutriments (en dehors des vitamines) était bien peu explorée. L'effet protecteur des antioxydants naturels (acide ascorbique, tocophérols, polyphénols, caroténoïdes), de certains oligoéléments et d'une très grande diversité de microconstituants d'origine végétale n'apparaissait pas essentiel. Parmi ces milliers de molécules naturelles, seules les vitamines sont indispensables, uniques pour leurs fonctions, ce qui ne signifie pas que les autres ont un rôle superflu dont l'organisme ne tire aucun bénéfice. Longtemps, les nutritionnistes leur ont attribué un rôle secondaire, avant que l'évidence des effets protecteurs des fruits et légumes très riches en micronutriments ne soit reconnue par tous. Les centaines de polyphénols alimentaires, la dizaine de caroténoïdes si répandus dans les végétaux colorés offrent à l'organisme une grande diversité de mécanismes de protection que les laboratoires de recherche continuent à explorer. J'ai un faible aussi pour tous les composés soufrés présents dans l'ail, l'oignon, les choux, les radis, la roquette. La pharmacopée végétale alimentaire est particulièrement vaste, bien tolérée par une très grande majorité, et riche d'une grande diversité d'effets protecteurs aux niveaux cardio-vasculaire, osseux, oculaire, cutané, ou pour la lutte contre le cancer.

LES COMPLÉMENTS ALIMENTAIRES ANTIOXYDANTS ONT-ILS UN INTÉRÊT ?

Les aliments ont donc une composition très complexe en micronutriments, et cet aspect a longtemps été négligé dans les procédés de transformation alimentaire. Avec des produits confectionnés grâce à des ingrédients purifiés, sources de calories vides, la diversité de l'offre alimentaire n'est qu'apparente et nos besoins nutritionnels sont loin d'être couverts. C'est pourquoi, après avoir vidé les aliments de leur « substantifique moelle », les professionnels de l'agroalimentaire et même de la pharmacie nous proposent maintenant une gamme très fournie de compléments, largement inefficace, parfois dangereuse et autrement plus coûteuse que la consommation directe des fruits et légumes.

Le domaine des antioxydants est emblématique de l'attitude des industriels de vouloir s'abstraire des contraintes alimentaires naturelles ; ils ont essayé d'utiliser les antioxydants comme une panacée pour la gestion de la santé, en espérant de substantiels profits de cette approche. La tentation était grande : d'une part les fruits et légumes, de même que certaines boissons (vin rouge, thé), sont très riches en antioxydants, d'autre part l'organisme a besoin d'une certaine protection pour se prévenir d'un stress oxydant, occasionné par de nombreuses espèces oxygénées réactives produites par la vie cellulaire ou sous l'effet de facteurs environnementaux (radiations solaires, pollution, drogues, tabac, alcool). Il est clair que l'organisme a ses propres systèmes de protection, cependant il a besoin d'emprunter, dans l'environnement alimentaire, les oligoéléments (zinc, cuivre sélénium, manganèse), les vitamines (C et E), et d'autres sources d'antioxydants (polyphénols, caroténoïdes) pour parfaire la lutte contre le stress oxydant. Dans ce contexte, pourquoi ne pas chercher à diminuer les processus de vieillissement, à prévenir la survenue des maladies cardio-vasculaires et des cancers par des cocktails généreusement dosés d'antioxydants ? C'est ce qui fut fait, et avec les échecs que l'on sait. Dans quelques très rares cas, des compléments d'antioxydants bien dosés se traduisirent par des effets bénéfiques marginaux, par exemple dans l'enquête Suvimax française. Beaucoup plus souvent, aucun effet protecteur n'a pu être mis en évidence et, dans certaines situations, l'administration de bêta-carotène chez des fumeurs se révéla même dangereuse.

On peut donc en conclure que notre biologie cellulaire est très complexe, que les espèces oxygénées ne sont pas seulement agressives et qu'elles jouent aussi un rôle de médiateurs, utiles pour la cellule. L'intérêt d'une alimentation naturelle n'est pas de bloquer au maximum la production de radicaux libres, mais de faciliter le fonctionnement de l'organisme par les effets cellulaires d'un grand nombre de micronutriments. On peut aussi en déduire que les compléments d'antioxydants ne reproduisent pas la diversité des micronutriments végétaux, inclus dans une matrice et susceptibles d'agir en synergie pour assurer une protection plus complexe que le seul impact antioxydant.

Bref nous restons dans le domaine des êtres vivants forcément bien adaptés à leur environnement naturel, plutôt qu'à des apports isolés de micronutriments. Sous cet angle, on pourrait dire adieu aux pilules de caroténoïdes, de polyphénols, de phyto-œstrogènes, mais les industriels ne désarment pas aussi facilement et l'offre de compléments devient au contraire un marché toujours plus florissant.

Développer la nutrition préventive à l'échelon collectif

Il s'agit maintenant de bien appliquer les bases de la nutrition préventive. À partir de la compréhension de nos besoins nutritionnels, il nous faut concevoir les modes alimentaires les plus efficaces en fonction des ressources locales et des habitudes culturelles. L'intérêt d'un aliment ou d'un ingrédient dans un régime alimentaire dépend fortement des autres composés du régime. Dans une approche diététique classique, on part de l'environnement alimentaire existant ; ses carences récurrentes sont analysées et, pour les corriger, les mêmes recettes sont proposées, davantage de produits laitiers pour accroître les apports de calcium, de viande pour le fer, de fruits pour la vitamine C. Dans une approche encore plus réductrice, on fait un usage direct de compléments pour combler les déficits de minéraux, de vitamines, d'antioxydants. Chacun sait l'importance de ce marché aux États-Unis, et dans beaucoup d'autres pays riches comme la France.

LES BONNES ASSOCIATIONS ALIMENTAIRES

La bonne démarche en nutrition préventive n'est pas de palier les carences d'un régime de base conventionnel, mais plutôt de rechercher les modes alimentaires les plus sûrs et les plus adaptés à un territoire. En s'appuyant sur des modèles de nutrition préventive qui ont fait leurs preuves, comme le régime méditerranéen lorsqu'il était réellement mis en œuvre par des populations pauvres, bien d'autres solutions peuvent être développées sans oliviers, sans vins, mais toujours avec des céréales, des légumes secs et d'autres fruits et légumes ou produits animaux et matières grasses. Un des points clés est de s'appuyer sur le bénéfice des associations alimentaires pour confectionner des plats principaux de composition ternaire, en viande, féculents et fruits et légumes. Il est remarquable ainsi que les fruits et les légumes permettent de réduire nos apports de calcium laitier, que la consommation de céréales et de légumes secs facilite une moindre consommation de viande, mais aussi que les produits animaux nous aident à améliorer le goût et la consommation des produits végétaux. Nous avons déjà souligné le potentiel nourricier et protecteur du monde végétal. Rappelons aussi la plasticité du règne végétal, ce qui devrait permettre aux sélectionneurs et aux agronomes de participer à la déclinaison d'autres modèles d'alimentation préventive, que l'on soit en Bretagne, dans le nord de la France, ou au Sénégal. La bonne nouvelle est donc qu'il peut exister des solutions satisfaisantes pour beaucoup de régions et pour chacun d'entre nous, loin du relativisme ambiant ou de la pensée magique.

MANGER EST UNE AFFAIRE SOCIALE ET CULTURELLE

J'ai essayé de vous donner quelques clés pour la compréhension de la nutrition la mieux adaptée à la physiologie humaine. La dimension de l'acte alimentaire demeure très complexe. En mangeant, on se ressource et on se fait plaisir, tout en construisant notre santé à venir. Cependant, nous ne mangeons pas seulement pour nous-mêmes, nous tenons aussi à partager une culture et une nourriture pour confirmer les liens qui nous unissent aux autres, et nous éprouvons aussi un ressenti profond sur la dimension naturelle de nos aliments.

Dans ces conditions, autant il est justifié de s'appliquer à bien se nourrir, autant l'alimentation ne peut être réduite à un mode d'emploi technique destiné à nous garder en forme, à accroître nos performances, voire à corriger certains défauts métaboliques, à l'instar d'une hypercholestérolémie. Nous devrions tous prendre une certaine distance vis-à-vis des arguments de marketing qui mettent en avant un nutriment, un aliment, plutôt qu'un mode alimentaire. Certes, il faut bien faire des choix, mais la validité d'un achat ne peut s'apprécier que par rapport au profil général du repas, au contexte de la chaîne alimentaire, à la saison, au mode de vie ou à tous les autres facteurs environnementaux. La gestion de la santé par l'alimentation, ou son corollaire la nutrition préventive, a certes une dimension personnelle, mais le plus souvent nos choix ont une influence sur les autres convives et en amont sur toute une chaîne humaine de production avec ses impacts écologiques. Il me plaît de souligner la dimension globale de l'alimentation, loin des dérives de la société de consommation. Aucun discours ne nous incite à participer à une santé globale, on demande à chacun de consommer les nutriments recommandés, comme s'il était possible de gérer la santé publique avec quelques arguments réducteurs pour faire office de rustine. La nutrition préventive ne trouvera son essor que dans une approche globale, dans laquelle une émulation sociale en faveur d'une alimentation saine induira en retour une réforme en profondeur de la chaîne alimentaire.

Cela revient à changer de paradigme, fonder les bases de la nutrition préventive sur un progrès social et écologique général, plutôt que sur un accompagnement individuel.

CHAPITRE 9

La gestion d'une santé globale par l'alimentation

Il existe un fil directeur pour bien se nourrir qui s'appuie sur des connaissances théoriques, mais aussi sur l'observation des modèles d'alimentation préventive qui ont fait leurs preuves. Mais peut-on expliquer pourquoi de tels modèles seraient efficaces à la fois pour lutter contre la surcharge pondérale, le diabète, les maladies cardio-vasculaires, mais aussi pour prévenir l'ostéoporose, les maladies neurodégénératives ou les cancers ? Que ton alimentation soit ta première médecine ! C'est en vérifiant la validité de ce précepte qu'il sera possible de concevoir une alimentation durable.

Quelle est la parole du médecin dans ce domaine ? Chacun sait que le corps médical reçoit un enseignement destiné au traitement de la maladie, plutôt qu'à la gestion sur le long terme de la santé. La nutrition est ainsi davantage abordée sous l'angle clinique plutôt que dans le but de prévenir ou retarder les très nombreuses maladies qui nous guettent. D'une part, la médecine a beaucoup à faire à s'occuper des malades, d'autre part il n'était pas parfaitement prouvé que l'ensemble de l'alimentation ait une influence sur la prévalence des maladies cardio-vasculaires, des cancers et des autres pathologies. Il n'était pas nécessaire de s'occuper de la qualité nutritionnelle de tous les aliments consommés puisque l'on attribuait l'efficacité préventive à des facteurs nutritionnels relativement simples. Il fallait seulement réduire le cholestérol et les acides gras saturés pour lutter contre les maladies cardio-vasculaires et, dans un passé pas si lointain, réduire les glucides pour lutter contre le diabète.

Le corps médical ne s'est donc pas encore investi, ou bien assez marginalement, pour porter la bonne parole nutritionnelle aux bien portants, et il a même de la difficulté à le faire dans le cadre de la prévention et du traitement des pathologies. Chacun d'entre nous peut donc passer toute une vie à s'alimenter comme il le peut, à se faire plaisir ou à se priver, à présenter une typologie alimentaire à risque, sans bénéficier d'une consultation nutritionnelle approfondie. Dans le même registre, des jeunes parents, qui vont être investis d'une mission nourricière, ne reçoivent aucune formation pour l'accomplir, alors que la transmission familiale du savoir-faire alimentaire a été interrompue. La société exige que nos autos subissent un contrôle régulier pour s'assurer de leur bon fonctionnement, alors que les citoyens ne bénéficient d'aucun bilan pour évaluer leur comportement alimentaire. Ce bilan semblerait d'autant plus justifié que les modes de vie ont totalement changé, que l'offre alimentaire est très éloignée d'une pyramide naturelle et que les anciens repères traditionnels sont devenus bien approximatifs.

La nutrition préventive commence dès la conception

Il est clair qu'une bonne nutrition préventive se construit à l'échelon d'une vie, cependant les recherches sur la prévention nutritionnelle des pathologies majeures ont souvent été focalisées sur la vie adulte, alors que notre capital santé s'élabore très précocement.

Les maladies cardio-vasculaires et le diabète de type 2, principales causes de mortalité à l'âge adulte dans les pays industrialisés, peuvent paradoxalement trouver leur origine au cours du développement et de la croissance *in utero*, notamment en cas de très faible poids de naissance. Ce concept a ainsi été dénommé « programmation fœtale » des maladies chroniques de l'adulte. Ainsi, les conditions de développement du fœtus et du nouveau-né ont un rôle sur la santé ultérieure de l'individu. Les conditions créant un risque de maladie chronique à l'âge adulte sont finalement potentialisées par l'intermédiaire de facteurs nutritionnels précoces, prénataux et/ou postnataux. La réponse du fœtus au stress le conduirait à mettre en place des caractéristiques adaptatives visant à préserver son intégrité à court terme pour atteindre au moins l'âge de la reproduction, mais inadaptées à long terme.

Le risque majeur de maladies cardio-vasculaires et métaboliques chroniques à l'âge adulte semble produit par l'association d'un déficit nutritionnel précoce périnatal, avec un rattrapage de croissance excessif durant l'enfance et l'adolescence. L'impact de ces constats est considérable à l'échelle globale en termes de santé publique, à un moment où plusieurs pays émergents sur le plan économique connaissent une croissance rapide et où un nombre important d'individus subit une transition brutale d'environnement nutritionnel.

Le concept de plasticité du développement nous indique, que pour un même génotype, les phénotypes possibles sont extrêmement différents, s'exprimant sous forme d'une personne de poids normal ou en surcharge, aboutissant au développement d'un sujet sain ou diabétique. L'expression des phénotypes humains est modulée par un ensemble de facteurs environnementaux dont l'influence est amplifiée dans la période de développement précoce intra-utérin et jusqu'à l'âge de 2 ans environ.

Cette fenêtre précoce de vulnérabilité, propre à la période périnatale, est caractérisée par le fait qu'une perturbation environnementale, notamment nutritionnelle, induit des conséquences durables, tout au long de la vie, alors que la même perturbation n'induirait pas ces changements si elle était intervenue plus tard.

Je pense qu'il n'existe pas de meilleure illustration sur le fait que la nutrition préventive influence précocement la santé. Cependant son impact se décline tout au long de la vie, avec des périodes de plus ou moins grande sensibilité de l'organisme.

Une autre influence souterraine de la nutrition concerne les modifications épigénétiques de l'expression des gènes. Avec ce type de mécanisme, des facteurs d'origine nutritionnelle ou métabolique modifient durablement, pour des décennies, l'environnement biochimique des gènes et donc leur expression, sans altérer leur séquence nucléotidique. Ces modifications sont transmissibles lors de la division cellulaire, mais aussi de façon intergénérationnelle entre individus. Ainsi, non seulement la nutrition peut avoir une influence précoce, mais également durable par la transmission de facteurs épigénétiques. L'épidémie mondiale de diabète et d'obésité sera donc d'autant plus difficile à inverser qu'elle touchera plusieurs générations.

Ces observations surprenantes nous interpellent et devraient inciter l'ensemble de la société à considérer l'intérêt d'adopter des stratégies précoces de prévention, non seulement durant la gestation mais aussi plus sûrement avant la procréation. À ce stade, la problématique de la nutrition préventive rejoint inévitablement la question d'une alimentation durable, dont le maximum d'hommes devraient pouvoir bénéficier le plus tôt possible et toute leur vie durant.

La lutte contre la surcharge pondérale

Il y a urgence, le monde grossit et plus personne n'hésite à présenter la montée de l'obésité comme l'épidémie du XXIe siècle. Les chiffres sont éloquents puisque, selon l'OMS, un milliard d'adultes seraient en surpoids dont 300 000 cliniquement obèses. Aucune région du monde n'est épargnée, mais les États-Unis détiennent le triste record de personnes souffrant de surpoids avec 55 % de la population, dont 30 % d'obèses. La situation devient alarmante aussi dans les pays méditerranéens où les taux d'obésité chez les adolescents dépassent désormais 30 %. L'obésité croît rapidement en France depuis une quinzaine d'années. Elle est passée de 1997 à 2009, de 8,5 à 14,5 %, soit une augmentation moyenne de 5,9 % par an depuis douze ans. Elle touche des enfants de plus en plus jeunes (16 % des enfants sont en surpoids contre 5 % en 1980). Dans ces conditions, le nombre d'adultes appelés à devenir obèses ne cessera d'augmenter. Nos sociétés semblent impuissantes à contrer une telle évolution. Elles pourraient déjà davantage lutter contre la pauvreté puisque les populations les plus défavorisées sont les plus frappées.

Comment ne pas faire le lien entre cette montée inéluctable de l'obésité et l'industrialisation de l'alimentation, et la lutte contre ce fléau social n'est-elle pas l'occasion de remettre la chaîne alimentaire sur les rails de l'alimentation durable ?

L'origine du développement de la surcharge pondérale commence avec la capacité normale, physiologique des organismes à mettre en réserve une partie des calories alimentaires pour disposer d'un stockage énergétique intéressant en cas de pénurie ou d'agression physiologique. Chez le sujet qui a un poids stable, les graisses mises provisoirement en réserve seront restituées dans les heures, la journée ou la semaine qui suivent leur stockage.

À la différence de cette régulation physiologique, heureusement effective pour une majorité d'individus, une dérive s'installe chez certains sujets du fait que les lipides stockés ne sont jamais entièrement mobilisés ultérieurement. Ainsi, progressivement, les territoires adipeux se développent à la suite de la multiplication du nombre de cellules adipeuses (hyperplasie) et de leur hypertrophie pour assurer un stockage toujours plus grand.

Seulement au-delà d'un IMC (indice de masse corporelle, poids/taille au carré) supérieur à 30, la déformation corporelle et surtout les dérives métaboliques sont devenues tellement importantes qu'il s'agit d'une véritable pathologie, avec ses cortèges de souffrance, ses conséquences sur la survenue de diabète, de risques cardio-vasculaires ou de cancers. D'un contexte nutritionnel général, le problème est devenu médical, social et bien sûr extrêmement personnel pour celui qui est atteint dans sa chair et dans le plus profond de son être.

Le contexte dans lequel se développe l'obésité est apparemment très complexe et met en jeu de nombreux facteurs liés à la sédentarité, à l'alimentation, à l'environnement social et psychologique. Il n'existe pas de solutions faciles pour faire face à tous ces facteurs de risque. C'est bien pour cela qu'il faut retourner aux fondamentaux de la nutrition et je voudrais montrer qu'une démarche d'alimentation durable constitue la voie la plus sûre de prévention.

COMBATTRE LA FAIM ET L'OBÉSITÉ PAR LES MÊMES MOYENS

La survenue d'une crise aide, dit-on, à trouver des solutions nouvelles. Il serait souhaitable que l'épidémie d'obésité à laquelle nous sommes confrontés puisse servir à mieux résoudre la question alimentaire. Pour éviter qu'une partie toujours plus grande de l'humanité soit en surcharge pondérale, tandis qu'une autre souffre de la faim, il faut donc changer de paradigme alimentaire en recherchant des solutions le plus universelles possible pour lutter contre ces deux fléaux ; ce qui nécessiterait enfin d'exercer une meilleure gouvernance alimentaire. Les institutions internationales tentent actuellement de mettre en place cette gouvernance mondiale. Elles gagneraient à afficher leur volonté à résoudre les problèmes de l'obésité dans le monde, tout autant que ceux de la faim. Il y a sûrement une nécessité de faire un lien entre ces deux types de malnutrition et d'essayer de développer des solutions globales vis-à-vis de ces deux fléaux. Il est inimaginable de résoudre le problème de la faim sans combattre en même temps le développement de l'obésité, il serait tellement souhaitable de faire d'une pierre deux coups, stopper l'épidémie d'obésité et résoudre les problèmes de la faim. Je suis convaincu que les deux problèmes peuvent bénéficier de solutions communes et c'est bien une solution universelle qu'il faut rechercher.

Les modes alimentaires efficaces pour lutter contre la faim dans les pays pauvres peuvent-ils être également valables pour résoudre les problèmes de santé et de poids corporel ? La réponse est clairement positive : les meilleures façons de lutter contre la faim ou de prévenir la surcharge pondérale s'appuient sur l'utilisation des mêmes ressources naturelles et se déclinent selon le même modèle de pyramide alimentaire, correspondant à une alimentation préventive.

Pour résoudre les problèmes de la faim, il n'y a rien de plus efficace que d'utiliser des céréales peu raffinées, des légumes secs, d'autres types de féculents et une gamme suffisante de fruits et légumes pour leurs richesses en micronutriments. Donc développer dans toutes les régions du monde, un ensemble de cultures vivrières, apprendre à bien les utiliser, trouver les bonnes solutions pour éviter les déperditions alimentaires, si importantes dans les pays du Sud. Un certain type d'industrie de confection de produits sucrés-gras-salés-aromatisés est totalement superflu pour lutter contre la faim, or ce sont ces pseudo-aliments qui jouent un rôle déterminant dans la survenue de l'obésité, tant dans les pays occidentaux, que dans les pays émergents ou les régions les plus déshéritées du monde.

Comme pour résoudre le problème de la faim, le retour à une alimentation de base le plus naturelle possible semble être également la voie la plus sûre pour prévenir l'épidémie mondiale d'obésité. Cependant une fois que les populations en surcharge pondérale ont adopté de mauvaises habitudes nutritionnelles, il est sans doute bien difficile de leur faire changer de comportement, tant qu'elles auront accès à l'offre alimentaire qui a modifié leur phénotype, et à laquelle elles sont devenues conditionnées.

Pourrait-il exister une gouvernance mondiale, avec une autorité reconnue et consensuelle suffisante, capable de donner des directives, pour faire un grand tri dans l'offre alimentaire industrielle, et améliorer durablement sa qualité nutritionnelle ?

Dans une économie mondialisée où toutes sortes d'aliments sont échangés, je ne vois pas de solutions plus sûres pour assainir la situation.

RETROUVER UN COMPORTEMENT ET UNE NOURRITURE NATURELS

L'accumulation des graisses corporelles est rendue possible par deux grands types de mécanismes, un comportement de sédentarité et une nourriture déséquilibrée. L'offre alimentaire industrielle présente un double déséquilibre, celui d'être trop riche en calories issues des lipides, des sucres et des céréales raffinées et celui d'être trop pauvre en produits végétaux bruts riches en fibres qui limitent les capacités d'ingestion énergétique. En développant une offre alimentaire faite de produits végétaux de base, on limite très fortement le risque de prendre du poids. Dans la réalité, l'obèse additionne le plus souvent les graisses d'origine animale, en particulier celles des produits laitiers, aux calories vides d'origine végétale et ce type d'exposition est la plus redoutable.

Si l'alimentation était à 80 % d'origine végétale, si les produits céréaliers bis ou complets, les légumes secs et les fruits et les légumes constituaient l'essentiel des apports caloriques, si l'homme retrouvait un comportement alimentaire naturel et prenait de la distance vis-à-vis de l'offre alimentaire industrielle, le risque de surcharge pondérale serait grandement résolu. Le problème vient du fait qu'aucune politique, aucune crise, aucun signal fort n'ont suscité un changement profond vers une nourriture plus naturelle. Nos décideurs, par une sorte d'aveuglement, voudraient bien résoudre la question de l'obésité, mais sans toucher au système alimentaire dominant. Leurs programmes d'action sont autant de coups d'épée dans l'eau avec le sentiment que le phénotype humain évolue inexorablement vers le profil gros, ce qui montre la puissance des facteurs environnementaux sur l'évolution de l'espèce humaine.

DE NOMBREUX FREINS AU CHANGEMENT DE MODÈLE ALIMENTAIRE !

La lutte contre l'obésité nous conduit à remettre en question une grande part des pratiques nutritionnelles les plus douteuses du secteur agroalimentaire. Cependant, bien qu'il ait conscience du problème, le pouvoir politique n'ose pas affronter le lobby alimentaire, il tergiverse, fait appel à la responsabilité des professionnels, invoque les biais des interdictions, la liberté de choix des consommateurs, met en avant le spectre d'une société moralisatrice. D'un côté on dénature sans vergogne les aliments par des transformations superflues, d'un autre côté on crie à l'ingérence, ou on nie la responsabilité du système industriel dominant.

Des médecins censés lutter contre l'obésité n'hésitent pas à minimiser la responsabilité du secteur agroalimentaire, critiquent ouvertement l'efficacité des recommandations publiques visant à améliorer la qualité de l'offre, à promouvoir la consommation de fruits et légumes ou celle des glucides complexes. Au moins quatre types d'arguments sont développés pour justifier leurs réserves vis-à-vis d'une politique nutritionnelle plus contraignante :

– plutôt que le contenu des supermarchés, c'est le mode de vie moderne pris dans son ensemble qui crée des conditions favorables à la sédentarité, au grignotage, à une consommation alimentaire superflue pour combler des frustrations ou lutter contre le stress ;

– il est difficile de justifier une politique générale de prévention, alors que seule une frange de la population a une prédisposition génétique à la surcharge pondérale ;

– autre argument important, aucun aliment ne mérite d'être diabolisé, il revient aux consommateurs de goûter à tout, de juger par eux-mêmes, d'adopter les bons comportements, bref de s'éduquer ;

– enfin, une fois développée, l'obésité est une véritable pathologie qui ne relève plus seulement d'un bon accompagnement diététique.

Tous ces arguments sont recevables, leur déclinaison n'incite guère toutefois à des changements d'envergure. Un certain degré d'éducation, de culture restera l'apanage des classes aisées. La société de consommation n'incitera pas au changement de mode de vie. Sans un changement assez radical de l'offre alimentaire, les mêmes dérives seront observées dans le comportement des classes les plus défavorisées. Sans une réglementation plus contraignante, l'industrie alimentaire ne remettra pas en cause son système de transformation et de distribution alimentaire. La médicalisation de la surcharge pondérale assurément coûtera très cher à la société sans résoudre les problèmes de santé induits par ce nouveau phénotype. Triste planète, peuplée d'hommes malades de leur consommation et de leur malbouffe, pendant que d'autres sont dénutris, abandonnés à leur sort, dans l'incapacité d'exploiter convenablement les ressources naturelles. Il s'agit là de plusieurs facettes de la même misère humaine.

Tout cela parce que les agronomes, les nutritionnistes, les spécialistes de l'environnement et de la santé n'ont pas su afficher clairement qu'il y avait une seule façon universelle et naturelle de bien se nourrir, même si elle est déclinée à partir d'aliments adaptés à des climats et des terroirs extrêmement différents. On attend toujours que la FAO, l'OMS, les autres organisations internationales et gouvernementales définissent les principes d'une alimentation universelle pour lutter contre la faim, la propagation de la surcharge pondérale et de la malnutrition, pour garantir un bon état de santé et diminuer les empreintes écologiques.

Au lieu de cela, on s'accommode de la situation générale, la crise alimentaire demeure un risque politique négligé, les conséquences de la montée de l'obésité sont sous-évaluées ou minimisées. Dans un pays où plus de 50 % des personnes sont trop grosses, les normes sur le poids comme la taille des vêtements s'adaptent au nouveau phénotype de la population. On exige une reconnaissance du droit des obèses et un respect légitime des personnes atteintes, mais on oublie simplement de remettre en question le système alimentaire qui a généré ce fléau. En dénonçant dans le même discours la diabolisation de la personne obèse, ou en surcharge pondérale, et d'un autre côté l'image caricaturale de la minceur, on feint d'ignorer qu'il peut exister un mode alimentaire plus sain grâce auquel tous les êtres humains pourraient être bien nourris et bien dans leur corps. Et ce changement de paradigme alimentaire, ce retour à une alimentation plus naturelle seraient bons pour l'homme et également ment précieux pour la santé de la planète.

La survenue de l'obésité doit nous interpeller, nous devons nous sentir solidaires des personnes qui sont atteintes dans leur dignité humaine par l'ampleur des déformations corporelles qu'elles subissent. Mais, de grâce, arrêtons de vouloir résoudre le problème par des régimes amaigrissants, en faisant l'économie d'une réforme du système alimentaire dominant, en n'incitant pas les personnes à changer de mode de vie et de consommation alimentaire !

La lutte contre le diabète

La même alimentation préventive efficace pour combattre la surcharge pondérale convient aussi à la prévention du diabète de type 2, celui de l'adulte et surtout de la personne âgée. Cela est d'autant moins surprenant que ce type de diabète peut être une conséquence directe de la surcharge pondérale.

La prévalence du diabète de type 2 est en très forte augmentation dans le monde (de 100 millions actuellement, elle pourrait atteindre 300 millions dans dix ans). En France, cette pathologie atteint 3 % de la population, soit environ 1,8 million de personnes et nous sommes loin d'être le pays le plus touché. Ce type de diabète correspond schématiquement à un état de résistance à l'insuline souvent compliqué de désordres dans la sécrétion pancréatique de cette hormone. L'insuline devient moins efficace pour contrôler la glycémie, en particulier parce que les acides gras provenant de l'excès lipidique environnant, celui du régime alimentaire ou celui des graisses corporelles, perturbent l'action de l'insuline.

Ce diabète touche maintenant des sujets de plus en plus jeunes de moins de 20 ans, alors que l'on pensait qu'il fallait plusieurs dizaines d'années de déviation métabolique pour l'induire. La brusque augmentation du diabète dans un très grand nombre de pays et surtout chez des populations migrantes habituées à des nourritures rustiques, est fortement liée à l'occidentalisation des modes de vie, à l'industrialisation alimentaire et à la sédentarité.

La prévalence du diabète s'est donc élevée dans un contexte où les produits végétaux de base ont été remplacés par des produits transformés, au cours de la transition nutritionnelle de la seconde moitié du XXe siècle. Avec une mauvaise couverture des apports de glucides sous forme de céréales trop raffinées, souvent de mauvais index glycémique et une consommation trop élevée de produits transformés gras et sucrés, une frange de plus en plus grande de la population mondiale est appelée à devenir diabétique. Or le diabète est une maladie insidieuse qui accélère le vieillissement et qui est lentement mais sûrement invalidante. La prévention à l'échelon planétaire de cette pathologie pourrait être, comme pour l'épidémie d'obésité, une occasion de réhabiliter la consommation des sources les plus naturelles de glucides, non seulement les produits céréaliers, les légumes secs et les autres féculents mais aussi les fruits et légumes. En parallèle, un code de bonnes pratiques alimentaires devrait être édicté pour réduire les sucres et les matières grasses ajoutés dans les aliments transformés. Dans ce domaine, comme dans tant d'autres, on serait à même d'attendre des prises de position plus claires, plus incitatives des organisations internationales impliquées dans la gestion de la santé par l'alimentation. Même lorsque le diabète de type 2 est bien installé, il existe des preuves irréfutables qu'un changement de régime et l'exercice physique améliorent nettement l'état de santé des diabétiques. Une politique générale de prévention devrait donc finir par s'imposer pour promouvoir un mode alimentaire adapté à notre physiologie.

CONSEILS POUR RÉDUIRE LA CHARGE GLYCÉMIQUE DE SON ALIMENTATION

En attendant une gestion publique de la prévention du diabète, il est intéressant de prodiguer quelques conseils. Nos besoins en glucides (et donc en produits céréaliers et autres féculents) augmentent fortement avec le niveau des dépenses physiques. Puisque nos dépenses individuelles, notre environnement et nos modes de vie varient fortement, il revient à chaque individu, diabétique ou pas, d'adapter la charge glycémique de son alimentation à son mode de vie, à ses besoins nutritionnels en ajustant les proportions des aliments riches en amidon et celle des fruits et légumes bien moins riches en glucides. Pour ceux ou celles qui ont un mode de vie assez sédentaire et qui fonctionnent avec des apports caloriques alimentaires très faibles, il est important de réduire très fortement les calories inutiles (le sucre, les matières grasses cachées), avant de diminuer le pain, le riz, les légumes secs. Pour tous, la consommation de fruits et légumes devrait être le plus élevée possible avec un strict minimum de 300 grammes de fruits et de 300 grammes de légumes par jour. Ces recommandations de prévention générale s'appliquent aussi aux personnes déjà atteintes de diabète, seulement avec beaucoup plus de rigueur.

La prévention des maladies cardio-vasculaires

Les maladies cardio-vasculaires ont longtemps constitué la première cause de mortalité dans les pays industrialisés, avant que l'incidence du cancer devienne d'une importance équivalente. Après avoir été longtemps un problème de riches, l'athérosclérose (sclérose de la paroi artérielle) touche largement les couches défavorisées des pays développés, comme la population des pays en développement. Les facteurs de risque sont bien connus (antécédents familiaux, hypercholestérolémie, hypertension, tabagisme, diabète, obésité, inactivité physique, âge). L'alimentation est de toute évidence un facteur déterminant pour la prévention de ces maladies. D'ailleurs, c'est pour cette pathologie que les études de prévention nutritionnelle ont été le plus approfondies, ce qui n'a nullement empêché le développement d'une approche pharmacologique particulièrement coûteuse et pas toujours efficace. Pour favoriser l'utilisation des différences classes de médicaments, le corps médical bénéficie d'un accompagnement poussé, de journées de formation organisées par les laboratoires pharmaceutiques et du soutien de la Sécurité sociale pour le remboursement des médicaments. Pour développer une prévention nutritionnelle, les médecins ne disposent ni d'une formation de base suffisante, ni de formation continue spécifique, ni d'aide particulière de la Sécurité sociale pour un suivi diététique de leurs patients. Leur vision de la prévention nutritionnelle est souvent trop partielle et ils sont sceptiques sur les capacités d'observance diététique de leurs patients, ce qui les conduit à privilégier l'outil pharmacologique jugé plus sûr. Pourtant au moins pour la prévention à long terme, la maîtrise de la nutrition préventive offre des perspectives de protection remarquables vis-à-vis du risque cardio-vasculaire. Avec suffisamment de recul, l'intérêt de certains médicaments est maintenant remis en question par une frange croissante du corps médical ; comment ne pas reconnaître que la santé vasculaire, celle du cœur, du cerveau ou d'autres tissus s'élabore en premier dans notre assiette et par notre mode de vie ! De plus, c'est la qualité de l'ensemble du contenu de l'assiette qui compte et pas seulement quelques facteurs nutritionnels susceptibles d'influencer le cholestérol sanguin.

LE MODÈLE ALIMENTAIRE MÉDITERRANÉEN

Le respect de la pyramide alimentaire de type méditerranéen permet de retarder les accidents vasculaires vers les phases les plus avancées du vieillissement. Ce modèle d'alimentation utilise une très grande diversité de produits végétaux, relativement peu de viande ; la consommation de poissons est plutôt élevée, l'apport en acides gras est équilibré et les apports globaux en micronutriments sont abondants et diversifiés. Il est évident que des modèles de prévention peuvent être élaborés avec des ressources alimentaires bien différentes ; l'huile d'olive, le vin, les poissons ne sont pas en soi indispensables à la prévention dans la mesure où un ensemble d'autres produits peut fournir une gamme similaire de facteurs de protection, (il vaut mieux, par prudence, ne pas négliger la consommation de poissons pour se protéger du risque cardio-vasculaire).

Historiquement, la théorie lipidique a permis de mettre en évidence le rôle athérogène des acides gras saturés joints au cholestérol, engendrant des dérives vers une phobie du cholestérol alimentaire alors que ce composé est largement synthétisé par l'organisme. Il existe cependant un risque réel lié à la surconsommation de produits animaux riches en graisses saturées ou en cholestérol. À l'exception de quelques cas d'hypercholestérolémie d'origine génétique, il est relativement facile de contrôler la cholestérolémie, de disposer d'une répartition équilibrée du cholestérol dans les lipoprotéines, par une alimentation de type méditerranéen ou qui peut être assimilée à ce modèle. Manger en abondance des fruits et légumes, consommer du pain complet plutôt que du pain blanc, cuisiner avec des huiles végétales sélectionnées pour leur équilibre en acides gras essentiels et leurs micronutriments (mélange huile d'olive-colza par exemple), modérer la consommation de sucres et de produits animaux riches en acides gras saturés ne constituent pas une ligne de conduite alimentaire bien difficile ou compliquée. Pourtant, si une analyse approfondie des habitudes alimentaires de millions de foyers était effectuée, on trouverait une majorité de pratiques à risque pour la survenue de maladies cardio-vasculaires et d'autres pathologies.

Finalement même si nous avons un cholestérol un peu élevé, l'important est de ne pas accumuler trop de facteurs de risque, liés à l'hypertension qui favorise l'accident vasculaire, au tabagisme qui induit la production de lipides oxydés agressifs pour la paroi des vaisseaux, à la surcharge pondérale qui va élever le niveau de nos acides gras dans le sang et à la sédentarité qui empêche nos tissus de bien respirer. Non seulement une bonne alimentation peut réduire les facteurs de risque (cholestérol, hypertension), mais elle peut aussi protéger nos vaisseaux par la qualité des apports en oméga-3 et par un ensemble de micronutriments protecteurs. Or nous absorbons souvent des graisses de qualité quelconque et nous sommes rarement à jeun dans la journée, alors que ces lipides ingérés sont susceptibles d'agresser l'endothélium vasculaire, surtout si la disponibilité en micronutriments protecteurs est insuffisante.

UNE ALIMENTATION PROTECTRICE : DES VÉGÉTAUX ET DES FIBRES

On peut observer ainsi à quel point l'alimentation présente deux facettes par rapport au bon fonctionnement vasculaire. D'un côté, une alimentation riche en acides gras saturés et indigente en facteurs de protection peut devenir notre pire ennemie, contribuer à abréger prématurément la vie d'une personne par l'accident cardiaque, lui faire perdre son autonomie, sa faculté intellectuelle par l'accident cérébro-vasculaire ; d'un autre côté, une bonne alimentation est indispensable à la protection de nos vaisseaux sanguins, à la dynamique du cœur et des autres organes induisant ainsi un bien-être extraordinaire, une envie de bouger, de vivre, un bon état de forme. La diversité des facteurs de protection vasculaire présents dans les aliments est étonnante et il semble que l'homme s'acharne à mal se nourrir si l'on en juge par l'incidence si élevée des pathologies vasculaires.

Les produits végétaux sont particulièrement abondants en facteurs de protection. Dans les fruits et légumes, par exemple, il semble que la quasi-totalité de leurs composés exerce des effets bénéfiques : les fibres alimentaires pour assurer l'élimination digestive du cholestérol, le potassium pour prévenir l'hypertension, un ensemble de composés qualifiés de lipotropes pour faciliter l'utilisation des acides gras, et divers micronutriments pour protéger directement l'endothélium vasculaire ou favoriser la vasodilatation des vaisseaux. Ces aliments permettent aussi de bien réguler le métabolisme énergétique, ce qui est favorable à la protection cardio-vasculaire. Les fruits et légumes n'ont pas le monopole de la protection et bien d'autres aliments d'origine végétale (légumes secs, noix) ou animale (poissons) sont de véritables amis du cœur. Il est difficile d'imaginer par exemple à quel point les légumes secs sont des aliments hypocholestérolémiants, tout en étant efficaces pour la couverture des besoins nutritionnels. Il y a aussi une belle logique de protection dans la chaîne alimentaire : les céréales complètes suffisamment pourvues en fibres, minéraux et micronutriments sont plus protectrices que les céréales raffinées, les huiles vierges préférables aux huiles raffinées, les graisses des animaux terrestres moins athérogènes lorsque ceux-ci ont bénéficié d'une alimentation naturelle de qualité, la chair des poissons sauvages bien plus bénéfique que celle des poissons d'élevage nourris avec des succédanés de nourriture marine.

J'ai parlé au début de ce chapitre de logique nutritionnelle dans l'art de bien s'alimenter. La compréhension de cette logique sur le plan biologique est complexe, et je n'ai pu en donner qu'un trop vague aperçu. Ce fil directeur nutritionnel doit être décliné en amont au niveau de l'agriculture et des industries de transformation alimentaire pour que la population ait une chance de l'appliquer et d'en bénéficier. La conduite d'une agriculture durable, la diversité de ses cultures et de ses élevages, précieuses sur le plan écologique, devraient aussi avoir pour finalité de nous garder en bonne santé. Certaines populations, dans le bassin méditerranéen et en Asie principalement, ont su mettre à profit cette diversité et développer des modes d'agriculture et d'alimentation efficaces dans la prévention des maladies cardio-vasculaires. D'autres régimes tout aussi traditionnels, trop riches en sel, en graisses saturées ou en charcuteries, n'étaient pas adaptés à la physiologie humaine et des millions d'hommes en ont souffert, ou en sont morts prématurément. Forte de ces enseignements, l'industrie alimentaire aurait pu adopter de bonnes pratiques et justifier son développement pour garantir une alimentation préventive, elle est loin d'avoir fait le nécessaire et elle est bien peu efficace en matière de prévention de l'obésité, du diabète et des pathologies vasculaires. Pour faire face à la montée de ces pathologies dégénératives, le plus efficace serait surtout de développer une gestion globale de la santé par l'alimentation et donc de réformer la chaîne alimentaire dans le sens d'une nourriture moins transformée, plus riche en facteurs de protection, en s'appuyant sur la plasticité du monde végétal pour mieux couvrir nos besoins nutritionnels.

La question de la prévention des cancers

Le cancer a longtemps été considéré comme une maladie de civilisation, touchant la population âgée et essentiellement liée au mode de vie des individus. Ce n'est plus le cas aujourd'hui, le cancer est la première cause de mortalité prématurée dans le monde.

L'étude des populations migrantes, dès les années 1970, mettait en évidence le rôle largement prédominant du mode de vie et de l'environnement dans la survenue du cancer. L'exemple de l'augmentation du cancer du sein dans les populations chinoises ou japonaises immigrées est particulièrement parlant. Pourquoi une telle augmentation des cancers et comment la combattre ?

La question de la prévention ne peut plus être éludée : quelle est l'influence de l'alimentation, des modes de vie, de l'environnement ou d'autres facteurs de risque et de protection ? Suffira-t-il de combattre les facteurs de risque majeurs (tabac, alcool, surpoids), de manger équilibré, de consommer au moins cinq fruits et légumes par jour, de faire de l'exercice physique pour aboutir à une réduction efficace du cancer ? Il est probable que si toutes ces mesures étaient mises en œuvre, elles contribueraient à diminuer l'importance de cette maladie, à moins que d'autres facteurs environnementaux ne prennent le relais pour la survenue des cancers.

Sommes-nous capables d'adopter une nutrition préventive dans le cadre du système alimentaire industrialisé dominant ? Je ne le pense pas. Sans un changement majeur de paradigme dans la gestion de la chaîne alimentaire, nous serons incapables d'adopter un mode alimentaire réellement protecteur et la prévention ciblée sur la réduction de la prise d'alcool et de tabac ne suffira pas à réduire la progression des cancers, d'autant qu'il existe aussi d'autres causes environnementales.

Au-delà de la sphère alimentaire, la survenue de nombreux cancers est également liée au mode de vie dans sa globalité : sédentarité, stress, vie en atmosphère confinée, pollution de l'environnement, de l'air extérieur ou intérieur, utilisation de pesticides en agriculture ou de substances cancérigènes dans l'industrie pour la confection des nombreux objets de notre société de consommation, usage important de médicaments, de drogues, de cosmétiques, d'ultraviolets. Or, c'est un problème majeur, l'importance de tous ces facteurs environnementaux est encore mal élucidée, niée par les uns, peut-être exagérée par les autres, si bien qu'il est difficile de concevoir une politique globale de prévention dans cette situation d'incertitude. Sans doute un effort de recherche suffisant n'a pas été fait. Il s'agit ensuite d'une question extrêmement complexe recouvrant des difficultés multiples, pour identifier les produits incriminés et leurs métabolites, évaluer les effets de substances présentes à très faibles doses et leurs possibles interactions, mesurer des effets cumulatifs tout au long de la vie. De plus, les cancers sont des maladies plurifactorielles où vont toujours intervenir à des degrés divers l'hygiène de vie (alimentation, exercice physique, stress), l'exposition aux substances toxiques (tabac, pollution de l'environnement), la susceptibilité génétique, le tout étant souvent modulé par l'existence de périodes de plus grande vulnérabilité.

Pour tous les cancers pris dans leur ensemble, les taux les plus élevés sont en Europe, Amérique du Nord et Australie. Dans les pays industrialisés, la même répartition s'observe pour la plupart des cancers comme ceux du poumon ou du côlon, mais aussi les cancers hormono-dépendants (sein, endomètre, ovaire, prostate, testicule). Cette observation est en accord avec la considération que le cancer est une maladie liée au « développement ».

Il faut noter que, dès maintenant, plus de la moitié des cas et des décès surviennent dans les pays du Sud. Dans ces pays, en particulier en Afrique et en Asie, la proportion des cancers liés à des agents biologiques est très élevée (virus du papillome humain et cancer du col utérin, virus des hépatites B et C et cancer du foie, bactérie *Helicobacter pylori* et cancer de l'estomac). L'exportation des modes de vie occidentaux les plus nocifs et de la pollution vers les pays du Sud s'accompagne maintenant de l'augmentation des cancers de type occidental dans ces pays. Sans que les cancers traditionnels du Sud disparaissent entièrement, les cancers des nations industrielles se rajouteront au fardeau des maladies déjà existantes, pour aboutir d'ici quelques dizaines d'années à une prévalence aussi élevée des cancers au Sud, comme au Nord. Pourquoi ne pas répondre à cette mondialisation annoncée de la maladie, de l'obésité jusqu'au cancer, par une stratégie globale d'amélioration de l'environnement et de l'alimentation ?

LA PRÉVENTION, UNE QUESTION D'ÉTHIQUE

La question du cancer nous interpelle, agir pour la prévention est une obligation éthique. Prévenir fortement la survenue des cancers, c'est trouver un mode de vie plus adapté à la condition humaine, cesser de polluer et rechercher une solution plus globale, cela rejoint la question d'un changement de mode de civilisation. Nous ne sommes pas rendus au bout de nos peines et en attendant, la prévention pourrait sembler se réduire à des mesures de portée limitée, qu'il serait pourtant irresponsable de ne pas mettre en œuvre, tant il est vrai que l'adage « il est plus facile de prévenir que de guérir » s'applique plus spécialement à la problématique du cancer.

C'est dans ce contexte qu'il faut réfléchir à la mise en place d'une alimentation durable pour prévenir l'épidémie mondiale de cancer. Le paradoxe de l'alimentation est de pouvoir créer un environnement favorable ou défavorable à la cancérogenèse. Être directement responsable du cancer par la présence de divers cancérigènes (pesticides, mycotoxines, produits néoformés par la cuisson ou les processus industriels, additifs), mais aussi favoriser indirectement l'apparition de la maladie *via* la surcharge pondérale par exemple, par des apports énergétiques déséquilibrés et une trop forte proportion de calories vides. Côté positif, l'alimentation pourrait exercer un rôle préventif autant en prévenant les premières mutations cellulaires que les autres étapes du développement du processus cancéreux et cette protection serait exercée par la synergie d'une très grande diversité de facteurs nutritionnels : apport équilibré en énergie et en acides gras essentiels, qualité des apports en micronutriments protecteurs, en fibres alimentaires, en minéraux. Pour espérer prévenir une majorité de cancers, aucun aspect de la qualité nutritionnelle de l'alimentation ne doit être négligé et en particulier les effets spécifiques des fruits et légumes.

Selon un large consensus scientifique, on estime que l'amélioration de l'alimentation pourrait faire diminuer d'environ un tiers la prévalence des cancers. C'est déjà considérable, mais comment ne pas espérer plus ! En fait les potentialités de prévention sont certainement beaucoup plus élevées que les estimations actuelles. Un très grand nombre de cas de cancer sont sans doute prévenus grâce à l'alimentation, mais ces cas silencieux ne peuvent pas être comptabilisés par les enquêtes. Le fait d'en démontrer la preuve nous aiderait beaucoup à promouvoir une alimentation durable.

Parce qu'il faut que la cellule subisse une première mutation pour devenir cancéreuse, le premier réflexe est de faire tout le possible pour éviter cette étape par exemple dans les cancers induits par les virus ou par le tabagisme. Cependant, les événements impliqués dans la cancérogenèse sont très complexes et liés au fait que certains accidents d'origine très diverse peuvent survenir lors de la division des cellules et plus particulièrement au cours du vieillissement de l'organisme.

Ainsi, chacun d'entre nous héberge des cellules transformées dans son corps qui n'aboutiront pas nécessairement dix ou quinze ans plus tard au développement d'un cancer. Le processus de cancérogenèse nécessite aussi l'intervention de divers facteurs qui stimulent la division des premières cellules transformées (promotion tumorale). Les facteurs nutritionnels et les réponses de l'organisme peuvent ainsi contribuer soit à limiter, soit à amplifier les conséquences des premières mutations cellulaires. Il a fallu longtemps pour que la communauté scientifique reconnaisse l'importance de l'hygiène de vie dans la prévention des cancers, parce qu'on avait sous-estimé la possibilité d'agir par le comportement des personnes, sur la promotion tumorale, ainsi que sur les autres étapes ultérieures du processus de malignité. Maintenant le rôle positif de l'exercice physique quotidien est mis en avant, les risques accrus induits par la surcharge pondérale sont reconnus par tous. Le cancer a perdu une partie de son mystère mais garde bien des zones d'ombre.

Plutôt que de considérer le cancer comme une fatalité du mode de vie occidental, ou du microbisme environnant dans les pays du Sud, il est certainement possible au contraire de concevoir un mode de développement efficace pour la prévention de ce fléau mondial. Cela nécessiterait d'agir à l'échelon collectif en particulier sur la qualité de l'offre alimentaire et au niveau des comportements individuels.

LA BIODIVERSITÉ ET LA QUALITÉ NUTRITIONNELLES
DES ALIMENTS PROTÈGENT

La prévention la plus efficace passe par une alimentation riche en fruits et légumes pour disposer d'une très grande biodiversité de micronutriments dont on peut attendre un très grand nombre d'effets complémentaires et synergiques : les vitamines de base, mais aussi des centaines de polyphénols, une dizaine de caroténoïdes, des composés soufrés, des phytostérols, des tocophérols, bref une extrême diversité moléculaire. Une vraie politique alimentaire contre le cancer devrait être très exigeante en matière de maintien de la biodiversité des végétaux consommés, de préservation des micronutriments dans les aliments et donc de contrôle des procédés de transformation. Il faudrait donc assurer un certain suivi des micronutriments du champ jusqu'à l'assiette, développer une politique de promotion des fruits et légumes à des fins de santé publique, favoriser la consommation de pain bis ou complet plutôt que de pain blanc, d'huiles vierges plutôt que raffinées. Il est remarquable que la biodiversité tant recherchée sur le plan écologique soit également précieuse dans notre assiette.

Il est reconnu maintenant que la surcharge pondérale joue un rôle dans l'augmentation de la prévalence des cancers, d'où l'importance de lutter contre l'obésité par une vraie stratégie d'alimentation durable, une réglementation nouvelle pour réduire l'utilisation des matières grasses, des sucres et des aliments à index glycémique élevé. Cela serait une bonne occasion de limiter également le nombre d'additifs utilisés. Une politique ambitieuse de prévention alimentaire du cancer devrait se traduire par une offre de matières grasses équilibrée en oméga-6 et en oméga-3. Il est remarquable que la qualité des apports lipidiques soit tout aussi indispensable pour la prévention des pathologies cardio-vasculaires, des maladies inflammatoires que pour la lutte contre le cancer. Selon les recommandations de l'INCa, limiter le cancer du côlon par exemple, c'est éviter une consommation élevée de charcuteries, mais pourquoi ne pas essayer d'améliorer la qualité nutritionnelle de ces charcuteries et de tant d'autres produits animaux ? Pour promouvoir une offre alimentaire, le plus adaptée possible à la prévention des cancers, il faudrait un vrai courage politique, le même que pour les autres aspects d'une alimentation durable, cesser de cloisonner les affaires de santé publique et d'alimentation.

POUR UN DISCOURS DE PRÉVENTION GLOBAL

Une politique contre le cancer, c'est une campagne énergique de réduction de la prise d'alcool (en apéritifs ou sous d'autres formes entre les repas), mais aussi la mise en garde de la population vis-à-vis des lacunes de l'offre alimentaire industrielle. Lorsque le corps médical dénonce le premier verre de vin comme facteur de risque du cancer, sans jamais se prononcer sur la qualité des aliments industriels, il perd en crédibilité. Il faut aussi cesser de délivrer des informations trop partielles, par exemple concernant les produits laitiers ou le calcium qui nous protégeraient du cancer du côlon, tout en nous exposant au cancer de la prostate. La société a besoin d'un discours général crédible concernant la prévention des cancers, rappelant certes les méfaits du tabac et de l'alcool mais sans ignorer les risques des autres cancérigènes environnementaux ou les déséquilibres patents de l'offre alimentaire industrielle.

Le grand public est parfois informé du rôle protecteur de certains végétaux tels que le brocoli, les fruits rouges, alors qu'il ne faut pas négliger la consommation des autres fruits et légumes. Il y a un risque de donner des recettes trop simples et trop limitées, sans mettre l'accent sur la globalité de la prévention et sur la nécessité de la traduire dans un paysage alimentaire crédible. Les campagnes de prévention du cancer n'ont pas encore réussi à bien sensibiliser le public à la question alimentaire, et les consommateurs ne sont pas suffisamment incités à remettre en question leurs habitudes en particulier pour disposer d'une plus large biodiversité en micronutriments protecteurs.

En attendant que les pouvoirs publics développent une vulgarisation nutritionnelle compréhensible et que les agriculteurs ou les industriels se mobilisent pour une alimentation préventive, il revient à chacun d'entre nous de nous interroger sur notre comportement. Le réflexe le plus commun est d'avoir peur de s'empoisonner plutôt que de se protéger. Certes, il n'est pas inutile d'essayer de réduire notre exposition aux cancérigènes (tabac, alcool, pollution, pesticides, cancérigènes environnementaux), mais tous ne sont pas facilement repérables. La contamination alimentaire par les pesticides est souvent passée sous silence pour ne pas décourager les consommateurs. Cependant elle est bien réelle ; on peut même parfois la percevoir sur les raisins de table par exemple, alors que dans les produits industriels elle passe inaperçue.

Une recommandation de bon sens consiste à varier ses habitudes de consommation pour éviter à l'organisme d'être toujours en contact avec les mêmes facteurs de risque. En effet, la durée d'exposition à un facteur cancérigène prime sans doute sur la dose ingérée. Les enquêtes épidémiologiques nous indiquent aussi qu'il vaut mieux consommer des fruits et légumes issus de l'agriculture conventionnelle plutôt que de s'en priver pour des raisons de santé. La peur de s'empoisonner n'est pas suffisante pour acquérir de bons réflexes de prévention en matière de cancer. Comme dans d'autres domaines, nous devons privilégier les comportements positifs, reposant sur des modes alimentaires naturels, rustiques sur le plan calorique et suffisamment riches en facteurs de protection. Certains consommateurs ne recherchent les produits biologiques que par peur des pesticides et ce réflexe ne facilite pas nécessairement l'adoption d'une alimentation préventive.

Au fur et à mesure du développement industriel, il est probable que l'on ne saura jamais à quel point la maîtrise d'une bonne alimentation pourrait diminuer l'incidence des cancers, puisqu'on ne pourra plus faire d'observations sur des populations ayant gardé un comportement nutritionnel original et différent des nouveaux standards de consommation. Même si la protection n'était que partielle, de 30 à 40 %, les bénéfices individuels et sociaux sont tellement importants, qu'il conviendrait de s'engager dans la réforme de notre système alimentaire pour amplifier ou au moins maintenir le potentiel de prévention des cancers.

On pourrait donner d'autres exemples concernant l'intérêt de mieux gérer la santé par l'alimentation, pour la prévention de l'ostéoporose, des pathologies pulmonaires, des maladies neuro-dégénératives. Dans tous les cas, il existe une grande cohérence dans les mécanismes de prévention nutritionnelle, ce qui nous permet de nous appuyer sur la même nutrition préventive pour gérer la santé dans son ensemble. Tous les tissus de notre organisme tirent un bénéfice d'être bien approvisionnés en nutriments et micronutriments si l'alimentation est optimale. L'état de santé général des humains ne peut que s'en trouver amélioré durablement, à condition bien sûr qu'ils aient des dépenses physiques suffisantes et qu'ils ne soient pas soumis à des stress trop éprouvants. Pour autant, la meilleure des nutritions préventives ne pourra supprimer tous les risques de maladies liées à chaque aventure humaine. Malgré cette contingence, les bénéfices pour la santé induits par une bonne nutrition sont très précieux. En affichant une volonté ferme de bien nourrir les hommes, l'épidémie mondiale d'obésité aurait ainsi pu être prévenue, de même que les autres maladies métaboliques.

Une réaction salutaire pour lutter contre les maladies dégénératives émergentes

De nombreux problèmes de santé publique ont été résolus, lorsque la société en a clairement perçu les enjeux et s'est donné les moyens d'agir. Pour lutter contre le goitre consécutif à la carence d'iode, il a suffi de produire des sels iodés. Pour réduire au strict minimum les intoxications alimentaires, les pouvoirs publics ont imposé des règles d'hygiène alimentaire strictes. La lutte contre les affections microbiennes a bénéficié d'une pharmacopée florissante.

Deux domaines de la prévention restent à la traîne, la lutte contre la propreté chimique de l'environnement et la prévention d'un ensemble de pathologies dégénératives (diabète, obésité, cancers) par une bonne nutrition. Il ne s'agit pas de questions secondaires puisqu'elles engagent déjà l'avenir de l'espèce humaine. La pollution de l'environnement pourrait affecter les capacités de reproduction humaines et jouer un rôle accru dans la survenue des cancers. Une alimentation inadaptée pourrait accentuer la propension d'une partie de l'humanité à la surcharge pondérale, avec des conséquences très graves à l'horizon d'un siècle.

Loin de l'optimisme développé à l'occasion de l'augmentation actuelle de l'espérance de vie, la population humaine pourrait perdre à l'avenir progressivement de sa résistance et serait encore plus sensible aux maladies dégénératives. L'évolution selon Darwin nous apprend à quel point le phénotype des êtres vivants peut s'adapter aux facteurs environnementaux. Lorsque les humains grossissaient sur leurs vieux jours après s'être reproduits, cela ne pouvait compromettre l'avenir de leurs enfants. La situation est devenue bien plus critique, puisque des modifications épigénétiques provoquées par un changement d'environnement peuvent se transmettre aux générations futures lorsqu'elles se développent précocement. Nous avons donc une épidémie mondiale d'obésité et de diabète qui ne peut que s'aggraver si l'environnement alimentaire reste le même. Or nous avons encore les moyens de nous sauver de ce naufrage collectif, en particulier par l'adoption d'une alimentation durable selon les bases que je me suis efforcé d'expliciter. Seulement aucune institution, aucun gouvernement, aucun grand sage n'a le pouvoir d'appuyer sur le bouton de la mise en route d'un système alimentaire plus soutenable. Lorsqu'il existe une crise sanitaire aiguë, à l'instar de la grippe A (H1N1), les structures administratives sont capables de se mobiliser, mais face à un changement lent et comme inexorable de phénotype, comment trouver les moyens de réagir ?

Il serait extraordinaire que les hommes parviennent à se mobiliser au sujet de la santé de la planète et restent si indifférents vis-à-vis de l'évolution de leur propre phénotype. S'il se passe quelque chose en matière de lutte contre le changement climatique, on le doit à l'énergie des experts qui ont su faire partager leur révolte. Une volonté similaire et tout aussi résolue, portée par le maximum d'hommes possible, serait la seule solution pour mieux lutter contre une sorte de déclin physiologique, déjà bien visible chez les personnes souffrant d'obésité. Comment ne pas faire preuve d'une lucidité courageuse et d'une volonté déterminée pour assainir la situation ?

Seulement la question climatique repose sur l'observation de paramètres physiques sur lesquels il peut paraître facile de s'accorder (ce qui n'éloigne pas toute controverse). Les changements en matière de température, de concentration de l'air en CO_2, d'émission de gaz à effet de serre sont faciles à suivre, permettant le chiffrage des objectifs à atteindre. Dès que l'on touche à l'homme, à sa subjectivité, à la dimension culturelle de son alimentation, la possibilité d'obtenir une prise de conscience largement partagée peut paraître difficile, ainsi que la mise en œuvre et le suivi d'une nouvelle politique alimentaire. Cependant pour éviter le pire, nous n'avons pas d'autre choix que de nous engager sur la voie d'une alimentation durable, dont j'ai défini le contour dans la charte en annexe de ce livre. Si le contenu et les engagements de cette charte faisaient l'objet de conférences de consensus, à l'instar de la question climatique, cela pourrait servir de fil directeur à la gouvernance mondiale de l'alimentation qui peine à se mettre en route. Beaucoup de populations humaines pourraient adhérer aux caractéristiques d'une alimentation universelle, saine et durable, à condition que les recommandations puissent être déclinées sur la base d'une évolution de leurs cultures, puisque l'obstacle culturel est tellement important chez l'homme.

Il y a donc une nécessité de bien vulgariser les termes d'une alimentation durable et d'une nutrition préventive, d'universaliser la question alimentaire, tout en recherchant les meilleures solutions possibles à l'échelon local, loin des voies d'un système mondialisé à vocation purement productiviste, industrielle. Il y a urgence avant que la référence culturelle de l'homme ne devienne le nouvel environnement industriel !

La question qui nous préoccupe maintenant est d'examiner les conditions de mise en place de cette alimentation durable que nous appelons de nos vœux. La difficulté pour aller dans cette direction vient du fait que cela demanderait une approche transversale, or nous n'avons pas su jusqu'à présent mettre autour d'une table médecins, agronomes, industriels, sociologues, économistes, climatologues, consommateurs et bien d'autres acteurs pour aborder la problématique alimentaire.

CHAPITRE 10

Le printemps d'une alimentation durable

Il était une fois des paysan(ne)s qui avaient longtemps trimé pour cultiver la terre, des populations qui avaient de la difficulté à gagner leur pain, le plus souvent des femmes qui consacraient une grande partie de leur temps à préparer la nourriture familiale. Cette partie de l'humanité existe encore, est toujours à la peine et souffre souvent de la faim.

Dans une autre partie du monde, surtout dans les pays occidentaux, l'ensemble du paysage alimentaire a changé : la puissance de production agricole s'est considérablement accrue, l'industrie et la grande distribution se sont emparées du marché alimentaire, les consommateurs se sont libérés d'une grande partie des tâches culinaires. Cette évolution n'a fait qu'accentuer le fossé qui existe entre les modes de vie des populations des pays riches ou des pays en développement. À l'heure d'Internet et de la mondialisation, tous les peuples sont nos voisins, et aucun d'entre eux ne peut plus ignorer les problèmes des autres. Pendant que les uns se préoccupent de savoir s'ils auront à manger demain, d'autres sociétés réfléchissent aux moyens de prévenir l'obésité de leur jeunesse. Parce qu'il existe un sentiment fort d'appartenance à la même espèce humaine, ni les populations pauvres ni les riches (au moins pour une partie d'entre elles) ne peuvent se satisfaire de cette situation. Si toutes aspirent au changement, les unes se sentent plus démunies que d'autres pour espérer une métamorphose alimentaire. Paradoxalement, c'est le sentiment de frustration de certains consommateurs pourtant aisés et plutôt bien nourris qui pourrait contribuer à amorcer un changement durable, un début de réponse à la question alimentaire. Beaucoup de signes annoncent le printemps d'une alimentation durable, mais une hirondelle ne fait pas le printemps.

Les signes d'un changement

La survenue d'une crise alimentaire grave en 2007, puis de la crise financière en 2008, dans une période d'incertitude sur la santé de la planète, et sur les possibilités de remplacement des énergies fossiles, crée une atmosphère propice à la remise en question de nos modèles économiques majeurs, et nous incite à réfléchir à d'autres types de civilisation.

Le doute s'est installé dans les esprits concernant la perpétuation de notre système économique basé sur une croissance indifférenciée, alors qu'il conviendrait de réfléchir sur ce qui doit croître ou décroître, sur notre possibilité à sortir du modèle énergétique actuel et sur notre volonté à lutter contre l'effet de serre. En plus de ces interrogations, nous aurons à relever le défi alimentaire, celui de la lutte contre la faim, mais aussi celui du droit à être bien nourris qui en découle.

L'intérêt de tester le plus rapidement possible des modèles alternatifs de développement, de se dégager de la tyrannie des marchés internationaux est presque devenu consensuel. Après avoir participé à la fête de la consommation alimentaire sans états d'âme, le public ressent un certain malaise quant aux solutions qui lui sont proposées. L'opportunité de s'approvisionner dans des grandes surfaces de distribution alimentaire commence à être remise en question par les citoyens les plus sensibilisés aux problèmes nutritionnels ou écologiques.

Beaucoup de personnes s'interrogent sur les évolutions actuelles et se posent la question : « Où va notre alimentation ? » La compréhension de la chaîne alimentaire devient quasiment impossible compte tenu du morcellement des informations. Il est difficile pour les consommateurs d'être sûrs de leurs choix, à titre personnel et sur le plan de leurs répercussions socio-économiques ou écologiques. Le même doute s'est installé chez une frange d'agriculteurs, lancés dans une course sans fin à l'efficacité productive. Il est probable que certaines sphères de la grande distribution et de l'industrie agroalimentaire soient également sujettes à quelques états d'âme concernant la validité de leurs pratiques. Comment ne se rendraient-ils pas compte des limites de leur marketing mensonger ou de leurs systèmes de vente déshumanisés.

Pour éclairer la question alimentaire, et définir les contours d'une alimentation plus durable nous avons besoin de relier un ensemble d'informations partielles. Nous avons réussi à accumuler suffisamment de connaissances, mais le travail de synthèse fait encore défaut. C'est la démarche que j'ai essayé de suivre tout au long de ce livre pour montrer que nos préoccupations sur la santé, le social, ou l'environnement pouvaient se rejoindre.

Nous ressentons aussi un besoin de réformer la vie, de revoir nos relations les uns aux autres, de développer la convivialité, de resserrer nos liens avec la nature. L'aspiration à une « vraie vie » contribue à susciter des exigences nouvelles pour améliorer la qualité de notre alimentation, mais aussi pour adopter un mode de vie plus écologiquement responsable. Après avoir exprimé un « que dois-je manger ? » égocentrique, les citoyens sont davantage prêts à développer l'autre facette plus altruiste de leur comportement. Il y a donc des raisons d'espérer. Une nouvelle prise de conscience de la question alimentaire pourrait émerger concernant les conséquences personnelles, sociales et écologiques de nos choix. Demain des élus politiques, en phase avec les citoyens, pourraient proposer des réformes pour construire une chaîne alimentaire plus durable.

Cependant cet espoir démocratique dans le domaine de la nutrition humaine se heurte à beaucoup de difficultés, et le chemin à parcourir est encore très long. Les droits à l'alimentation ne sont pas respectés, sur le plan quantitatif pour certains, sur le plan qualitatif pour d'autres ; trop de consommateurs continuent à se désintéresser des conséquences de leurs actes et trop de professionnels des conséquences de leurs pratiques. Les politiques publiques demeurent compartimentées, voire incohérentes, comme s'il était possible de gérer séparément la santé, l'alimentation, le social et l'environnement.

Les sociologues continuent à nous faire des analyses classiques sur le caractère égocentrique du comportement des consommateurs plus ou moins tempéré par des influences socioculturelles. Le discours des analystes du comportement alimentaire demeure assez décourageant, dans la mesure où ils ont noté un grand décalage entre les « bonnes intentions » et la réalité des actes d'achat. Finalement, si on les écoute, ils justifient les choix des consommateurs comme une adhésion à l'offre alimentaire industrielle, et la porte vers un changement de comportement est assez fermée.

Je pense plutôt que la question alimentaire n'a pas suffisamment été bien expliquée. Je suis personnellement frappé de voir à quel point la société prend à son compte les questions écologiques, souvent plus contraignantes que la modification de nos habitudes alimentaires. Seulement, les interrogations sur le réchauffement climatique, sur l'épuisement des ressources fossiles sont relayées quotidiennement dans les médias, tandis qu'aucune hypothèse lisible n'est formulée sur l'évolution de l'alimentation, en dehors de cercles très fermés. Pour encourager des conduites alimentaires plus responsables, il faudrait mieux expliquer que les défis écologiques et alimentaires ne peuvent être dissociés.

La vitalité de la démocratie dépend de l'élévation de la conscience des citoyens. Il est probable que les institutions politiques donneront le signal du changement assez tardivement et que divers mouvements altermondialistes joueront un rôle précurseur pour éclairer le défi commun à relever, celui de mieux nourrir les hommes et de mieux préserver la planète. L'essentiel est de faire partager ce défi !

L'évolution du phénotype humain consécutive à l'industrialisation alimentaire

Nul ne peut ignorer que la modification de l'environnement a façonné l'évolution des espèces. Les humains n'ont pas pris conscience assez vite à quel point cette loi pouvait les concerner. Nous nous sommes réjouis que les nouvelles générations, mieux nourries que leurs aînées, aient grandi en taille. Seulement, l'évolution du phénotype s'est poursuivie et une partie de l'humanité prend maintenant du poids sans que plus rien ne puisse maintenant arrêter une telle évolution. La création d'un environnement alimentaire artificiel par l'addition d'ingrédients caloriques et son corollaire l'abandon d'une nourriture naturelle vont provoquer une modification de l'expression du génome humain vers un profil « gros ». Après avoir coévolué en fonction des nouvelles disponibilités en céréales ou en élevage laitier, le phénotype de l'espèce humaine va inexorablement changer sous l'effet d'une nouvelle nourriture industrielle. Darwin nous avait expliqué le principe de l'adaptation des espèces à leur milieu, nous avons cru possible de nous extraire de l'environnement naturel auquel nous étions adaptés, sans que cela ait des conséquences notables pour le devenir de notre espèce. L'influence du milieu environnant sur l'évolution du vivant est aussi établie que la loi de la pesanteur. Par contre, comment imaginer qu'en l'espace de cinquante ans une évolution aussi spectaculaire ait pu avoir lieu, et que la surcharge pondérale touche déjà 15 % de l'humanité ? L'histoire du vivant, comme celle des humains, nous avait habitués à des étapes de changement beaucoup plus lentes.

Parvenus à ce stade d'une prise de conscience sur ce qui nous arrive, nous n'avons pas d'autre choix que d'essayer de réagir. De nombreux signaux nous alertent sur la santé de la planète et nous savons qu'il faut corriger le tir, réduire les émissions de CO_2, pourquoi ne serions-nous pas capables d'avoir la même lucidité en matière d'environnement alimentaire ?

Chacun d'entre nous a le droit à une alimentation naturelle qui n'altère pas notre phénotype. Si l'impact de l'environnement alimentaire était aussi bien médiatisé que les questions climatiques, il est probable que cela induise un pilotage nouveau de la chaîne alimentaire et des comportements individuels plus sûrs. Demain des slogans nouveaux pourraient apparaître du genre : « Nous voulons une alimentation naturelle. »

Nous n'avons pas d'autre choix que d'inscrire notre comportement alimentaire dans une vision globale pour nous préserver, ainsi que pour un intérêt plus général. Nous savons maintenant que le système alimentaire occidental n'est pas bien adapté à la physiologie humaine, qu'il n'est pas bon pour la santé de la planète, et il existe même un consensus sur le fait qu'il n'est pas généralisable. Puisqu'il en est ainsi, adoptons un régime plus universel et moins coûteux. Puisque la manière de nous alimenter va influencer notre phénotype, il semble logique d'y faire attention pour soi-même mais aussi pour les autres. Si les modes d'agriculture les plus propres, biologiques, ou compatibles avec une bonne agroécologie, renchérissent le prix des aliments, il faut que nous acceptions ce surcoût. Enfin nous devons être plus exigeants sur la naturalité des aliments que nous achetons.

Un bon scénario serait que la prévention générale de l'obésité contribue à modifier l'offre alimentaire pour tous. Un consensus international pourrait naître pour imposer partout des règles de prudence à l'industrie agroalimentaire. Il me semble qu'une prise de conscience politique générale pourrait émerger en vue de préserver nos enfants de ce fléau.

COMPORTEMENT ET CIVISME ALIMENTAIRES

Le printemps de l'alimentation durable, c'est reconnaître la nécessité d'adopter pour soi-même un comportement sûr, mais aussi de faire preuve d'un civisme alimentaire. C'est en consacrant un budget suffisant et équilibré à l'achat des grandes catégories d'aliments que l'on peut agir sur le bon fonctionnement de la chaîne alimentaire. C'est l'émergence d'une prise de conscience alimentaire qui s'inscrit dans une perception écologique plus globale. Dépasser le classique « je suis ce que je mange » pour le « je pense ce que je mange ». Considérer aussi que « nous deviendrons ce que nous mangerons », soit une espèce humaine plutôt prédatrice, peu solidaire vis-à-vis de ses membres ou de la nature, ou plus responsable, solidaire et capable de préserver ses écosystèmes naturels. Évidemment, il vaudrait mieux que cette vision soit portée par un courant politique.

Nous sommes avertis, l'alimentation est à prendre au sérieux, or les messages que reçoit le public par de multiples canaux ne lui procurent aucun fil directeur, ou sont même totalement incohérents. Après nous avoir incités plusieurs fois par semaine à manger cinq fruits et légumes par jour, des informations sont données sur la contamination de ces aliments en pesticides et aucune initiative n'est prise pour dégager une nouvelle politique en vue de résoudre ces incohérences. Le public est conditionné à la pensée magique du marketing industriel qui lui propose une margarine enrichie en phytostérols pour prévenir le risque cardio-vasculaire (or nous n'avons aucun recul sur l'efficacité d'une telle consommation), ou des yaourts pour résoudre les problèmes digestifs alors que le bon fonctionnement du gros intestin dépend surtout des fibres végétales. Tous ces discours partisans « ne volent pas haut », et on comprend que les citoyens restent sceptiques et ne se sentent pas concernés par cette approche cacophonique et partielle de la question alimentaire.

Rêvons ensemble, à plus de cohérence. Que le public soit mieux informé, de l'existence d'une façon assez universelle de bien se nourrir, au-delà des différences régionales et culturelles. Qu'il soit conscient que les bonnes solutions seront celles qui correspondront à un développement durable. Qu'il perçoive bien le message de l'impact de l'environnement alimentaire sur l'avenir de l'espèce humaine. Comment pourrait-on s'intéresser à la santé de la planète et ne pas veiller à l'avenir de l'espèce humaine ?

NOS CHOIX ALIMENTAIRES, UN ENJEU PLANÉTAIRE

Nous devons comprendre que la question alimentaire a une dimension planétaire dans ses répercussions humaines et écologiques. Il peut paraître naïf de penser que nous devons adopter des modes alimentaires économes en énergie et en surface agricole pour participer de façon indirecte à la lutte contre la faim. Pourtant la manière de piloter l'agriculture et la chaîne alimentaire dans les pays du Nord a une influence bien réelle sur l'état des productions dans les pays du Sud. Ou bien les pays occidentaux mènent une politique pour que l'offre alimentaire expose les hommes à un environnement naturel, garant d'une stabilité phénotypique et ce changement de paradigme risque d'être bien suivi dans les autres régions du monde, ou bien les mêmes dérives continueront, accentuées par la pauvreté.

Si nous ouvrons la voie vers une nourriture plus végétarienne, naturelle et écologique, les autres pays s'inscriront dans cette démarche. Au lieu de réformer nos modèles agricoles et nos modes alimentaires, nous continuons à les exporter dans un but économique, et dans un même élan paradoxal, nous affichons des objectifs de réduction des gaz à effet de serre.

Habitants de la planète Terre, nous souhaitons que tous les hommes soient bien nourris et nous n'avons pas besoin de nourritures dispendieuses ou artificielles pour être heureux et fiers de notre humanité, et c'est même excellent pour notre santé. Nous souhaitons que la naturalité des aliments soit préservée et nous savons que cela est indispensable à la préservation de l'espèce humaine.

Puisque nous connaissons maintenant les conséquences du bouleversement alimentaire du siècle dernier, il est inutile d'en rester à la situation actuelle et il devient urgent d'amorcer un changement salutaire. Je ne comprends pas pourquoi les politiques ne s'en mêlent pas, ne débattent pas du problème. Il n'est pas certain qu'ils aient bien perçu l'étendue du problème Même les milieux scientifiques ne semblent pas avoir pris le recul nécessaire pour alerter le public sur les conséquences du bouleversement de notre environnement alimentaire. Le moment est pourtant venu de prendre position en faveur d'une alimentation durable.

Je vous ai proposé de réfléchir ensemble à un meilleur monde alimentaire (non pas au meilleur des mondes) et cette aspiration s'inscrit bien sûr dans une recherche très ancienne de l'humanité vers plus d'harmonie, ou sous une vision opposée, vers moins d'injustices et de misères. L'espoir d'un avenir meilleur est toujours incertain et pourtant l'espérance nous fait vivre et progresser. Elle est sans doute le seul fil directeur possible pour faire évoluer nos comportements alimentaires. Espérance d'une longue vie en bonne santé, d'une nature et d'un phénotype humain protégés, espoir de solidarité sociale, désir de ne pas compromettre l'avenir de nos enfants. Il est difficile de croire que toutes ces aspirations pourront être comblées, nous ne connaissons pas toutes les conséquences de nos pratiques, mais il y a tellement de bénéfices à attendre d'un meilleur comportement alimentaire et si peu de risques imaginables, en comparaison de nos modes de fonctionnement actuels, qu'une nouvelle voie s'ouvre naturellement vers nous, celle d'une alimentation durable (puisqu'il fallait bien lui donner un nom).

Petit guide d'achats pour un comportement alimentaire durable

L'heure est venue de s'engager, d'examiner la façon dont nous faisons les courses et le contenu de nos repas. Je vous propose une nouvelle méthode pour structurer vos courses, relier vos achats à vos besoins nutritionnels, les inscrire dans un comportement alimentaire naturel et donc durable.

CLASSER LES ACHATS DANS QUATRE GRANDS ENSEMBLES DE PRODUITS

Vous vous souvenez de la pyramide alimentaire : la base de notre alimentation est constituée de produits végétaux complétés par des produits animaux. Des matières grasses, du sucre, des épices, des herbes, des aromates, des condiments divers, du sel sont à notre disposition pour accomplir des milliers de recettes grâce à l'association d'une grande diversité de produits végétaux et animaux. Tout le reste, soit une somme considérable de produits industriels, est souvent superflu ou finit même par gêner l'art culinaire.

Le premier conseil est donc d'apprendre à classer les produits, dans quatre grands ensembles alimentaires et à hiérarchiser leur importance par rapport à vos besoins. La méthode que je vous propose, qui vise à faire une distinction entre les aliments de base et les autres produits très transformés, me semble la plus simple et la plus compréhensible. La distinction entre produits animaux ou végétaux peut parfois poser problème, si l'aliment contient des ingrédients des deux origines. Il est inutile de faire preuve de purisme, il suffit seulement de percevoir si un aliment est à dominance végétale ou animale, et d'en connaître la caractéristique nutritionnelle principale (des pâtes aux œufs restent des pâtes). Je vous invite à structurer vos courses en fonction des quatre grands ensembles alimentaires suivants.

> **Les quatre classes d'aliments**
>
> **1. Les produits végétaux,** source de glucides, de protéines, de fibres, un petit nombre seulement sont riches en lipides.
>
> **2. Les produits animaux** qui ont principalement une composition binaire protéines-lipides.
>
> **3. Les ingrédients pour la cuisine :** matières grasses, sucre, sel, poivre, vinaigre, épices, condiments, etc., quelques boissons pour accompagner le repas.
>
> **4. L'offre de produits industriels,** caractérisés par l'assemblage d'ingrédients énergétiques.

LES ACHATS DE PRODUITS VÉGÉTAUX

Il n'est pas difficile d'identifier un ensemble de produits végétaux sous forme de produits céréaliers, de légumes secs, de racines ou tubercules, de fruits et légumes, de graines, de fruits oléagineux, mais attention à l'imagination et à la manie de transformation en tout genre des industriels, voire des artisans de l'alimentation, si bien que les noisettes se retrouvent diluées dans une pâte grasse à tartiner, les conserves et les potages additionnés généreusement de sel ou d'ingrédients de remplissage. L'idéal est de rechercher le produit de base, le kilo de haricots plutôt que la boîte de haricots cuits. Cependant l'essentiel demeure de manger des haricots !

Les produits céréaliers, légumes secs et les autres féculents sont les aliments les plus importants en termes énergétiques et sûrement les moins onéreux. Chaque peuple consomme un ou deux produits céréaliers majeurs, des galettes, du pain, des pâtes, du riz, du mil. Le pain, si possible au levain, bis à la farine de type 80 ou plus complète, est une valeur sûre. Il n'est pas certain qu'un pain blanc courant très aéré mérite le nom de pain, tout du moins en termes de valeur nutritionnelle. Les biscottes et les pains de mie sont déjà chargés en lipides ajoutés. Hormis les simples flocons, la plupart des céréales de petit déjeuner sont riches en sucre ou matières grasses ajoutées. Une grande majorité de biscuits, pâtisseries, barres de céréales sont à ranger dans le capharnaüm des produits industriels gras, sucrés, salés, même s'ils affichent sans vergogne plus de 50 % de céréales.

Au lieu de consommer des biscuits, des barres ou du pain de mie, apprenons à consommer davantage, à chaque repas, un ou plusieurs produits céréaliers parmi un large échantillon de produits disponibles : du pain bis, des flocons, des galettes, des graines entières ou mondées, des pâtes, du couscous, des semoules ou des farines, du boulgour. Blé, maïs, orge, mil, riz et tant d'autres céréales ou pseudo-céréales (quinoa, sarrasin) peuvent être déclinées sous la plupart de ces formes. Pour avoir une vision de la diversité des produits céréaliers du monde, il faut fréquenter les magasins de produits bio ou exotiques. Il est difficile de tout consommer, faites vos choix et achetez les produits en vrac par plusieurs kilos ou dizaines de kilos selon vos besoins. C'est votre base alimentaire, elle peut couvrir de 30 à plus de 70 % de vos besoins selon votre culture. Les céréales sont les aliments privilégiés de toute l'Asie, l'Afrique, d'une partie de l'Amérique, soit la grande majorité des humains. En France, au début du siècle, on consommait surtout du pain, et ce produit est devenu trop blanc et trop salé pour être la source majeure de glucides. Seulement il n'a pas été assez remplacé par des produits de base et il a laissé la place aux spécialités industrielles et de grignotage, et cela est un vrai problème de santé publique. Pourtant, de nombreux produits céréaliers sont faciles à cuire en moins d'un quart d'heure. Vous les associerez dans le même plat cuisiné ou la même assiette à un produit animal (viandes, œufs, fromages), à des légumes cuits ou crus, parfois même à des fruits, et surtout aux légumes secs qui nous paraissent si importants à mettre en valeur. Pour mémoire, chaque personne devrait consommer par jour de 200 à 300 grammes de céréales de toutes origines.

Après le rayon des produits céréaliers, n'oubliez pas les achats de légumes secs : haricots, lentilles, pois de toutes origines, niébés africains, fèves, lupin, soja dépelliculé et tant d'autres graines de légumineuses dont vous pouvez contempler la diversité dans les épiceries du monde. Ces aliments sont merveilleux de valeur nutritionnelle, mais les graines les plus dures à cuire gagnent à être mises à tremper au préalable pendant 24 heures. Céréales et légumes secs sont parfaitement adaptés aux besoins des humains, organisons nos courses dans le but de les consommer dans le même repas, ou de préférence dans la même journée. Il existe déjà des préparations faciles d'emploi contenant ces deux types d'ingrédients, et c'est pour ce type de mission que le secteur agroalimentaire rend de précieux services.

Pour varier les sources d'amidon et les plats principaux, il vous faut aussi faire la réserve de pommes de terre, de patates douces ou d'autres spécialités exotiques si elles font partie de votre culture (banane plantain, manioc, igname), de châtaignes à la saison d'automne. Tous ces aliments ont également un rôle clé dans une agriculture nourricière. Sur le plan nutritionnel, la pomme de terre, comme le manioc ou d'autres sources de féculents gagnent aussi à être associés à des légumes secs ou à des produits céréaliers pour parfaire la valeur biologique des protéines ou les apports de minéraux et micronutriments. La qualité des associations alimentaires est déterminante pour améliorer la valeur nutritionnelle des féculents, de même que pour la plupart des aliments.

Nous avons pensé à remplir les estomacs, mais il faut aussi protéger les organismes. La qualité des achats en fruits et légumes conditionne la réussite de vos courses. Nous sommes dans le règne de la diversité des couleurs et des origines botaniques, des produits de saison, de régions proches ou de contrées plus lointaines s'il s'agit de bananes, d'ananas, de mangues (attention au coût du transport). Il faut les acheter par dizaines d'espèces botaniques différentes, par kilos. Par exemple, il en faut plus de 15 kilos par semaine pour une famille de quatre personnes, pour que chacun en mange environ 500 grammes par jour. C'est lourd à porter, ça coûte cher, heureusement produits céréaliers et légumes secs sont peu onéreux et vous allez faire tellement d'économies dans le domaine des produits industriels.

Tous ces achats sont judicieux pour votre santé, mais il faut aussi penser environnement, circuits courts, produits de saison. Vous adhérez facilement à ce message, il va bien falloir que les agriculteurs pensent à satisfaire ce marché qui leur tend la main. Autrement, c'est à vous citoyens de vous mobiliser pour la création de zones maraîchères de proximité ou l'organisation de nouveaux marchés. Le développement des AMAP est une bonne solution, mais aussi celui des marchés de producteurs ou des agromarchés. Au lieu de tondre inutilement la pelouse, pensez à jardiner, à planter des arbres fruitiers plutôt que d'ornement. Ces fruits et légumes, vous les consommerez sous forme crue, mais vous les cuisinerez aussi avec les céréales, les pommes de terre, la viande du plat principal.

N'oubliez pas enfin de faire une réserve suffisante d'amandes, noix, noisettes, pistaches, olives, fruits secs, c'est tellement préférable aux biscuits apéritifs et autres croquettes industrielles. Un assortiment de figues, abricots, raisins secs, dattes, associés aux amandes, noix et noisettes remplacera avantageusement les biscuits pour le goûter de vos enfants.

J'espère que vous n'avez pas l'impression de manquer d'aliments à consommer, et il me semble que le sevrage des produits industriels les plus inutiles devrait être facile. Je reconnais que les courses en produits frais, en fruits et légumes ne sont pas toujours faciles à faire. Les petits pois et autres haricots verts sont tellement plus accessibles sous forme surgelée ou en conserves, n'en faisons pas un problème.

LES PRODUITS ANIMAUX

Eh oui, nous sommes omnivores, et la fête des produits végétaux serait bien triste sans l'accompagnement des produits animaux. De là à ne consommer que des grillades avec un semblant de garniture végétale, ce pas a pourtant été bien franchi dans l'alimentation occidentale. Quelles viandes faut-il acheter ? Toutes et de tous les morceaux (sauf s'ils sont vraiment trop gras) ; seul interdit fort, les productions d'élevage industriel, les poulets de classe A, beaucoup de charcuteries et toutes sortes de préparations industrielles, équivalentes au surimi pour les produits marins. Comparé aux 15 kilos de fruits et légumes, un maximum de 4 kilos de viande par semaine suffit aux quatre personnes de notre famille type. Pourquoi ne pas les commander par caissette directement aux éleveurs ? La consommation de viande des Français demeure beaucoup trop élevée, proche de 90 kilos par an.

Un objectif très raisonnable serait de passer à 50 kilos par an, en diminuant en priorité les produits issus des élevages industriels. Cela vous donne un repère simple, ne pas dépasser 1 kilo par semaine et par personne. Vous inscrirez ainsi votre comportement dans un mode de vie plus durable et plus écologique et vous ferez quelques économies. Dans ce nouvel état d'esprit, je vous invite surtout à privilégier la qualité, les modes d'élevage naturels et à davantage utiliser les viandes pour donner du goût aux végétaux d'accompagnement dans un plat principal complexe que je recommande vivement.

La recommandation schématique serait donc d'acheter pour 1 kilo de viande, au moins 4 kilos de fruits et légumes. Le budget des ménages pour ces deux catégories d'aliments pourrait être comparable. La réalité des comportements est sans doute tout autre, le budget consacré aux produits animaux est bien plus élevé que celui destiné aux achats de fruits et légumes. Il n'est pas étonnant que les territoires consacrés à l'élevage soient dix à vingt fois plus importants que pour l'horticulture.

Poursuivons nos achats animaux. Pour tous et surtout pour les végétariens, l'œuf est un aliment précieux, merveilleux pour les enfants, pour faire des crêpes et des omelettes composites, mais de grâce n'achetez pas des œufs produits industriellement marqués du chiffre 3. Pitié pour les poules qui nous ont tant nourris précédemment !

Vient le rayon des produits laitiers, le PNNS français ne nous recommande-t-il pas d'en consommer un à chaque repas, pourquoi donc ? Tant d'hommes subissent un sevrage naturel durant leur tendre enfance dès l'âge de 2 ans et s'en accommodent fort bien ; dans d'autres populations entourées d'élevages laitiers, des centenaires en ont toujours consommé. Selon l'endroit où l'on vit sur la planète, il est donc possible de vivre naturellement avec ou sans produits laitiers. Cette observation élémentaire est toujours valable avec quelques nuances. Sans doute est-il plus naturel d'être sevré de lait, que de continuer à en boire longtemps dans l'enfance et chez l'adulte. Par ailleurs, les populations qui consomment des produits laitiers mangent aussi pour la plupart de la viande et pas seulement d'origine bovine. Chez ces personnes, la typologie alimentaire est celle d'une consommation excessive de protéines et de graisses saturées. Avec les yaourts sucrés et les desserts lactés, on additionne aussi un supplément de sucre, avec les fromages salés, un trop-plein de sel.

Tous ces faits sont troublants, sur quelles bases nos experts nutritionnistes ont-ils bâti leurs recommandations ? Sur deux arguments : l'un d'ordre politique, pour être soutenus par le puissant lobby laitier, et donc par l'ensemble du tissu industriel, il fallait promouvoir la consommation de ces produits, l'autre d'ordre pseudo-scientifique avec le postulat selon lequel nos besoins en calcium ne pouvaient être couverts sans produits laitiers. Il fallait pour cela accroître les ANC de calcium, ce qui fut fait, et dévaloriser la participation des autres aliments, voire oublier de dénoncer le rôle hypercalciuriant des produits salés (perte urinaire accrue de calcium).

Concernant le risque d'ostéoporose, il existe avec l'âge, surtout chez la femme ménopausée, des problèmes de fixation du calcium dans l'os, mais également des pertes élevées liées à un environnement alimentaire acidifiant, trop pauvre en fruits et légumes. La prévention de l'ostéoporose est loin de dépendre seulement des apports de calcium et de produits laitiers.

Alors faut-il consommer des produits laitiers ? À l'évidence oui, si c'est dans votre culture, mais certaines populations, voire certaines personnes s'en passent fort bien. Sans doute est-ce souhaitable lorsqu'on y a été adapté depuis longtemps (l'intestin des personnes habituées à recevoir beaucoup de calcium deviendrait assez paresseux pour absorber cet élément) ; c'est parfois inutile ou peut-être mauvais si l'on consomme en même temps trop de viande et si cela contribue à entretenir un terrain inflammatoire.

Finalement parmi les aliments naturels que nous avons cités, ce sont les produits laitiers qui ne semblent pas nécessairement convenir à tous, ils font donc l'objet d'une recommandation trop forte et contestable. De plus, ils bénéficient d'une promotion toujours très active.

La bonne nouvelle est donc qu'il est possible de faire des économies sur l'achat de ces produits. N'ayez pas de regrets, nos pauvres vaches si méritantes ont été transformées en usines à lait, dévoreuses de céréales et de soja. Heureusement d'autres sont restées au pâturage et la morale de l'histoire est qu'il nous faut consommer moins de lait, de meilleure qualité et en provenance des élevages le plus naturels possible. Voici une situation exemplaire où les préoccupations sur la santé et l'environnement se rejoignent parfaitement.

Nos courses en aliments de base sont en train d'être achevées. N'oublions pas les achats de poissons dont il faut faire une consommation raisonnable, d'une fois par semaine, pour ne pas épuiser les réserves marines, ou développer des piscicultures coûteuses aussi en produits marins.

ÉPICERIE ET MATIÈRES GRASSES

L'art culinaire nécessite aussi beaucoup d'ingrédients d'épicerie, mais dans ce domaine aussi, il faut faire simple. La recommandation est de limiter les achats de sucre et de sel, sachant que les industriels ne s'en privent pas. Il nous faut bien sûr des matières grasses : du beurre si possible bio (et à ne pas utiliser pour la cuisson), éventuellement des margarines si elles vous garantissent un bon équilibre oméga-6/oméga-3 et surtout un assortiment d'huiles. Les huiles vierges sont plus riches en micronutriments antioxydants que les huiles raffinées, elles peuvent être obtenues par des procédés technologiques simples et dans des circuits courts. Veillez toujours à l'équilibre des deux types d'acides gras (donc mélanger colza ou soja systématiquement aux autres huiles), en attendant de voir apparaître de nouvelles huiles, plus riches en oméga-3. Je vous recommande de vous procurer diverses préparations de levure, de germe de blé, voire d'autres ingrédients naturels faciles à utiliser et naturellement riche en vitamines.

Ne vous privez pas de nombreuses épices, telles que les paprika, cumin, curcuma, curry, raz-el-hanout et de toutes les autres, mais évitez surtout la plupart des sauces industrielles et les excès de moutarde conservée aux sulfites. Terminez vos courses de base par les achats de vins, bière, cidre, thé, café, cacao; sans commentaires et souvent à consommer avec modération. Le miel, le chocolat noir et vos confitures préférées ont aussi une petite place dans vos placards.

LES PRODUITS TRANSFORMÉS

Tous les ingrédients de base ont été réunis pour faire de nombreux menus et nous avons sans doute réalisé quelques économies. Nous n'avons lésiné sur aucun des achats indispensables en viandes, produits laitiers, fruits et légumes. Mais une myriade d'autres produits industriels et artisanaux nous est proposée? La difficulté est d'apprendre à limiter leur usage ou à choisir les meilleurs, autrement ces types de produits finiront par supplanter les autres achats indispensables à l'équilibre alimentaire. Ni notre estomac ni notre budget n'ont des capacités illimitées. Nous sommes dans l'obligation de choisir!

Ne faites pas des réserves de produits de grignotage, même parés de l'image diététique, et il est préférable de ne plus acheter aucun soda ni d'eau en bouteille si possible. Attention que les achats de jus de fruits ne remplacent pas progressivement la consommation de fruits, que le recours à divers ingrédients (sauces, potages) ne se fasse pas au détriment des légumes frais ; la composition des produits industriels est souvent très éloignée de celle des ingrédients naturels. Les plats cuisinés frais ou en conserve peuvent vous dépanner, mais il ne faut pas être trop exigeant sur leurs qualités gustatives ou nutritionnelles. Les crèmes, les desserts, les surgelés sucrés et autres pâtisseries industrielles ont des goûts fort artificiels dopés par des arômes.

Ne touchez pas à la naturalité de nos aliments ! Il semble que l'industrie agroalimentaire soit restée assez sourde à ce message, qui remettrait en question bien de ses pratiques. Il existe bien sûr des premières transformations indispensables pour rendre comestible un ingrédient, pour la production de farine, de beurre, d'huile ou de sucre, mais, au-delà, l'industrie purifie, décompose, recompose, élimine, ajoute, modifie le goût, la texture, la couleur, sans avoir à garantir la valeur nutritionnelle. Il revient aux consommateurs de prendre leurs distances vis-à-vis de cette offre industrielle en produits caloriques, appauvris en micronutriments. Cependant, la seule référence culturelle de beaucoup de jeunes est basée sur ce nouveau type de nourriture industrielle et il n'est pas certain qu'ils soient capables d'accepter de consommer des lentilles, du céleri ou des carottes. Après avoir éloigné les consommateurs des goûts les plus naturels, le secteur agroalimentaire sera sans doute amené à redéployer son activité vers des produits plus naturels. Un marketing vers le naturel se développe déjà mais l'approche demeure bien superficielle, alors qu'il faudrait changer le paysage en profondeur. La qualité nutritionnelle d'un très grand nombre de produits transformés doit être améliorée et je souhaite qu'une partie du secteur agroalimentaire sache prendre la bonne direction. La vulgarisation des enjeux d'une alimentation durable pourrait aider à accélérer ce changement. Un autre vœu serait qu'une bonne réglementation permette de réduire la quantité d'emballages difficiles à recycler et coûteux à produire.

Une diversité alimentaire mieux comprise

Une des clés pour résoudre l'équation nutritionnelle est de bien associer les aliments, et il est important d'expliquer à quel point cela est nécessaire. L'association la plus emblématique pour sa complémentarité en protéines et son efficacité agronomique est celle des céréales et des légumes secs. Sur cette base, il serait assez facile de nourrir plus de 9 milliards d'habitants, donc dès maintenant de résoudre le problème de la faim. Notons que dans tous les climats, sauf les plus froids, il existe une possibilité de cultiver des céréales et des légumes secs, même si les variétés qui poussent au Canada ou en Russie, diffèrent de celles de l'Afrique ou de l'Asie. Leur culture offre des possibilités d'assolement remarquables, puisque les légumineuses peuvent enrichir le sol en azote dont bénéficieront les céréales. La lutte contre la faim, la protection de l'environnement seraient d'autant mieux résolues qu'une majorité d'hommes accepterait d'adopter cette base alimentaire, et des technologies nouvelles pourraient faciliter leur consommation simultanée. La consommation directe des céréales et de légumes secs, sans passer par l'intermédiaire animal, est tellement efficace pour satisfaire les besoins nutritionnels qu'il est inutile de pousser les rendements, de passer par des cultures OGM. Cependant, notre couple végétal phare, céréales-légumes secs, gagne à s'enrichir de la diversité des minéraux et micronutriments présents dans les fruits et légumes. Il est clair que la biodiversité végétale est tout aussi utile sur le plan nutritionnel que sur le plan écologique.

JOUER LA COMPLÉMENTARITÉ ALIMENTAIRE

L'impact de l'alimentation sur l'équilibre acido-basique est aussi une illustration intéressante de la complémentarité des aliments. Le fait que chacun d'entre eux ait, selon sa nature, un caractère franchement acidifiant (viandes, produits salés), alcalinisant (fruits, légumes, pommes de terre) ou relativement neutre (céréales, lait) est encore peu vulgarisé. Sur le plan métabolique, le mode alimentaire de type occidental entretient un état latent d'acidose peu favorable à l'organisme et à la santé osseuse. Il existe donc un grand bénéfice à associer la consommation de viande et de produits salés à celle des fruits et légumes et de la pomme de terre. De la même manière, les produits végétaux riches en potassium atténuent les risques liés à la consommation de sel.

Le bénéfice nutritionnel de chaque classe d'aliments est dépendant de l'environnement alimentaire général, de la complémentarité de chacun d'entre eux. Cette complémentarité est souvent perdue dans l'approche industrielle, dont une majorité de produits sont confectionnés avec le même type d'ingrédients. Le discours si classique sur l'intérêt de manger de tout n'éclaire pas beaucoup le consommateur sur le comportement qu'il devrait adopter ni en termes d'écologie ni pour sa santé. Pour induire un comportement alimentaire durable, la complémentarité entre céréales et légumes secs, entre les diverses espèces végétales entre elles, entre les produits animaux et les fruits et légumes devrait être le guide principal du consommateur. La diversité alimentaire n'est pas une précaution, elle est l'essence même du comportement omnivore de l'homme, auquel on peut donner maintenant des bases rationnelles. Il faudrait que le discours diététique conventionnel cesse de prôner la consommation d'un aliment, des produits laitiers pour le calcium, des viandes pour le fer, pour insister surtout sur l'intérêt des associations alimentaires, par exemple entre viandes et légumes, fromages et fruits. Que l'on soit végétarien ou non, l'important est bien d'accompagner toute consommation de produits animaux d'un assemblage végétal conséquent.

Nous avons les bonnes clés pour équilibrer nos repas. Pour beaucoup, la diversité végétale dépend du budget consacré à l'achat de fruits et légumes (à moins de bénéficier d'un jardin). Des populations africaines ou indiennes vont directement cueillir dans la nature les légumes sauce pour enrichir le plat et donner du goût à la préparation à base de riz, de mil, de manioc. Évidemment, ces associations végétales sont bonifiées à la fois sur les plans nutritionnel et gustatif par l'addition de viande de mouton, de bœuf, de poulet ou de poissons et mises en valeur par maintes épices.

Rien de nouveau sous le soleil, l'art d'associer les aliments est la clé des cuisines du monde. Une culture déclinée en milliers de recettes, d'assemblages différents quant aux proportions et à la nature des ingrédients (et avec des dérives, comme celle du cassoulet toulousain plus riche en viandes qu'en haricots).

Les associations alimentaires sont pour l'humanité un idéal nutritionnel, elles permettent d'assurer notre sécurité alimentaire par l'efficacité de la production végétale, elles constituent la solution universelle qu'il est possible de mettre en œuvre avec toutes les spécificités culturelles possibles, sur le plan de la nature des ingrédients, de la présentation du plat, du goût. Dommage que la chaîne alimentaire se soit égarée dans la confection de produits isolés, appauvris, à consommer sans un accompagnement naturel. L'organisation des productions agricoles devrait donc être conçue pour fournir, grâce à des circuits le plus courts possible, cet assortiment de produits végétaux et animaux, garant de nos équilibres nutritionnels.

Cuisiner, un acte militant

L'essor de l'industrialisation alimentaire a été facilité par les changements de mode de vie mais aussi par la perte du savoir-faire culinaire des populations urbaines. L'art de bien s'alimenter est loin d'être naturel et également répandu sur la planète ; beaucoup de populations pourraient être mieux nourries, tout simplement si leurs modes culinaires étaient plus appropriés. Dans l'immense patrimoine culinaire mondial, il existe déjà un nombre impressionnant de recettes et de bonnes solutions diététiques pour utiliser toutes sortes de ressources alimentaires. Des centaines d'ouvrages décrivent les cuisines du monde, et cette mine empirique pourrait être mieux exploitée, adaptée au mode de vie moderne et améliorée parfois sur le plan diététique.

Ces cuisines du monde peuvent bien sûr évoluer, être améliorées, renouvelées par des assemblages nouveaux, mais elles portent en elles tout notre savoir nutritionnel : le rôle fondamental des glucides complexes qui, pris dans un repas complet, ne perturbent pas la glycémie, le nécessaire équilibre entre protéines végétales et animales, la diversité des micronutriments pour la protection de l'organisme, l'importance des fibres pour induire efficacement un état de satiété, la complémentarité des aliments pour assurer l'équilibre acido-basique, un comportement humain mieux régulé à partir d'un repas aux racines culturelles profondes et anciennes.

Toutes les recettes les plus emblématiques, celle des couscous, des tajines, de divers ragoûts, des paellas, du tiéboudienne (riz au poisson sénégalais), des cuisines asiatiques, indiennes nous donnent des solutions intéressantes pour assembler des produits végétaux aux produits animaux, avec pour finalité principale de calmer la faim, d'apporter glucides, lipides, protéines et la quasi-totalité des nutriments nécessaires à la vie. Ce sont des plats principaux qui vous procurent un bon sentiment de satiété, l'inverse des produits de grignotage, des buffets mondains où l'organisme n'est plus capable de faire le bilan de ce qu'il a mangé.

Dans notre village planétaire, alors qu'Internet est présent dans les contrées les plus reculées, les populations n'ont pas tellement mis à profit la mise en ligne des connaissances pour faire évoluer leur savoir culinaire, enraciné dans des traditions ou déstructuré par une nouvelle offre industrielle. Les bases de la culture culinaire des uns sont trop faibles, presque limitées au geste micro-ondes, d'autres ont adopté des cuisines sophistiquées mal adaptées à la vie de tous les jours et donc peu efficaces, d'autres encore sont figés dans des habitudes familiales, communautaires ou dictées par des traditions fortes ou religieuses. À l'heure de la mondialisation, de la « macdonalisation » des habitudes et de la conquête des marchés alimentaires par les grandes firmes industrielles, l'enrichissement du bagage culinaire de beaucoup de populations serait le meilleur contre-pouvoir possible, face au risque d'un nivellement par le bas et d'une perte complète d'autonomie.

Finalement il serait possible de développer des nouvelles ressources agricoles locales, mais le plus souvent cette éventualité est bloquée par la difficulté d'apprendre à cuisiner, ou à manger autrement. Les Français ne consomment toujours pas, ou si peu, de la bouillie d'avoine comme les Écossais, du maïs comme les Mexicains ou les patates douces comme les Africains, or ces cultures sont possibles chez nous et ces aliments très intéressants sur le plan nutritionnel. Parfois les populations migrantes jouent un rôle clé pour introduire des habitudes alimentaires nouvelles, celles des pâtes, du couscous par exemple ; souvent elles n'y parviennent pas, les Italiens n'ont pas réussi à apprendre aux Français leur façon de préparer la polenta, alors que la culture du maïs s'est répandue sur tout le territoire. À l'inverse, le colonialisme a propagé l'utilisation du pain blanc avec des farines d'importation, ou la consommation de viande de porc, comme au Brésil, alors que d'autres solutions alimentaires auraient été préférables.

Que de problèmes nutritionnels pourraient être résolus dans les classes défavorisées des pays occidentaux, si les populations avaient conservé un savoir-faire pour se nourrir avec des aliments de base, si elles étaient capables d'utiliser encore des céréales et des légumes secs, comme encore bien des peuples. Longtemps en France, des classes populaires très pauvres furent capables de bien se nourrir grâce au jardinage et à la cuisine, alors que maintenant les populations défavorisées sombrent dans la malbouffe et l'obésité. De même des populations maghrébines abandonnent leurs galettes ou leurs tajines pour manger le pain blanc, les frites et les yaourts à la française, ce qui n'est pas un progrès nutritionnel.

En développant une cuisine pour utiliser les produits alimentaires bien adaptés à l'environnement local, on diminue les empreintes écologiques de la chaîne alimentaire. La capacité d'autonomie culinaire est une des meilleures voies pour soustraire les consommateurs aux sirènes du marketing industriel. Trop influencé par le lobby agroalimentaire, le pouvoir politique n'a pas donné la moindre priorité à l'enseignement de la cuisine pour assurer une autonomie future des foyers.

L'acte culinaire est donc devenu un acte militant pour résoudre des problèmes nutritionnels de santé publique, des problèmes écologiques ou des questions sociales. C'est à la fois un moyen d'être autonome, une assurance de vivre au mieux avec peu de ressources, un levier pour orienter une chaîne alimentaire avec un caractère plus social et plus écologique.

Le plus simple pour généraliser un nouveau savoir culinaire serait de reproduire l'épopée républicaine de l'apprentissage de la lecture, encore faudrait-il disposer de nouveaux hussards de la république en matière d'alimentation, et qu'ils soient mieux formés que notre corps de diététiciens, trop habitués à jongler avec l'offre alimentaire en produits industriels, ou conditionnés aux prescriptions réductrices du corps médical.

Ce nouveau savoir-faire culinaire que j'appelle de mes vœux doit s'inscrire dans la modernité, pour sa facilité de mise en œuvre, et pour correspondre à une démarche nutritionnelle et écologique globale. L'important est d'acquérir la maîtrise d'utilisation des matières premières de base (céréales, légumes, viandes) et de ne pas réduire la cuisine à des savants assemblages d'ingrédients caloriques (beurre, margarine, crème laitière ; huile, farine, sauces en tout genre) pour servir d'accompagnement au plat, avec au final une teneur trop élevée de matières grasses, une part insuffisante de glucides complexes, une très faible diversité végétale. Dans ces conditions, aucun problème d'équilibre nutritionnel n'est réellement résolu, la cuisine n'aide pas à faire consommer les fruits et les légumes dont nous avons besoin. Les mêmes erreurs commises par l'industrie agroalimentaire sont reproduites dans l'anonymat d'un atelier individuel.

À l'opposé des meilleures cuisines du monde, certains ont essayé d'introduire encore plus de chimie dans nos assiettes. Depuis longtemps, la composition de beaucoup de fonds de sauce a perdu tout caractère naturel. Rien n'arrête le marketing qui veut nous rendre adeptes de la cuisine moléculaire, toujours plus riche en additifs industriels pour modifier la structure et le goût des aliments.

L'illustration de l'authenticité culinaire qu'il nous faut préserver est dans le tajine qui définit à la fois le contenant et le contenu. Quoi de plus simple que de disposer les divers morceaux de légumes, de fruits, d'amandes, de viande selon la présentation de son choix et de mettre à cuire avec cet instrument. Et puis il existe tant d'autres solutions pour tant de recettes. La cuisine française en possède beaucoup, cependant elle très tournée vers une utilisation généreuse de viande et elle a tendance à mettre en valeur un seul légume, plutôt que des plus larges assortiments. Peut mieux faire, inutile de l'inscrire, ainsi que le pain blanc qui l'accompagne, dans le patrimoine de l'humanité à l'Unesco, d'autres ont aussi leur place !

QUALITÉ, PLAISIR, CONVIVIALITÉ

Il est difficile d'analyser toutes les dimensions de l'acte alimentaire : se nourrir, prendre du plaisir, partager, se rattacher à une culture, préserver la santé, faire des choix économiques, opter pour un mode de vie.

Les sociologues nous ont expliqué que longtemps l'homme a existé à travers ce qu'il mangeait. Nous devrions avoir dépassé ce stade ; malgré la diversité des déterminants de notre comportement, nous sommes amenés dans un univers complexe à donner du sens à ce que l'on mange. Cette prise de conscience est nécessaire pour éviter les dérives actuelles et rechercher des solutions à l'équation alimentaire. Or il est dans notre pouvoir d'essayer d'adopter le meilleur comportement alimentaire possible, pour en espérer un bénéfice sur les plans individuel, social ou environnemental. Nous aimerions connaître l'origine de nos aliments, leur modalité de production, leur qualité nutritionnelle, leur impact social et écologique. Nous voulons prendre du plaisir à manger, nous bien porter, mais nous souhaitons aussi que nos choix correspondent à un développement durable.

En faisant nos courses, nous avons essayé de choisir les aliments en fonction de leurs parcours, de leurs modes de production et selon des échanges équitables. Avec plus ou moins de réussite, nous avons appris à faire la cuisine, à associer les aliments de base pour élaborer un vaste édifice nutritionnel. Nous savons que nous avons besoin de crudités, nous faisons en sorte de ne pas en manquer, et nous avons remarqué qu'il est tellement plus agréable et efficace de les consommer en début de repas avec un accompagnement sain d'huiles vierges, de citron ou de vinaigre.

Nous avons appris à équilibrer nos deux ou trois repas quotidiens, en évitant d'additionner charcuteries, viande et produits laitiers. Bref, notre comportement alimentaire est devenu réfléchi, pas seulement centré sur nous-mêmes puisque nous sommes aussi préoccupés par l'origine de nos aliments.

Mais peut-on croire à l'adoption de comportements vertueux de la part des consommateurs, alors que la recherche du plaisir immédiat est un des réflexes les plus naturels et que l'alimentation reste du domaine de la sphère intime ? La question du plaisir est presque toujours perçue comme un obstacle au développement d'un mode alimentaire responsable. En fait, nul n'a le monopole du plaisir et surtout pas l'industrie agroalimentaire avec ses arômes artificiels qualifiés de naturels, ou l'emploi généreux de matières grasses qui alourdissent la digestion. Bien au-delà de la manipulation du goût, et de la dictature du plaisir, la finesse d'un repas dépend de la qualité des ingrédients de base. Le plaisir est également une affaire de convivialité. Puisque cette convivialité est profondément inscrite dans l'homme, qu'il en a un besoin indispensable, qu'il en tire un réconfort essentiel, la production alimentaire aurait dû être conçue pour favoriser le partage, plutôt que satisfaire les besoins individuels.

On a surtout analysé la transition nutritionnelle de la seconde moitié du XXe siècle, sous l'angle de la modification de la nature des aliments ou des nutriments ingérés. Certes, la sédentarité, les excès de sucre et de gras, les frigos bien garnis ont joué un rôle direct dans le développement de l'obésité, mais une large déstructuration des repas et une mauvaise prise en compte de la dimension conviviale de l'alimentation ont fortement contribué à l'amplification de cette épidémie mondiale. Au lieu de multiplier à l'infini le nombre de produits référencés dans nos supermarchés, ce qui visiblement n'apporte plus aucun bénéfice au consommateur, il serait préférable de développer des activités de service pour aboutir à des repas équilibrés de qualité, qui favorisent le développement de la convivialité.

REPENSER LA RESTAURATION COLLECTIVE

Le développement actuel de la restauration hors foyer pourrait sembler une bonne réponse pour délivrer au plus grand nombre possible de personnes des repas équilibrés. La restauration collective pourrait être également un bon moyen pour développer des circuits courts d'approvisionnement. Trop peu d'initiatives ont été prises dans ce sens. Pour l'instant, que la restauration soit publique ou privée, les repas sont surtout confectionnés avec des ingrédients standardisés, souvent les moins chers du marché et avec peu de lien avec l'environnement agricole. Les marchands de produits alimentaires intermédiaires sévissent en permanence, ce qui aboutit à une nourriture peu originale, très chargée en additifs. Le développement des repas bio est également limité par les difficultés d'approvisionnement. Parfois des règles sanitaires excessives découragent les responsables de la restauration de confectionner eux-mêmes les plats, à l'instar des omelettes. Pourtant, la manière dont est structuré le repas devrait servir d'exemple pour les jeunes et d'autres catégories de la population. Les pouvoirs publics font souvent des recommandations inopportunes basées sur les apports isolés de nutriments (calcium, protéines), sans mettre l'accent sur l'équilibre du plat principal et sa composition idéale ternaire (produit animal, féculent, légumes). Une logique d'alimentation durable n'a pas encore suffisamment pénétré dans la restauration collective, qui demeure un excellent levier pour le changement.

J'espère vous avoir convaincus que tout reste à faire et que nous devons assurer un meilleur avenir alimentaire à nos enfants, en particulier en leur faisant aimer la cuisine. Comme en matière d'écologie, il est important que la question alimentaire entre enfin dans le débat public.

Différencier deux types d'agriculture

Si un effort de vulgarisation suffisant était fait, si la valeur de l'acte culinaire était réhabilitée, une demande nouvelle d'aliments de base, concernant autant les produits animaux que végétaux serait à satisfaire. Par ailleurs, les consommateurs seraient prêts à faire leurs achats dans des circuits courts pourvu que les solutions d'approvisionnement qu'on leur propose soient fonctionnelles et que les prix proposés soient satisfaisants. Le recentrage de l'alimentation en faveur de produits moins transformés aurait également des répercussions favorables sur le plan de la santé publique et de l'environnement. Cette orientation devrait intéresser aussi fortement l'agriculture qui pourrait trouver enfin l'opportunité de reconquérir une partie du marché de l'alimentation. Tous les feux sont donc au vert pour redéfinir une nouvelle politique alimentaire et agricole.

Les réflexions sur l'avenir de l'agriculture ont beaucoup évolué mais demeurent trop éloignées des contours d'une alimentation durable. La politique affichée en France dans « terres 2020 » remet en question le modèle productiviste en donnant de nouveaux objectifs à l'agriculture tels que : mieux utiliser une eau qui se raréfie, contribuer à la restauration du bon état écologique des eaux, contribuer à la richesse de la biodiversité et des paysages, protéger les sols agricoles, mieux maîtriser l'énergie et lutter contre le réchauffement climatique. Tous ces défis sont fort louables, de même que les voies pour y parvenir : réduire l'usage et l'impact des produits phytosanitaires, engager chaque entreprise agricole dans le développement durable, développer les potentialités de l'agriculture biologique, remettre l'agronomie au centre de l'agriculture, repenser des pratiques adaptées aux territoires. Toutefois, il n'est pas certain que ce redéploiement de l'agriculture soit effectif et se traduise par une offre en denrées agricoles plus équilibrée pour promouvoir des modes alimentaires sûrs.

DÉVELOPPER LES CIRCUITS COURTS DE VENTE AU CONSOMMATEUR

Au-delà de la diversité des modèles agricoles déjà existants, des disparités régionales, il semblerait qu'une partie du secteur agricole gagnerait à s'orienter vers des circuits courts destinés à satisfaire le plus directement possible les besoins des consommateurs. Pendant plus de cinquante ans, la grande majorité des agriculteurs a cru trouver son salut dans l'augmentation de la productivité et de la taille des exploitations, et par la mise sur le marché d'une quantité toujours plus grande de matières premières. La qualité de la nourriture proposée à leurs concitoyens dans les temples de la consommation alimentaire n'a pas été au centre des préoccupations des agriculteurs. Ils n'ont pas pris l'exacte mesure des conséquences de leurs pratiques sur le bouleversement des écosystèmes et sur la désertification du monde rural. Pour être moins sévère, ils ne percevaient pas d'autre solution que le modèle de production spécialisée et de vente de matières premières qu'ils ont majoritairement adopté.

Heureusement, une minorité d'agriculteurs, principalement en bio, ont pris délibérément une autre voie, celle de garder les liens avec les consommateurs et de pratiquer la vente directe. Le système des AMAP (association pour le maintien de l'agriculture paysanne) a permis de rapprocher des groupements de consommateurs et des agriculteurs pour la distribution hebdomadaire de paniers de légumes.

L'intérêt de développer des circuits courts fait maintenant l'objet d'une attention particulière. Ces circuits couvrent à la fois la vente directe, à la ferme, sur divers marchés ou lieux de livraison collectifs, par Internet et des ventes indirectes *via* la restauration (traditionnelle ou collective) ou *via* des commerçants détaillants. Selon l'esprit qui prévaut en agriculture, les circuits courts permettent d'améliorer le revenu des producteurs, de diversifier leurs activités et de maintenir un contact direct avec les agriculteurs. Ces circuits répondent aussi à une attente des consommateurs pour des produits de terroir, de tradition, de lien social, et correspondent aussi à une préoccupation de respect de l'environnement.

Les lignes ont bougé, mais la prise de conscience des uns et des autres ne correspond pas encore à l'esprit d'une alimentation durable. Les producteurs cherchent à mieux gagner leur vie, et les consommateurs à assouvir leur soif de naturel. S'ils étaient très développés, les circuits courts pourraient être réellement complémentaires des autres types de commercialisation. Cependant, les défenseurs du système actuel ne sont guère favorables à un redéploiement d'envergure vers un mode plus direct de distribution alimentaire. La politique de la grande distribution commence toutefois à évoluer, dans la mesure où la vente de produits de proximité comble certaines aspirations des consommateurs, qu'elle peut ainsi contribuer à davantage fidéliser. Il serait nécessaire que les représentants des agriculteurs envoient des signaux plus forts pour afficher leur détermination à vendre plus directement et ainsi mieux valoriser leurs productions, mais ils ne s'y préparent pas suffisamment ou n'y croient guère dans l'état des forces actuelles.

UNE AGRICULTURE AU SERVICE DES POPULATIONS

Comment faire évoluer favorablement cette situation ? Certainement par la mise en place d'une nouvelle politique agricole. Le message de la révolution verte a été de demander aux agriculteurs d'accroître les rendements de leurs cultures et le volume de leur production. Il fut parfaitement reçu ! Le nouveau message de ce début de XXIe siècle devrait être de demander à l'agriculture d'adapter ses productions aux besoins des populations environnantes et de les valoriser le plus directement possible. Pour les raisons que nous avons explicitées, cela revient à développer une agriculture paysanne, moins spécialisée que l'agriculture intensive, plus tournée vers la satisfaction de débouchés locaux. Dans certains territoires, cette activité vivrière pourrait suffire à donner du travail à l'ensemble des agriculteurs, dans des régions beaucoup plus riches en potentialités agricoles, ou moins peuplées, une agriculture conventionnelle garde sa place pour la fourniture des matières premières au secteur agroalimentaire, ou pour les exportations, mais ce type d'agriculture devrait relever le défi d'être plus économe en intrants et en eau.

Une politique plus prudente aurait dû nous dicter de ne pas mettre tous les œufs dans le même panier. Il aurait été important de permettre aux consommateurs de mieux se nourrir, et, ce faisant, de maintenir une agriculture paysanne tournée vers la vente directe et génératrice d'emplois. Pourquoi ne pas avoir entretenu une saine compétition entre deux types d'agriculture et de distribution alimentaires, plutôt que d'avoir concentré les activités entre quelques mains ? En France, la formation des prix alimentaires est dominée par les rapports de forces entre sept centrales d'achat qui représentent 83 % du marché des grandes surfaces alimentaires et les grands groupes industriels multinationaux (dont la taille excède celle des distributeurs). Ces acteurs ne font jamais de sentiments ; si les prix proposés aux agriculteurs mènent ces derniers à la faillite, ils ne s'en émeuvent pas, font jouer la concurrence quitte à devoir chercher leurs matières premières de plus en plus loin.

Les agriculteurs ont eu beaucoup de difficultés pour adopter des stratégies de défense face à ses puissances industrielles et commerciales. Beaucoup d'erreurs ont été commises par les petits agriculteurs pour leur survie. Au lieu d'assurer une meilleure valorisation de leur production, ils ont continué à vouloir les écouler *via* les circuits commerciaux conventionnels. Parfois, ils ont même davantage utilisé d'intrants à l'hectare que les grandes exploitations mieux équipées.

Même si, en France, 16 % des exploitations font de la vente directe, l'esprit des agriculteurs n'est pas tourné vers la conquête d'un très large marché de l'alimentation. Paradoxalement la demande sociétale pourrait être plus forte que l'aspiration au changement des agriculteurs. Donc l'évolution vers un scénario idéal d'équilibre entre les grandes cultures et une activité paysanne plus diversifiée et directement nourricière ne semble plus pouvoir être pilotée par le monde agricole lui-même. Pire, si les exploitations de grande culture arrivent à améliorer leur revenu et leur capacité d'équipement, il ne restera plus qu'une portion congrue de surface agricole disponible, pour des petits paysans désireux de développer des circuits courts.

Est-ce que la société, sous la pression des citoyens, parviendra à résoudre ce problème, et trouvera les moyens de distribuer de nouvelles terres aux paysans? Il y a des chances que le problème se pose en ces termes. La recherche d'une solution dépendra de la demande sociale en faveur de campagnes vivantes et nourricières, en quelque sorte d'une solidarité nouvelle de la ville vers le monde rural. Dans ce scénario heureux, comment seraient formés les agriculteurs d'origine citadine de demain? Peut-être seraient-ils de meilleurs adeptes d'une nouvelle agroécologie. Autant de questions non résolues qui nous indiquent que les politiques agricoles ont été trop monolithiques et mises au service du seul essor industriel.

La solution à long terme se trouve dans l'équilibre entre deux types d'agriculture, qui peuvent se rejoindre et s'interpénétrer, pour devenir complémentaires et concernées par les mêmes problèmes nutritionnels et écologiques. La continuation sur la même voie pour perpétuer le même système n'est plus possible.

LE MODÈLE DE L'AGRICULTURE BIOLOGIQUE

La tentation est d'affirmer que seule l'agriculture biologique peut être une alternative à la chaîne alimentaire conventionnelle. Pour cela, il faudrait qu'elle puisse se développer au maximum et qu'elle n'induise pas une alimentation à deux vitesses, avec une offre assez onéreuse de produits bio pour moins de 10 % de la population et du conventionnel pour les autres. Cependant, il est difficile de concevoir un renouveau de l'agriculture paysanne *via* les circuits courts, sans adopter des méthodes proches de la bio, correspondant à une agroécologie réussie, qui préserve la structure du sol et son activité microbienne, qui privilégie les engrais organiques sans exclure des engrais chimiques s'ils avèrent indispensables, qui utilise les variétés et les races les mieux adaptées au territoire, qui soit très économe en eau et en énergie, qui limite très fortement l'utilisation des pesticides, qui s'intègre dans des écosystèmes naturels. Oui nous souhaitons que la campagne soit toujours peuplée de suffisamment de paysans porteurs des savoir-faire traditionnels mais aussi adeptes de pratiques agronomiques nouvelles, efficaces sur les plans écologique et nutritionnel. Nous n'avons pas besoin d'entreprises agricoles qui produisent du chiffre, des matières premières, jusqu'à ne plus laisser la moindre place au développement des activités vivrières nécessaires à l'alimentation de toutes les populations du monde et pas seulement dans les pays du Sud.

De nouveaux circuits de distribution alimentaire à inventer

Dès à présent, une des solutions les plus sûres pour améliorer le statut nutritionnel de la population et le fonctionnement de la chaîne alimentaire serait de modifier l'offre alimentaire, celle des circuits conventionnels et celle des circuits courts.

Beaucoup de consommateurs cherchent à se procurer des produits (fromages, fruits, légumes, viandes, œufs, charcuteries, volailles, miel, pommes de terre, vin...) qui viennent directement des campagnes, dont ils voient l'origine, qu'ils préfèrent acheter directement aux producteurs. Les mieux placés d'entre nous, habitants du Sud-Ouest de la France, ou d'autres régions agricoles favorisées y parviennent, en fréquentant des marchés de village ou par d'autres voies particulières. Cependant seule une petite partie de la population a accès à cette offre de circuit court, qui est de plus rarement complète et dominée par des produits de terroir (fromages ou charcuteries en Auvergne, volailles dans le Périgord, fruits et légumes dans le Midi).

Pour faire sortir les circuits courts de leurs niches étroites, pour que l'offre paysanne soit plus diversifiée et équilibrée en produits végétaux et animaux, pourquoi ne pas concevoir des agromarchés ? Il s'agirait de vrais magasins de producteurs, ouverts au public toute la semaine et conçus pour présenter un assortiment d'aliments selon les recommandations nutritionnelles (des pains bis, des produits animaux, des huiles vierges, des fruits et légumes de saison). Ces magasins seraient approvisionnés en priorité par des produits de proximité, ou d'origine plus lointaine dans la mesure où tous les aliments nécessaires ne sont pas disponibles régionalement. Ces structures de vente conçues pour assurer la meilleure coopération possible entre ville et campagne seraient cogérées par les agriculteurs, les élus, les consommateurs, avec une gestion en réseau des approvisionnements, des commandes et des livraisons. Bref, cette recherche logique de fonctionnalité aurait pour avantage de rapprocher consommateurs et paysans, de proposer un ensemble alimentaire suffisant et équilibré aux particuliers, mais aussi à la restauration traditionnelle et collective. Le fil directeur est de développer des échanges équitables, d'afficher une transparence des prix, de prendre en compte la réduction des coûts environnementaux, et de proposer des solutions pour les plus faibles budgets. Il faut donc rechercher des solutions originales pour résoudre les difficultés des paysans et des consommateurs, afin que chaque partie s'adapte aux contraintes de l'autre. Ces solutions harmonieuses pourraient être mises en œuvre si la société en faisait une priorité.

Les circuits courts peuvent prendre leur élan par la mise en place d'agromarchés. Cependant, pour améliorer la santé publique, pour réduire les impacts écologiques de la chaîne alimentaire, il faudrait aussi réformer les structures conventionnelles de vente. D'abord pourquoi ne pas exiger que la grande distribution communique à sa clientèle, les recommandations nutritionnelles de base, qu'elle propose les solutions d'achats équilibrés les plus intéressantes en fonction de la saison et du pouvoir d'achat ? Surtout qu'elle donne les résultats de la composition du caddie confectionné, en termes nutritionnels (proportion globale des nutriments énergétiques) ou en termes de bilan en CO_2 (l'étiquetage du bilan carbone va se mettre en place dès 2011) ? Pourquoi le consommateur serait-il tenu dans l'ignorance de la pertinence de ses achats par rapport aux besoins nutritionnels recommandés ? Les commerçants, dans beaucoup d'autres domaines, sont moins avares de renseignements. Notre étiquetage est illisible, souvent ininterprétable pour le non-spécialiste, et nous manquons d'information globale sur la totalité de nos courses.

Le profil des grandes surfaces alimentaires doit évoluer. Les pouvoirs publics pourraient piloter une évolution vers une offre plus adaptée aux objectifs de santé publique et de réduction de gaz à effet de serre, en échange les structures commerciales pourraient bénéficier d'une labellisation concernant leurs bonnes pratiques. Nul doute qu'un label officiel « conforme aux critères d'une alimentation durable » aurait un poids considérable auprès du public et donc des professionnels de l'alimentation. Cependant, connaissant la pesanteur de l'administration, il vaudra mieux compter sur des initiatives privées pour avancer.

Voici quelques mesures à envisager pour garantir une meilleure offre sur les plans nutritionnel et écologique : un agencement des linéaires en produits alimentaires facilitant des achats équilibrés (*cf.* le guide des achats que je vous ai proposé), la présentation d'une offre en fruits et légumes de saison pour faciliter la consommation des cinq portions par jour recommandées, la limitation du nombre de produits transformés riches en calories vides, une amélioration de la densité nutritionnelle d'un ensemble de produits par la réduction du sucre, des matières grasses et du sel, indiquée par un étiquetage facile à identifier, le développement d'une offre suffisamment conséquente de circuits courts, une réduction sensible du nombre de kilomètres parcourus par les aliments, la publication d'un bilan global de CO_2 émis ramené au contenu du caddie, la réduction du poids des emballages générés. Tout cela peut paraître fort complexe, et en réalité tous ces changements sont possibles, de même que leur suivi informatique.

Les citoyens, comme leurs représentants politiques doivent cesser d'exprimer un sentiment d'impuissance face au pouvoir des lobbies. Que la société exige que la chaîne alimentaire adapte son fonctionnement pour la santé de l'homme et de la planète ne devrait soulever aucune contestation et les acteurs économiques peuvent parfaitement s'adapter à cette nouvelle donne.

Enfin, pourquoi ne pas sortir des sentiers battus des supermarchés, pour développer une offre de proximité, de petites échoppes alimentaires, qui font toujours leurs preuves dans tant de pays. En France, une offre nouvelle de sandwichs se développe pour accompagner la journée continue, il serait souhaitable de trouver des aliments à emporter de meilleure qualité, de même que des formules plus diététiques de fast-food.

Tisser un réseau de services pour nourrir les hommes, plutôt que des usines destinées à uniformiser les aliments selon des standards contestables qui devraient être remis en question. Ce changement de notre paysage devrait sans doute aboutir à un redéploiement de l'activité économique des grandes entreprises vers les PME, les artisans et les agriculteurs eux-mêmes. Selon un collectif d'associations, « Alimentons l'Europe », le développement d'une agriculture paysanne, des circuits courts, des activités de service alimentaire pourrait créer en Europe des millions d'emplois.

Sensibiliser les jeunes à la question alimentaire

Lorsque les enfants ne savent plus d'où viennent le lait, le poisson pané, le pain ou les céréales de petit déjeuner, les connaissances de base pour guider un comportement alimentaire risquent de faire longtemps défaut. Difficile d'espérer une ouverture vers une alimentation durable, lorsque l'horizon alimentaire de tant de jeunes se résume aux emballages des frigos. Le défi est de parvenir à faire adopter une nourriture plus naturelle à une jeunesse déjà conditionnée aux aliments transformés. On sait que cette évolution est possible lorsque les jeunes quittent l'adolescence pour la vie adulte. À ce stade, ils acquièrent des goûts moins infantiles les rendant capables d'apprécier l'amertume des aliments ; cependant leur conditionnement aux produits industriels est un handicap pour une évolution vers plus d'autonomie sur les plans alimentaire et culinaire.

L'éveil aux saveurs culinaires commence précocement durant la gestation, à travers le comportement de la mère et surtout durant la diversification alimentaire. Contrairement à une opinion courante, il ne faut pas trop tarder à introduire les premiers aliments si le bébé se lasse du lait, et une diversification alimentaire précoce vers le cinquième mois n'est pas un facteur de risque avéré d'allergies. Il est compréhensible que la distribution de petits pots aromatisés, ou au goût standardisé ne soit pas la meilleure façon d'éveiller l'enfant aux goûts naturels. Il ne faut pas s'étonner ensuite s'il rejette les légumes par néophobie.

La diversification alimentaire (en fruits, en légumes, en bouillies céréalières) est une occasion pour habituer l'enfant à la base végétarienne qui correspondra le mieux au mode alimentaire que devrait adopter une grande partie de l'humanité. Au lieu de mettre l'accent sur cette étape naturelle, l'imagination des industriels a imposé, en plus des petits pots aseptisés, le marché des laits de croissance pour compléter la panoplie des aliments qui gênent la capacité de l'enfant à rejoindre la table familiale.

Le petit de l'homme parvient ainsi à être profondément conditionné aux aliments transformés et la perspective d'une alimentation plus naturelle, durable et favorable à sa santé s'éloigne inéluctablement.

Finalement, la solidité et la sûreté du comportement nutritionnel se préparent dès le plus jeune âge et se nourrissent de la convivialité familiale. Il n'est pas facile de sensibiliser les adolescents et les jeunes à la gestion de leur santé à un moment de la vie où l'horizon de la maladie et de la mort est entièrement occulté, suscitant bien des comportements à risque. Dans ces conditions, les acquis nutritionnels de l'enfance sont souvent déterminants pour assurer l'apprentissage du goût et structurer le comportement alimentaire des futurs adolescents et jeunes.

LA TRANSMISSION D'UN SAVOIR-FAIRE CULINAIRE EST NÉCESSAIRE

Les parents ont donc la lourde responsabilité d'initier leur progéniture à aimer des repas équilibrés et plus tard à s'assurer qu'ils sauront être autonomes sur le plan culinaire. Dans la mesure où il y a déjà eu une rupture dans la transmission de la culture, où il existe un risque de dérive nutritionnelle irréversible, le moment est sans doute venu de se mobiliser pour une alimentation durable, au même titre que sur le plan écologique. S'il existe une volonté d'être maître de notre alimentation de demain, il faudrait qu'elle soit accompagnée au niveau social par l'Éducation nationale, les mairies, les associations, les professionnels de l'alimentation, les agriculteurs, pour créer une saine émulation en faveur du bien manger.

Puisque la transmission du savoir-faire alimentaire familial est devenue souvent insuffisante, l'Éducation nationale devrait assurer cette nouvelle mission dont elle se serait bien passée. L'enseignement de la cuisine au collège a été supprimé sans que les parents prennent nécessairement le relais, si bien que des jeunes quittent souvent leur foyer en étant très mal préparés à prendre en charge leur alimentation.

Sur le terrain, l'enseignement de la nutrition dans les programmes de l'Éducation nationale demeure beaucoup trop théorique, trop déconnecté du paysage alimentaire et d'une vision dynamique vers une alimentation durable.

La question alimentaire n'est pas suffisamment reliée aux problèmes écologiques. C'est regrettable puisque les jeunes sont plus facilement sensibilisés à la santé de la planète qu'à leur propre devenir. Pour développer une vision nouvelle d'alimentation durable, il faudrait pouvoir former rapidement les formateurs. La nutrition humaine était déjà une discipline large, et ses enjeux écologiques la rendent encore plus vaste, au carrefour de plusieurs domaines de connaissance. Or elle est enseignée de manière très partielle, souvent sur le seul terrain de la physiologie et de la médecine. Comment initier des générations nouvelles à l'alimentation durable, avec la dispersion des spécialités scientifiques ? Voilà un nœud gordien qu'il serait bon de parvenir à trancher, sans doute par la création d'un enseignement interdisciplinaire sur l'alimentation humaine.

Une nutrition préventive à l'échelon d'une vie

La relation entre l'environnement, la nutrition et la santé est encore traitée avec beaucoup de flou, de manque de rigueur scientifique. Le rôle clé des déterminants génétiques conduit encore à sous-estimer l'influence des facteurs environnementaux. L'alimentation humaine est un de ces facteurs qui interagissent le plus intimement avec notre programmation génétique, notre physiologie spécifique, nos mécanismes de défense et de protection, et qui finalement influera sur notre état de santé et notre vieillissement.

L'analyse des facteurs environnementaux est très complexe, puisqu'elle peut se mesurer à l'instant présent, par exemple lorsque nous sommes en hypoglycémie, ou à l'échelon d'une vie, lorsque des apports énergétiques déséquilibrés et une glycémie perturbée induiront un état diabétique. Qui peut nier que l'environnement alimentaire a fait grandir de dix centimètres la taille de certaines populations en l'espace d'une à deux générations et, pire, que cela a augmenté le tour de taille de centaines de millions d'hommes ?

Il y a donc une influence de très court terme des facteurs environnementaux et des conséquences à très long terme sur la physiologie ou la pathologie humaines, se traduisant par une modification spectaculaire des phénotypes exprimés. En même temps, les facteurs environnementaux interagissent, la sédentarité aggrave les réponses aux excès caloriques, les micronutriments protecteurs des fruits et légumes atténuent les risques d'exposition au tabagisme.

La santé de l'enfant se construit déjà au moment de la conception, puis du développement fœtal et de l'allaitement du bébé. On sait que la qualité de l'alimentation de la mère a une influence sur le développement fœtal, on ignorait par contre à quel point la nutrition fœtale et celle du jeune enfant conditionnent l'état de santé de la personne durant son vieillissement. Tous les bienfaits de l'allaitement maternel sont reconnus ; on ne dit pas assez que la qualité du lait maternel exige cependant que la mère soit bien nourrie, par exemple pour que le lait ait une teneur optimale en acides gras essentiels, ou en micronutriments.

Nous avons suffisamment de recul pour comprendre l'influence des facteurs nutritionnels sur la santé, et observer la modification du phénotype des populations (à travers le poids et la taille). La prévention de l'obésité et des autres pathologies dites de civilisation est un des enjeux déterminants pour s'engager vers une alimentation durable. Les conséquences de la malnutrition sont plus visibles à long terme qu'à court terme et beaucoup de pathologies n'apparaissent que dans le dernier tiers de la vie. Cela ne signifie pas que la qualité de notre alimentation quotidienne n'influence pas nos réponses aux agressions infectieuses ou au stress. Le développement du diabète, de l'hypertension, d'une hypercholestérolémie résulte certes d'une évolution de long terme, cependant, même à ce stade tardif, la nutrition peut s'avérer très efficace pour revenir à un meilleur état de santé.

L'impact de la nutrition sur la santé se prépare et se décline à l'échelon de la vie entière, sur les 100 000 repas que nous serons amenés à prendre, à raison de trois fois par jour, si nous atteignons 90 ans.

La santé pourrait donc être mieux gérée par l'alimentation selon une stratégie nouvelle de « gestion d'une santé durable ». Je vous ai déjà fait observer que la majorité des personnes, et donc des futurs malades, n'ont jamais eu l'occasion de faire le point avec des nutritionnistes sur la manière qu'elles ont de se nourrir. La maladie finit par arriver, alors qu'elle était prévisible depuis longtemps et qu'une modification des habitudes alimentaires aurait pu avoir des répercussions salutaires.

Dans notre approche de la santé, la prévention nutritionnelle à très long terme de la maladie n'est guère prise en charge par la médecine et, même lorsque la maladie survient, les habitudes du patient ne sont pas toujours remises en question. Même si des mesures diététiques sont proposées, elles demeurent centrées sur l'accompagnement de la pathologie spécifique d'une personne. Le suivi du malade est donc détaché de son environnement. La maladie d'un des membres du groupe social ou familial n'est jamais (ou si rarement) l'occasion de se poser la question du bon fonctionnement alimentaire du groupe. On connaît les limites du suivi individuel tel qu'il est pratiqué actuellement, et le peu d'importance attribué à la prévention nutritionnelle des pathologies. Si c'est le père de famille qui est malade et s'il ne fait pas la cuisine, la communauté familiale a toutes les chances de garder ses habitudes alimentaires, même mauvaises, or elles ont déjà porté atteinte à un de ses membres et beaucoup plus tard les enfants risquent d'être à leur tour touchés.

Notre société n'a pas encore mis en place un mode de gestion global de la santé, en favorisant l'essor d'une alimentation préventive et en luttant plus fermement contre la sédentarité.

LES PILIERS DE LA NUTRITION PRÉVENTIVE

L'homme de la rue peut encore dire que dans le fond il ne sait pas ce qu'il doit manger pour bien se porter. Il serait temps que les pouvoirs publics dissipent le « flou artistique » entretenu tant par le secteur agroalimentaire que par le corps médical en matière de nutrition préventive. Il existe des recommandations nutritionnelles perfectibles diffusées par le PNNS, mais un enseignement encore très insuffisant en nutrition, comme nous l'avons souligné. Les informations nutritionnelles devraient être incluses dans les cursus d'enseignement, ou délivrées à l'occasion d'une formation spécifique destinée à tous ceux qui ont un rôle nourricier : jeunes parents, restaurateurs, gestionnaires de restauration collective, personnels de santé, agriculteurs, artisans, industriels. Comment peut-on concevoir de nourrir les autres sans savoir ce que l'on fait ? C'est pourtant en grande partie la situation actuelle.

Le premier pilier pour une nutrition préventive concerne l'hygiène de vie. S'entraîner à rester en bonne santé, c'est bouger, faire du travail et de l'exercice physiques, c'est manger suffisamment de fruits et légumes, c'est faire des courses appropriées, c'est bien associer les aliments ; je vous ai donné quelques repères, ils peuvent vous être utiles. Bien d'autres initiatives pourraient être prises pour développer le concept de santé durable, cher à Dominique Belpomme, par exemple en prenant des mesures pour diminuer notre exposition aux CMR (cancérigènes, mutagènes, reprotoxiques). On sait bien à quel point la société industrielle a mis de la « chimie » partout ; à titre individuel n'en rajoutez pas à travers l'usage de produits d'entretien, de cosmétiques ou d'aliments recomposés.

Le seconde stade clé de la prévention concerne les états de santé intermédiaires, ceux qui précèdent plus ou moins longuement l'apparition d'une maladie, que la médecine sait analyser par le concept d'accumulation de facteurs de risque : par exemple fumer, avoir de l'hypertension, être en surcharge pondérale vis-à-vis du risque cardio-vasculaire. L'importance de la nutrition est souvent déterminante pour faire pencher la balance vers la maladie ou vers un état de santé retrouvé. Il faudrait donc porter une attention particulière à la prévention au fur et à mesure du vieillissement de la population et de sa vulnérabilité. Cette tâche devrait être naturellement dévolue aux organismes de santé et au corps médical. Je vous recommande aussi d'apprendre à vous connaître, à observer si votre tension artérielle ou le fonctionnement de vote tube digestif restent stables. Pour ne pas laisser la maladie se développer, il est préférable d'en détecter les premiers signes et de réagir en étant plus vigilant en matière d'alimentation sur le plan de sa naturalité et des bonnes associations alimentaires, et en ne négligeant pas l'exercice physique.

S'il est illusoire d'empêcher le vieillissement, on peut en retarder le rythme et en atténuer les effets. Au fur et à mesure de leur avancée en âge, les humains sont confrontés à un double défi nutritionnel : celui de ne pas ingérer des calories superflues (dont le métabolisme accélère les processus de vieillissement), et donc d'adopter une certaine sobriété énergétique et de bouger, tout en continuant, avec des apports caloriques réduits, à bien couvrir leurs besoins en nutriments et micronutriments essentiels. Il est clair maintenant que la dénutrition des personnes âgées est directement responsable des insuffisances d'organes (reins, poumons, cœur, foie). Or ces insuffisances d'organes chroniques sont responsables de 16 % des décès dans le monde. Durant cette période de la vie, il faut porter une attention à tous les facteurs qui facilitent des bonnes prises alimentaires (goût, convivialité, plaisir, diversité, aliments de forte densité nutritionnelle) afin de lutter contre le déclin physiologique.

Finalement, la qualité de l'environnement auquel on est exposé à long terme conditionne inéluctablement notre santé. Les bénéfices individuels et sociaux que l'on pourrait attendre d'une bonne maîtrise de l'alimentation et des dépenses physiques sont donc considérables. De simples recommandations ne suffiront pas à modifier l'état nutritionnel d'une population.

La prévention démarre aux champs par la qualité et la diversité des productions agricoles, elle se poursuit dans toutes les étapes de la chaîne alimentaire et devrait être finalisée par une offre alimentaire adaptée à nos besoins. Les recommandations de santé publique demeurent nécessaires et devraient être mieux relayées par la parole du médecin. En bout de chaîne, nous sommes des acteurs de notre propre santé par nos achats et notre conduite alimentaire. Inutile de souligner que la chaîne alimentaire est encore bien mal pilotée pour nous aider à rester en bonne santé. C'est surtout l'angle hygiéniste, cher aux autorités administratives, comme aux industriels qui a été privilégié. Cependant la perspective et la nécessité de contenir les dépenses de santé publique devraient faire « bouger les lignes ». Les enjeux d'une meilleure approche de la prévention nutritionnelle font rêver. L'épidémie d'obésité pourrait être enfin stoppée, la prévalence du diabète de type 2 et des maladies cardio-vasculaires pourrait diminuer de plus de 50 %, celle des cancers de plus de 30 % et l'état de santé des populations et leur susceptibilité à bien d'autres pathologies s'en trouveraient fortement améliorés.

La maîtrise des enjeux écologiques

Il y a une urgence climatique et alimentaire. Il est indispensable que l'humanité puisse être mieux nourrie et que des systèmes d'alimentation durable puissent se développer à partir des pays qui sont le mieux placés pour tracer la voie. Cependant, nous sommes à la croisée des chemins et notre avenir est maintenant dépendant de celui de la planète. Dans le cadre du modèle de production agricole et industriel que les pays du Nord ont mis en place et qui se répand sur l'ensemble de la planète, le réchauffement climatique met en danger les moyens d'existence et les vies de centaines de millions d'êtres humains et menace d'extinction des milliers d'espèces. D'ores et déjà, des populations entières sont affectées, en particulier des peuples indigènes et les paysans les plus défavorisés. Nous avons eu beaucoup de difficulté pour nous rendre compte que la manière de vivre et de s'alimenter des populations riches pouvait à l'autre bout de la planète remettre totalement en question la vie de populations victimes de changement climatique. Ces réfugiés climatiques que nous avons contraints indirectement à l'exode n'ont même pas la reconnaissance internationale des réfugiés politiques, leur donnant le droit d'être accueillis partout dans le monde.

Le système alimentaire industriel a donc des impacts écologiques et sociaux aussi forts que les autres activités humaines, et les nuages de gaz à effet de serre induits par la chaîne alimentaire, comme les nuages radioactifs, ne s'arrêtent pas aux frontières. La société a bien perçu que les modes de transport et de chauffage domestique consommaient beaucoup d'énergie, dégageaient beaucoup de CO_2 et nous sommes engagés à travers les accords de Copenhague à réduire ces émissions. Pour l'instant les consignes que nous recevons en matière d'alimentation pour lutter contre le réchauffement climatique sont pratiquement inexistantes. Une attention nouvelle est portée sur l'impact des élevages, en particulier ceux des ruminants. Les exhortations à réduire la consommation individuelle de viande ne sont diffusées que par les associations ou les partis politiques les plus écologiques, tandis que les partis plus conservateurs se positionnent en défenseurs des éleveurs.

Les impacts et les enjeux de la chaîne alimentaire sur la santé de la planète sont en réalité très complexes. Concernant les élevages, les agriculteurs font remarquer qu'une grande partie des surfaces consacrées aux élevages de ruminants serait impropre à la culture, et que les prairies naturelles sont des pièges de carbone. Sauf que la plupart des éleveurs cultivent également des céréales pour nourrir leur bétail. L'élevage jouerait un rôle secondaire dans l'émission des gaz à effet de serre, s'il ne nécessitait pas une si forte production de céréales ou de soja, coûteux à produire et source de déforestation. D'après Olivier De Schutter, rapporteur spécial des Nations unies sur le droit à l'alimentation, la part de céréales destinée à l'alimentation animale ne doit plus croître au rythme actuel, au risque d'affecter la sécurité alimentaire humaine. Pour lutter contre l'évolution actuelle, certains préconisent déjà une journée sans viande par semaine. Je vous ai donné des repères plus concrets, ne pas dépasser 1 kilo de viande par semaine et en consommer une fois par jour seulement.

L'amélioration de notre système alimentaire et de ses enjeux sociaux ou écologiques ne concerne pas que la question de la consommation de viande, d'autant que la part végétale de notre alimentation est prépondérante, il s'agit d'adopter un comportement alimentaire plus global et plus durable. Une des bonnes solutions pour réduire le nombre de kilomètres parcourus par les aliments et pour favoriser le maintien des emplois paysans serait de relocaliser au maximum nos approvisionnements à l'échelon d'un territoire rural ou d'une région. Or actuellement que nous habitions en ville ou à la campagne, l'offre alimentaire est partout la même, et dans ces conditions l'approvisionnement des grands centres urbains est sans doute moins coûteux que celui des petites villes périphériques. Les liens entre ville et campagne, entre citadins et paysans sont très distendus et le fait d'habiter en zone rurale n'apporte même pas un bénéfice écologique, voire aggrave la situation si l'emploi est très éloigné de l'habitat rural. Il est donc important de rechercher des modes de vie plus durables.

Le meilleur des scénarios serait que l'agriculture reconquière une partie du marché de l'alimentation, que les bénéfices d'une telle reconquête apparaissent consensuels, en termes de cohésion sociale, d'amélioration de la qualité de l'alimentation, de préservation de l'environnement, d'économies d'énergie, de maintien des emplois au niveau des territoires régionaux. L'idéal serait qu'une telle évolution se généralise dans les pays du Nord, comme dans ceux du Sud. Ne rêvons pas, un immense exode rural de près de 1 milliard de paysans est programmé dans l'esprit de l'OMC. L'espoir d'une nouvelle gouvernance alimentaire qui s'opposerait aux politiques actuelles productivistes est faible. Cependant les impacts négatifs sociaux et écologiques des agricultures productivistes et du système alimentaire de type occidental pourraient remettre en question les orientations actuelles. Il est probable que les institutions internationales ne réagiront seulement que si elles sont confrontées à de nouvelles crises alimentaires ou épidémiologiques. En attendant, nous ne devons pas rester passifs. Le mieux serait qu'il existe déjà des expériences au niveau local le plus réussies possible où les paysans et les consommateurs réfléchissent à leurs liens et à la nature de leurs échanges pour vivre dans un environnement alimentaire plus favorable. Je vous ai déjà fait part de quelques initiatives possibles en matière de distribution alimentaire. De plus, comment ne pas espérer que la restauration hors foyer qui est devenue si importante ne soit pas une occasion de mettre en place des circuits d'approvisionnement plus directs en particulier pour les achats de viandes et de légumes ?

Je suis convaincu qu'une majorité des êtres humains qui peuplent cette planète souhaitent disposer d'une alimentation plus durable. C'est pourquoi nous sommes tous responsables à l'échelon local de notre avenir alimentaire, avant que des initiatives plus globales ne soient prises dans l'urgence.

Les maisons de l'alimentation

L'émergence d'une volonté politique pour gérer autrement la chaîne alimentaire serait souhaitable, mais il est peu probable que le signal du changement vienne d'en haut, si une réflexion approfondie sur ce sujet n'a pas été développée au préalable sur le terrain par les associations ou au sein de certains partis politiques.

Comment rassembler les informations et coordonner les réflexions, les initiatives, pour bâtir une alimentation durable ? Peut-on faire aboutir une telle maïeutique au service d'une chaîne alimentaire indispensable à l'équilibre humain ? J'ai personnellement le sentiment que de nombreux esprits sont prêts à débattre de ce sujet.

Puisqu'il s'agit d'une question sociétale primordiale, il me semble souhaitable de créer des lieux pour informer, discuter et coordonner les actions autour de l'alimentation. C'est dans cette optique que j'ai proposé, lors des Universités d'été de nutrition de Clermont-Ferrand, la création de maisons de l'alimentation, dans le but de sensibiliser la population à tous les enjeux de la question alimentaire.

La première mission de ces maisons serait de réunir un ensemble de compétences pour répondre aux questions concernant les relations entre chaîne alimentaire et environnement, alimentation et santé. Une des finalités serait d'aider les consommateurs à faire de bons choix alimentaires, par une meilleure connaissance de la qualité nutritionnelle des aliments et de leurs coûts environnementaux.

Cette structure devrait permettre aussi de répondre aux questionnements plus spécialisés concernant les allégations alimentaires, ou des besoins nutritionnels particuliers. Un but important serait de développer un esprit critique en matière de nutrition, en contrepoids des messages publicitaires ou médiatiques approximatifs ou erronés. La création d'un site Web dévolu à l'information nutritionnelle pourrait permettre de toucher facilement un large public. On comprend l'utilité d'un site d'information susceptible de fournir des informations objectives sur la meilleure façon possible de s'alimenter et il semble anormal que cela ne soit développé que par des initiatives privées.

Les maisons de l'alimentation devraient pouvoir réunir des outils pédagogiques au service de l'Éducation nationale, proposer des ateliers culinaires ou des restaurants éducatifs. Elles pourraient assurer des formations spécialisées sur la prévention des pathologies, la nutrition des enfants, des personnes âgées, la fabrication d'aliments tels que le pain, l'évaluation des modes d'agriculture.

En plus d'une large mission d'éducation nutritionnelle et écologique, les maisons de l'alimentation pourraient jouer un rôle d'observation de l'évolution : de l'offre alimentaire délivrée par les divers types de marchés, de la qualité nutritionnelle des repas servis dans les restaurants collectifs et de la consommation alimentaire des groupes de populations les plus démunies. En fonction des états des lieux réalisés sur le plan nutritionnel, de nombreuses initiatives pourraient être prises pour mettre en place de nouveaux marchés plus équilibrés, développer des circuits courts, proposer des nouvelles formules de restauration ou des mesures d'aide à des populations défavorisées.

L'idéal serait que les maisons de l'alimentation contribuent à améliorer les connaissances de base et à modifier favorablement les habitudes alimentaires. Elles pourraient également exercer un rôle structurant pour l'organisation de l'offre alimentaire, le développement des marchés de proximité, inciter les consommateurs à adopter des pratiques alimentaires sûres, favoriser le lien entre ville et campagne.

Bien d'autres initiatives pourraient être prises pour que les êtres humains ne soient pas réduits à un rôle de consommateurs passifs et se sentent responsables de leur santé et de celle de la planète, mais aussi solidaires d'un monde paysan porteur d'une mission nourricière et écologique globale.

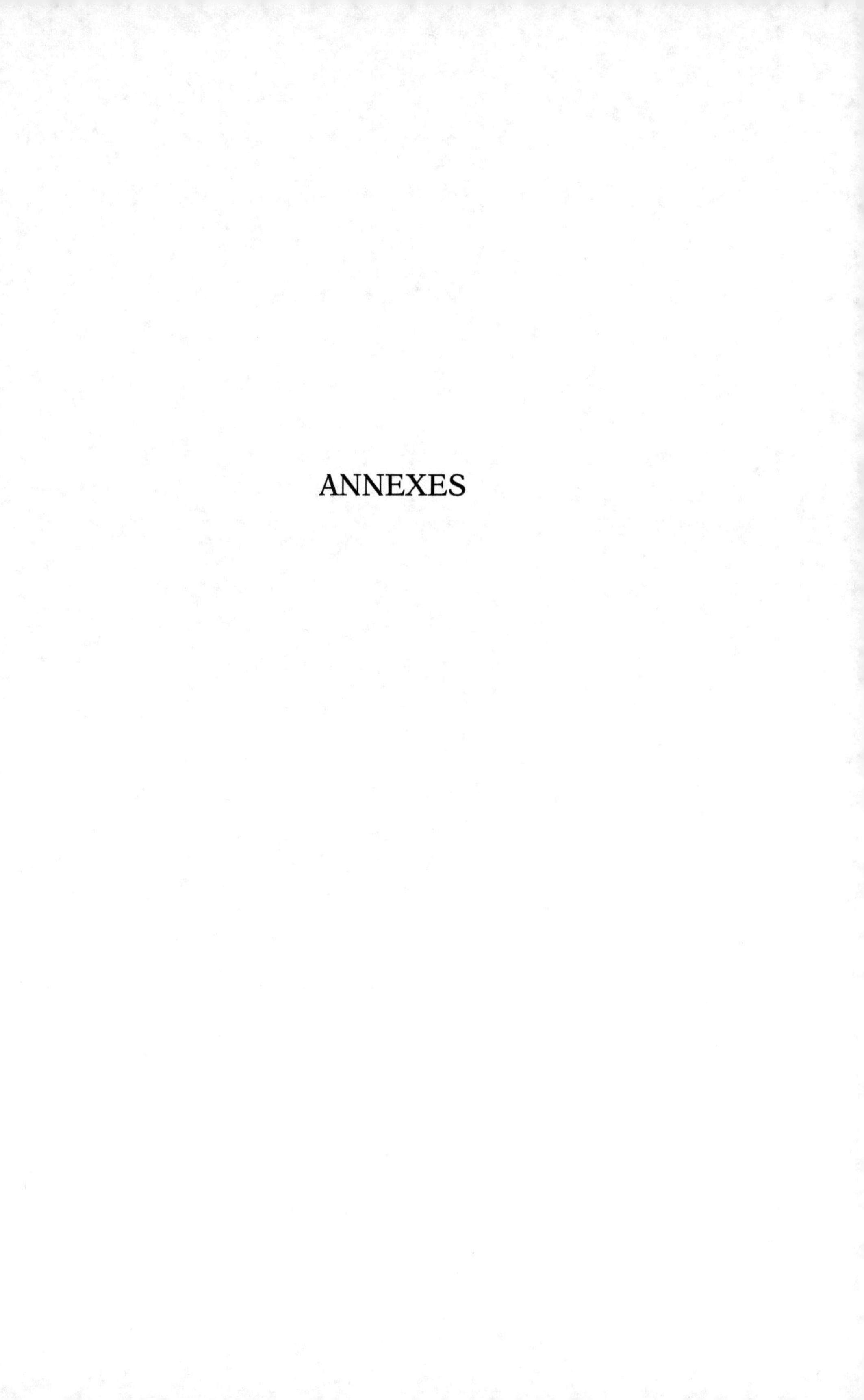

ANNEXES

Message en faveur
d'une alimentation durable

Pour conclure, il me semble intéressant de rappeler tous les arguments et toutes les attentes en faveur d'une alimentation durable.

L'avenir de l'humanité dépend de sa capacité à concevoir un système alimentaire durable pour nourrir les générations à venir, leur procurer un bon état de santé et préserver l'environnement.

Pour des raisons diverses (logique industrielle, extrême pauvreté, mauvaises habitudes alimentaires, gestion politique), la chaîne alimentaire dans la majorité des régions du monde ne correspond pas à un système d'alimentation durable, ni pour la santé de l'homme, ni pour celle de la planète, ni pour l'avenir du monde rural.

Une trop grande partie de l'humanité souffre de la faim et bien qu'elle soit d'origine différente, la malnutrition touche tous les pays qu'ils soient en développement ou industrialisés.

L'offre alimentaire est rarement de qualité nutritionnelle suffisante, or la gestion de la santé par l'alimentation pourrait être fortement améliorée si l'accès à une bonne nourriture était mieux organisé.

L'industrialisation de l'alimentation a provoqué une épidémie d'obésité aux conséquences très importantes pour les générations à venir et, pour la combattre, de nouvelles règles devraient être adoptées pour disposer d'une alimentation préventive.

La participation très élevée du système alimentaire occidental aux émissions de gaz à effet de serre est également une incitation forte pour le réformer.

Les besoins nutritionnels de l'homme sont maintenant suffisamment bien connus, ce qui permet de définir, pour un environnement donné, un assortiment alimentaire optimal pour satisfaire ces besoins. Au-delà des environnements alimentaires difficiles, dans lesquels seules les populations adaptées peuvent survivre, il est possible de décrire les caractéristiques universelles d'une alimentation qui soit favorable à la santé humaine et à la préservation de l'environnement. Il s'agit d'une alimentation naturelle, très riche en produits végétaux, complétée par des apports modérés de produits animaux et de matières grasses.

Cette alimentation largement végétarienne est également la plus efficace pour relever tous les défis alimentaires, celui de la lutte contre la faim, celui de la prévention de l'obésité, celui de la santé et celui d'un développement durable.

L'essor des transformations alimentaires industrielles a éloigné une partie de l'humanité de l'alimentation naturelle à laquelle elle était adaptée et les conséquences à long terme de ces changements ne sont plus maîtrisées.

Une évaluation de l'intérêt nutritionnel et environnemental de toutes les transformations industrielles opérées devrait être effectuée en vue d'aboutir à l'adoption d'un code de bonne conduite en matière de transformations alimentaires à l'échelon international.

Les activités agroalimentaires qui devraient être freinées et modifiées sont celles :

– qui abaissent fortement la valeur nutritionnelle des produits, qui augmentent leur densité énergétique par l'utilisation de calories vides ;

– qui indirectement favorisent une agriculture productiviste et la dévalorisation des matières premières, et qui nuisent à l'adoption d'une alimentation naturelle.

Les activités agroalimentaires qui méritent d'être soutenues sont celles qui opèrent les transformations de base, qui traitent les denrées périssables et facilitent leur commercialisation, qui favorisent une bonne couverture des besoins nutritionnels par la création d'aliments de bonne composition, et qui participent au maintien d'une agriculture durable.

Il est nécessaire de concevoir des modèles agricoles qui correspondent à un développement durable, en particulier pour assurer la sécurité alimentaire des générations à venir et la préservation de l'environnement. L'agriculture doit relever un triple défi : celui de produire assez de nourriture, de proposer aux populations environnantes un assortiment équilibré sur le plan nutritionnel en produits végétaux et animaux et de maintenir un maximum d'emplois dans les activités agricoles et para-agricoles. Elle exerce bien d'autres missions concernant l'entretien de la biodiversité et des espaces naturels, la transmission des savoir-faire et la perpétuation d'un mode de vie naturel.

Tous les modèles agricoles, selon les bases de l'agriculture biologique, d'une agroécologie, ou d'autres pratiques, devraient tendre à réduire l'utilisation des intrants chimiques, les sources de contamination des aliments ou des sols par les pesticides, et la production de gaz à effet de serre. Il est même possible d'espérer que l'agriculture joue un rôle clé pour piéger le CO_2 ambiant par l'enrichissement des sols en matière organique.

Les activités agricoles devraient se consacrer en premier au développement d'une offre alimentaire pour les circuits courts, ce qui entraînerait dans de nombreux cas une relocalisation de nombreuses productions. Le développement des grandes cultures et de l'élevage devrait être complémentaire et non concurrentiel des activités paysannes de proximité.

Pour l'équilibre entre ville et campagne, pour le maintien des civilisations rurales, pour prévenir un exode rural massif, pour éviter une trop grande concentration humaine dans les mégapoles à côté de déserts ruraux, un soutien mondial devrait être accordé au maintien des agricultures paysannes.

Le monde rural ne semble plus maître à l'heure actuelle de son destin, soit parce que l'immense majorité des petits paysans est trop pauvre, soit parce que l'agriculture des pays riches demeure aspirée par la nécessité d'un productivisme, ce qui l'éloigne de toute perspective de redistribution des terres.

Seule une prise de conscience politique nouvelle, à l'instar des questions écologiques, pourrait aider à soutenir une agriculture paysanne partout dans le monde, davantage centrée sur une activité alimentaire durable. Ainsi, le monde citadin pourrait aider à l'émergence d'un monde rural complémentaire des autres activités humaines.

Partout dans le monde, un effort de vulgarisation doit être entrepris pour favoriser l'adoption de modes alimentaires sûrs. Le savoir-faire culinaire est souvent un facteur limitant pour bien se nourrir ; les bonnes pratiques dont nous avons besoin peuvent largement être puisées dans la diversité des cuisines du monde, en les adaptant à la disponibilité des ressources locales.

L'efficacité d'un mode alimentaire global dans la gestion de la santé doit être réaffirmée. La même nutrition préventive convient à la prévention de l'obésité ou des autres pathologies, y compris le cancer. La même démarche holistique doit être suivie pour résoudre simultanément les problèmes de sécurité alimentaire, de santé, d'environnement et pour assurer le maintien d'une alimentation naturelle produite par un monde paysan renouvelé.

L'offre alimentaire doit être organisée pour faciliter des achats équilibrés. De nouveaux marchés alimentaires devraient être créés pour favoriser des circuits courts d'approvisionnement. Dans les systèmes de distribution conventionnels, des solutions satisfaisantes doivent être proposées pour assurer un bon équilibre alimentaire aux consommateurs, qui devraient pouvoir prendre connaissance également du bilan environnemental de leurs courses.

Chaque personne doit pouvoir bénéficier durant sa vie d'une ou plusieurs consultations nutritionnelles pour évaluer et adapter son comportement alimentaire. L'éducation nutritionnelle des jeunes doit avoir pour but de leur faire adopter une alimentation durable selon les critères qui ont été définis ci-dessus et de les soustraire aux influences du marketing industriel. La responsabilité des parents dans leur rôle nourricier et la transmission d'un savoir-faire culinaire devraient être soulignées et accompagnées.

La gestion de la santé par l'alimentation doit gagner en efficacité en encourageant les comportements les plus sûrs, longtemps avant les risques d'apparition des pathologies.

L'autonomie des personnes et des populations, par l'acquisition d'une culture culinaire compatible avec une alimentation durable doit être encouragée. Chaque personne devrait prendre conscience de ses droits de disposer d'une alimentation naturelle et de ses devoirs dans la promotion d'un système alimentaire durable.

Tant d'hommes appellent de leurs vœux un monde meilleur, ils comptent sur des solutions politiques lointaines pour changer la vie, alors que la question alimentaire porte en elle bien des germes de progrès social, de solidarité concrète et de défense de l'environnement.

C'est pourquoi le moment est venu pour chacun d'entre nous de prendre conscience des répercussions de notre manière de se nourrir, pas seulement pour nous-mêmes mais aussi pour préserver le monde rural, participer à une nouvelle économie verte et créer une nouvelle dynamique en faveur d'une alimentation durable.

J'ai essayé de vous montrer l'importance de bâtir un monde alimentaire meilleur, et d'améliorer en retour, par la voie d'une alimentation durable, la santé de l'humanité et celle de la planète. L'espérance et la solution à de nombreux problèmes seraient que ce vœu soit largement partagé. L'engagement en faveur d'une alimentation durable est un pari qui est loin d'être gagné. Nous savons tous que les aspirations les plus légitimes vers plus de justice humaine et de respect de la nature ne suffisent pas à transformer le monde. Il faut donc que ces réflexions s'intègrent dans une stratégie politique efficace dans laquelle nous pourrions nous sentir engagés pour assurer un avenir plus sûr à nos enfants.

La charte de l'alimentation durable

PRÉAMBULE

Considérant :

Que l'homme a un besoin indispensable pour son bien-être et sa santé d'être bien alimenté.

Qu'une part trop importante de l'humanité souffre dès à présent de la faim et de diverses malnutritions.

Que les ressources en nourriture devront être fortement augmentées pour résorber la faim et pour tenir compte de l'accroissement démographique.

Que les caractéristiques générales d'une nutrition préventive, efficace pour le maintien de la santé, sont maintenant bien connues et concernent tous les hommes et la prévention de toutes les pathologies.

Que les meilleurs modèles d'alimentation préventive comportent une large base végétale avec un complément modéré de produits animaux, ce qui permet de s'appuyer sur l'efficacité des productions végétales pour résoudre plus facilement les questions de sécurité alimentaire.

Que, selon leur nature, les aliments doivent subir des transformations appropriées afin d'abaisser le moins possible leur qualité nutritionnelle.

Qu'il est donc possible d'adapter, à l'échelon régional comme international, l'ensemble des étapes de la chaîne alimentaire en vue de satisfaire au mieux les besoins nutritionnels des populations.

Que la maîtrise de l'offre alimentaire est déterminante pour l'avenir de l'espèce humaine, compte tenu de l'influence des facteurs environnementaux sur le phénotype humain et plus particulièrement des modes alimentaires sur le développement de l'obésité.

Que les enjeux d'une alimentation durable concernent aussi l'impact de la chaîne alimentaire sur la préservation de l'environnement, la lutte contre le réchauffement climatique.

Qu'il est nécessaire de développer des systèmes alimentaires durables qui soient bons pour la santé de l'homme, comme pour celle de la planète.

Que la production alimentaire a toujours été assurée majoritairement de par le monde par une agriculture paysanne.

Que cette agriculture paysanne est garante de la permanence des activités agricoles et des relations entre ville et campagne.

Que l'agriculture doit adapter ses pratiques pour assurer au mieux sa mission nourricière, écologique et sociale.

Que la société doit donner en retour les moyens aux agriculteurs d'assurer dans des conditions satisfaisantes leurs activités.

Que le secteur agroalimentaire doit adapter ses activités pour permettre le développement d'une agriculture durable et d'une production alimentaire adaptée aux besoins de l'homme.

Que les systèmes de distribution alimentaire doivent être conçus pour mettre à la disposition des consommateurs une offre alimentaire équilibrée.

Que les hommes doivent être informés des conséquences de leurs choix alimentaires sur leur santé, sur le fonctionnement de la chaîne alimentaire, sur l'environnement, pour les inciter à adopter des comportements alimentaires durables.

La finalité de cette charte est donc de rappeler l'urgence de faire évoluer les systèmes alimentaires actuels vers une alimentation plus durable qui soit adaptée aux besoins de l'homme, qui respecte les équilibres écologiques et qui soit garante de relations équilibrées et complémentaires entre ville et campagne. À cette fin, il faudra adopter une politique alimentaire globale intégrant l'ensemble des enjeux d'une alimentation durable, concernant la santé publique, la préservation de l'environnement, la permanence des activités agricoles et la maîtrise de la sécurité alimentaire. Il est urgent aussi de susciter une prise de conscience citoyenne sur l'intérêt d'adopter des modes alimentaires sûrs et durables et donc sur les conséquences de nos choix alimentaires.

En conséquence, il est nécessaire que la société s'engage à soutenir la mise en place d'une alimentation durable selon les principes suivants.

ARTICLE PREMIER

Un système alimentaire peut être qualifié de durable s'il permet de satisfaire au mieux les besoins nutritionnels des populations, s'il est assuré par des modes d'agriculture et d'élevage qui préservent le potentiel agronomique des sols et l'environnement, s'il est porté par une agriculture paysanne assurée de sa pérennité, si le traitement et la distribution des aliments visent à développer une offre alimentaire équilibrée, si les choix des consommateurs correspondent à des modes alimentaires sûrs sur les plans nutritionnel et écologique.

ARTICLE 2

L'objectif premier d'un système alimentaire est de développer un environnement favorable au maintien de la santé des hommes et à la préservation de leur phénotype.

ARTICLE 3

La lutte contre la faim et contre toutes les formes de malnutrition, et les maladies qui en résultent, nécessite que tous les hommes bénéficient d'une alimentation naturelle à laquelle ils sont le mieux adaptés.

ARTICLE 4

Les modèles d'alimentation favorables à la santé humaine sont très riches en produits végétaux et comportent des apports modérés de produits animaux, de matières grasses, de sucres simples ou de glucides raffinés à index glycémique élevé.

ARTICLE 5

Une alimentation à dominance végétale (environ 80 % des apports caloriques) est également la plus efficace pour assurer la sécurité alimentaire des populations sur un long terme et pour préserver l'environnement.

ARTICLE 6

Toutes les populations humaines ont le droit d'exercer leur souveraineté alimentaire et donc de s'alimenter en priorité avec les ressources alimentaires de leur région. En conséquence, toutes les agricultures du monde doivent pouvoir exercer leur mission nourricière vis-à-vis des populations environnantes, à la seule condition que leurs besoins en eau et en intrants (carburants, engrais, pesticides) soient compatibles avec la préservation de l'environnement.

ARTICLE 7

Pour être durables, les divers modes d'agriculture doivent adopter des règles correspondant au cahier des charges de l'agriculture biologique ou d'une agroécologie, être favorables à la vie microbienne et à la conservation des sols, être économes en intrants, présenter des empreintes écologiques très faibles, satisfaire les besoins nutritionnels des populations et maintenir ou développer la biodiversité des productions végétales et animales.

ARTICLE 8

Le renouvellement et la pérennité des activités agricoles, leur présence dans toutes les régions du monde gagnent le plus sûrement à être assurés par une agriculture paysanne, adaptée aux conditions locales, porteuse d'une civilisation rurale et garante de la pérennité des relations entre ville et campagne. Cette agriculture a également pour mission de maintenir des emplois au niveau des territoires ruraux et de prévenir les exodes ruraux intempestifs.

ARTICLE 9

L'agriculture a également pour mission de lutter contre le réchauffement climatique, en piégeant le maximum de CO_2 dans les sols et en augmentant leur matière organique.

ARTICLE 10

La mission du secteur agroalimentaire doit être de traiter les aliments pour aider à leur conservation et à leur consommation, en altérant le moins possible leur valeur nutritionnelle, sans induire des déséquilibres alimentaires, ou exercer des effets négatifs sur le comportement des consommateurs. Il est donc demandé aux acteurs de ce secteur d'adopter un code de bonne conduite pour contribuer au développement d'une alimentation sûre et durable.

ARTICLE 11

Un état des lieux de la qualité nutritionnelle des produits alimentaires existants doit être réalisé. Des normes de qualité nutritionnelle seront fixées pour chaque catégorie d'aliments, ainsi que le calendrier pour les atteindre. À cette fin, l'utilisation d'ingrédients caloriques fortement appauvris en micronutriments dans la composition des produits alimentaires sera limitée et déterminée par une nouvelle réglementation.

ARTICLE 12

Le secteur agroalimentaire doit contribuer à diminuer les impacts écologiques négatifs de la chaîne alimentaire, en favorisant la meilleure utilisation possible des ressources alimentaires, en diminuant les transports superflus et en évitant les gaspillages.

ARTICLE 13

Le droit des hommes à disposer d'une offre alimentaire équilibrée et accessible doit être reconnu. Réciproquement, les dangers de l'exposition des consommateurs à une offre trop riche en produits transformés de faible qualité nutritionnelle doivent être dénoncés. En conséquence, il convient d'adapter les modes de transformation et de distribution alimentaires pour satisfaire correctement les besoins nutritionnels des populations.

ARTICLE 14

À l'échelon régional, les circuits courts de distribution alimentaire seront développés en veillant à la qualité nutritionnelle de cette offre de proximité.

ARTICLE 15

L'offre des magasins alimentaires conventionnels sera conçue pour favoriser des comportements alimentaires sûrs sur les plans nutritionnel et écologique. Les circuits de distribution alimentaire, qui auront optimisé leur offre dans cette finalité, bénéficieront d'une labellisation de conformité aux critères d'une alimentation durable.

ARTICLE 16

L'élaboration du prix des aliments doit correspondre à des échanges équitables qui permettent en particulier aux agriculteurs de vivre du revenu de leur travail.

ARTICLE 17

L'alimentation durable fera l'objet d'une nouvelle discipline et d'un enseignement universitaire spécifique, en vue de mieux comprendre les liens entre alimentation, nutrition, santé et environnement. Elle sera intégrée à la formation des médecins, nutritionnistes, agronomes, diététiciens et autres acteurs de la chaîne alimentaire. Les enjeux d'une alimentation durable seront largement vulgarisés auprès du public et les jeunes bénéficieront d'une éducation nutritionnelle élargie à l'alimentation durable.

ARTICLE 18

Afin de susciter des comportements alimentaires sûrs, les consommateurs pourront s'appuyer sur un guide d'achats, pour optimiser l'utilisation des ressources locales et saisonnières, composer des repas équilibrés, réduire leur dépendance vis-à-vis des aliments les plus coûteux sur le plan écologique ou de faible valeur nutritionnelle.

ARTICLE 19

Le développement d'un savoir-faire culinaire correspondant à un mode alimentaire sûr doit être encouragé par tous les canaux de vulgarisation possibles.

ARTICLE 20

La finalité d'une alimentation durable doit être également de favoriser l'essor d'une nutrition préventive, pour permettre le bon fonctionnement de l'organisme et prévenir ou retarder l'apparition des pathologies liées au vieillissement. Les caractéristiques générales d'une nutrition préventive concernent tous les hommes et la prévention de toutes les pathologies. Les régimes alimentaires les plus protecteurs correspondent également avec les systèmes alimentaires les plus sûrs pour la santé de la planète.

ARTICLE 21

La gestion d'une santé globale par une nutrition préventive de long terme doit être un élément majeur d'une politique de santé publique.

L'intérêt de généraliser une alimentation naturelle, peu riche en ingrédients caloriques ajoutés, afin de lutter contre l'obésité ou de prévenir une dérive du phénotype humain vers la surcharge pondérale sera reconnu, au même titre que les bénéfices de l'exercice physique.

ARTICLE 22

Dans l'enseignement et la pratique médicale, toutes les initiatives seront prises pour favoriser l'essor d'une nutrition préventive et la gestion d'une santé globale par l'alimentation et l'exercice physique.

ARTICLE 23

Chaque personne bénéficiera de consultations nutritionnelles pour mieux gérer sa santé par une alimentation préventive.

ARTICLE 24

Les conséquences écologiques des diverses pratiques alimentaires seront vulgarisées et les consommateurs seront encouragés par une politique de bonus-malus à faire les meilleurs choix alimentaires possibles sur le plan écologique, tout en respectant les règles de la nutrition préventive.

ARTICLE 25

Chaque homme doit être conscient de ses droits à disposer d'une alimentation bonne pour sa santé et de ses responsabilités dans le développement d'une alimentation durable.

Ouvrage proposé par
Jacques Fricker

Cet ouvrage a été transcodé et mis en pages
par IGS-CP (L'Isle-d'Espagnac)

N° d'impression :
N° d'édition : 7381-2535-X
Dépôt légal : novembre 2010

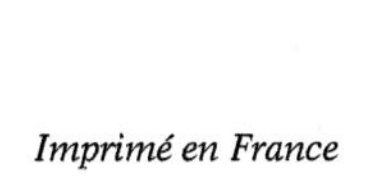

Imprimé en France